Lead with a Story

A Guide to Crafting Business Narratives That Captivate, Convince, and Inspire

說故事的領導

說出一個好故事，所有的人都會跟你走！

保羅・史密斯
Paul Smith —— 著

高子梅 —— 譯

國外知名人士推薦

「故事是我們大腦裡的飛行模擬器。在這本書裡，作者告訴你的故事，可以幫助解決你和團隊在工作上面臨的各種挑戰。若能精通這些故事，你就能迎刃而解所有的挑戰。」

——暢銷書《創意黏力學》作者　奇普・希思（Chip Heath）

「一本引人入勝的書，讓故事說得更生動、更有力量，徹底改變你的事業和人生。」

——鄧白氏財務徵信公司董事長兼執行長　莎拉・馬修（Sara Mathew）

「身為行銷顧問的我，為了清楚傳遞點子，總是在找尋精采的故事。本書正是我的故事智囊團，它有助於我應變各種企業挑戰。對於那些想在技巧上更精進、想透過啟發來領導的人來說，這是一本必讀之物。」

——上奇廣告創辦人　安迪・莫瑞（Andy Muruay）

「這本書從頭到尾說的故事，技巧高超到我前所未見，對於想要達到啟發、激勵或說服目的的領導人來說，它是無價的。」

——暢銷書《說故事的力量》作者　安奈特・西蒙斯（Annette Simmons）

「一百多篇故事……或古老、或現代、或有趣、或辛酸……全都引人深思。對企業人士來說，是很棒的資源，可以從中找到全然不同的方法來處理領導統御上的各種挑戰。」

——暢銷書《教育訓練者的故事寶盒》
作者　瑪格利特・帕金（Margaret Parkin）

目次

前言

「早在這世上有第一家企業之前……無論何種語言，最有力道的一句話就是：讓我告訴你一個故事。」

——《你的故事是什麼》（*What's Your Story*）作者馬修和威克（Mathews & Wacker）

傑森．佐勒（Jayson Zoller）還在大學念書的時候，最欣賞的一位教授有天對全班說了一則故事，這故事很有說服力，即便二十年過去了，傑森還是不斷提起這故事。話說這位教授以前教過一個班級，曾幫地方法官做過特別的研究——調查陪審團的審議過程，找出改進的方法。這個研究小組的成員都是很有抱負和理想的年輕大學生，對這項任務充滿熱情。

學生們訪問了當地附近幾十位法官、檢察官、前任陪審員以及法院裡的其他公務員。這些未來都是準顧問的大學生就像你想像的一樣聰明，當場提出形形色色的問題。包括陪審團的男女比例？人種比例？年長陪審員與年輕陪審員的比例？對陪審員所做的說明會因人而異嗎？他們在陪審室裡會拿到什麼樣的資訊？審理時間是幾天、幾週還是幾個月？他們甚至會問陪審團晚上要加班到幾點，還有他們的餐點是什麼。

令他們訝異的是，這些答案似乎都不重要。真正重要的反而是……陪審室的桌子形狀！在有長桌的審判室裡，坐在桌首的陪審員（即便這個人不是陪審團主席）往往會主導整場談話，妨礙大家公開分享彼此的看法。但在有圓桌或橢圓桌的審判室裡，通常比較講究平等，對事據的辯證比較齊全和不厭其煩。於是這個小組做出結論：在圓桌上的陪審員所做出的判決是最公正無誤的。

學生們對這發現感到興奮，原因有二。第一，他們覺得他們真的找到了有助於改善陪審團審議過程的關鍵因子。第二，要改善這個部分，其實非常容易。這總比最後的結論是陪審團必須找理解力更強、思想更開明，和教育程度更高的人來擔任陪審員，在執行上來得簡單多了？

於是他們很自豪地向審判長提出這個研究報告。而審判長也像他們一樣感到興奮，理由和他們的如出一轍。這位審判長立刻對他轄區內的所有法院下達命令，而且即刻生效：「移除所有審判室裡的圓桌和橢圓桌，改用長桌。」

請再看一下最後兩句。沒有印錯字哦。這位法官的做法完全抵觸他們當初的建議。為什麼要移除所有的圓桌和橢圓桌，改放長桌？因為他想改善的目標並非辯證過程的齊全和判決結果的公正無誤，而是加快審議的速度。他只想減少訴訟事件表上不斷累積的案子。

學生們都覺得很糗。他們自以為隻手修補了那套難免不盡完美的司法系統，卻不料在無意中製造出更多缺失，變得更不盡完美。他們那年的成績單或許都能拿到Ａ，卻總覺得自己根本不及格。

二十年後，傑森已經是堂堂的專業市調研究員。他把這故事告訴新進的研究員，目的是教導他們在展開研究調查之前，一定要確認目標何在。當然他也可以只是簡單地告訴他們：「經驗顯示，在你展開研究調查之前，先確定目標何在，這一點非常重要。」但這番話效果不大，不是嗎？可是如果用故事來說，聽眾就等於學到了近乎第一手的經驗教訓，同時也讓他們瞭解到若是沒說清楚目標，下場會如何。

經驗是最好的導師，其次是一個很有說服力的故事。

以上例子道出了商場上說故事的力量有多大。直到最近，職場上說故事才開始像在餐巾紙上塗鴉一樣受到歡迎。以前人家認為在專業的對話裡，說故事會不夠精準，過於老套。但現在不一樣了。這就像個人電腦……以前被認為是玩具，不登大雅之堂，不能放在堂堂領導人的辦公桌上……但如今……說故事已趨成熟。

今天，地表上有許多成功的組織都把說故事當作重要的領導工具：微軟（Microsoft）、耐吉（Nike）、摩托羅拉（Motorola）、3M、上奇廣告（Sattchi & Sattchi）、控股公司 Berkhire Hathaway、柯達（Eastman Kodak）、迪士尼（Disney）、好事多（Costco）、必治妥（Bristol-Myers Squibb）、西南航空（Southwest Airlines）、聯邦快遞（FedEx）、金百利紙業公司（Kimberly-

Clark）、收納產品連鎖公司（The Container Store）、戶外登山用品連鎖店ＲＥＩ、西北保險互助人壽（Northwestern Mutual）、美國太空總署（NASA）、世界銀行（The World Bank）。

其中絕大多數公司都會指派高階的「企業故事家」（corporate storyteller）負責收集和分享公司內部重要的故事。在耐吉，所有高階主管都得擔任「企業故事家」的角色。許多公司會向主管們主動傳授說故事的技巧。舉例來說，金百利曾舉辦為期兩天的研討會，專門傳授公司獨有的十三步驟故事構思法，利用它們來架構提案。３Ｍ多年前就禁止使用重點說明，改採「策略性故事」的撰寫方式。寶僑（Ｐ＆Ｇ）則雇用好萊塢的電影導演指導高階主管如何說故事。摩托羅拉內部的幾位故事家，為了磨練說故事的技巧，還特意參加外面的劇場和即興演出團體。

像聖母大學（Notre Dame Univerity）和帝博大學（De-Paul University）這樣思想前衛的商學院，甚至在管理課程裡加了說故事的課。

我們是怎麼發展到現在這個局面？說故事是如何從辦公室裡妾身未明的處境走到今天……成為領導統御裡的一個明確特徵？最簡單的答案是，這只是重回萬物的自然順序而已。所以或許應該這樣問才對：「為什麼先前會出現中斷的現象？」

要回答這問題，得先想想在印刷業發達之前，說故事扮演何種角色。根據專業故事家傑克·馬古力（Jack Maguire）的說法，在古早的時代，人與人之間的溝通都是靠口耳相傳。那時候，說故事是進行日常交易的主要方法。畢竟當人類本身就是媒體時，即便和工作有關的訊息，也都具有敘事的風格和經驗傳承的內容。事實上，從地表上多數的人類歷史來看，說故事向來是領導統御裡的一環。

培訓講師兼暢銷書作家瑪格利特．帕金（Margaret Parkin）指出，早在印刷文字出現之前，各國就有說故事這門行業了，而且各有其傳統。凱爾特文化（Celtic culture）有自己的詩人和督依德教僧侶（Druids）、斯堪的納維亞國家的挪威人喜歡聽各種傳說、伊斯蘭國家會聽從蘇非教派大師（Sufi）或苦修僧人的教誨、蒙古和西伯利亞的人很信服薩滿教巫師（Shamans）口中的傳說和療法，至於美國原住民部落裡的尤特人（Ute）都是推舉最會講故事的人擔任部落酋長。

說故事之所以受到歡迎，是因為在寫作還未發達之前，溝通的成功與否大多得看聽眾能記得多少來決定。他們沒辦法寫下來，只好強調那些能促進人們記憶的技巧，譬如歌曲的節奏、詩的韻腳，或故事引人入勝的程度。

這個成就在歷經了數千年之後，商場上說故事的聲音逐漸沒落。寫作和印刷的興起，再加上組織井然的商業行為，都使得商業溝通在風格上變得越來越講究技巧，內容上越來越強調數據資料。說故事漸漸被正式的報告、備忘錄和政策手冊所取代。二十世紀初的商業專業化更加快了這個趨勢。商學院製造出成千上萬名才智出眾、擅於分析、訓練有素的管理專家，他們將企業當成有待微調的機器一樣檢視。說故事反而讓人覺得你太老派，絕非企業領袖的新先驅之一。

以上說明了說故事的崇高源起和光榮的隕落。但它是何時東山再起的？專業故事家道格．李普曼（Doug Lipman）說，一九六〇年和一九七〇年代，世界各地的人對說故事又開始有了新的認識。一九七三年，在美國田納西州舉辦的第一屆全國說故事節（National Storytelling festival）活動吸引了全美的注意。

但一直到一九九〇年代，說故事才正式重回商業王國。而這全是靠三方的力量集結才得以完成：

一、眾多學術研究指出，職場上的故事極具成效（譬如大衛．波依〔David M. Boje〕所做的研究）。

二、許多商業暢銷書都探索了這個主題（最早期的兩本是阿姆斯壯〔David Armstrong〕所著的《小故事，妙管理》〔*Management by Storying Around*〕和紐豪瑟〔Peg C. Neuhauser〕的《企業傳說》〔*Corporate Legends & Lore*〕）。

三、商場上開始出現具有帶頭作用的故事實踐家，譬如任職於世界銀行的史蒂芬．丹寧（Stephen Denning）。

這就是它的簡短歷史。過去二十年來，尤其是最近十幾年來，說故事被重新定位成管理階層的領導錦囊和有效工具。

對於這個日益壯大的領域，本書的貢獻在於：第一，它把說故事的用途擴展到更廣泛的領導統御範疇。對於領導人會遇到的問題，本書不只提出六、七種而已，而是多達二十一種棘手問題，並透過深思性和啟發性的故事來幫助你成功駕馭這些問題。總計故事超過一百則。而附錄裡的故事矩陣也有助於你在適當時候找到適合的故事。

第二，它提供了更完善和務實的建議，教你如何針對不同的領導處境構思出自己的故事。一開始會先以簡單的架構勾勒出一個好的企業故事。然而除此之外，也會在裡頭點出六種關鍵元素，讓你可以利用它們將一個還不錯的故事轉化成精采的故事，這些元素分別是隱喻、感性、務實、驚訝、風格，以及如何把你的聽眾放進故事裡。

這本書裡有兩類故事。一種是可以被一再轉述的現成故事，都是當事者在情況所需時寫下來的故事。另一種故事具有跳板功能，可以啟發你去創作屬於自己的故事。其中許多故事兼具兩種功能，但都能傳授領導統御方面的經驗教訓，值得學習。這些都可以用來精進自己的領導統御技巧，或者教導別人如何成為更優秀的領導人。

除了從故事中學習之外，也希望你們盡情享受這些故事。有些故事會讓你開懷大笑，有些故事會令你潸然落淚，大部份的故事都會讓你開始深思。更重要的是，我希望這本書可以啟發你想去做點什麼——開始構思、收集，以及說故事。

＊＊＊

這本書要怎麼讀呢？大部分的人會逐章地讀。這也是我建議的方法。後面有些章節會為了點出某重點而提到前面的故事。但你不需要照那個順序讀。至於基本指南（how-to）的章節是穿插在整本書裡，如果你急著想學會基本知識，可以先讀那些章節。要是你已經是位傑出的故事家，只是想尋找可供你收藏的好故事，那就先從領導統御的那些章節開始讀起。當然，任何時候只要發現自己面臨到類似挑戰，都可以回頭參考適當的章節。

這些章節被歸類成五大領導統御的主題：展望成功、創造贏面的環境、強化團隊、教化人才、權力下放。即便是基本指南的章節也會依據自己在故事創作裡所扮演的角色而被歸類在這五大類別裡。所謂故事結構是指在你創造自己的故事之前，應該如何用自己的心靈之眼去看待它（勾勒）。而通篇故事的風格都必須務實和得體（環境）。感性和驚訝元素可以為你的故事增添高潮和趣味（強化）。譬喻是藉助故事傳授經驗教訓的一種有效工具（教化）。還有，不只是跟聽眾說故事，還把他們放進故事裡，等於是把說故事的力量提升到全新的境界（授權）。

領導統御本身常和 E 這個字母脫不了關係。奇異電子（GE）的傑克・威爾許（Jack Welch）鼓吹領導統御的四 E：活力（energy）、激勵（energize）、優勢（edge）、執行（execute）。寶僑公司則是強調領導統御的五 E：高瞻遠矚（envision）、全情投入（engage）、鼓舞士氣（energize）、授人以漁（enable）、全力執行（execute）。其他許多公司也都有類似的多 E 式領導哲學。我不會在這裡宣稱我的五 E 架構一定優於別人的。事實上，我並不打算創造出新的領導統御哲學，我只是把領導統御裡需要靠說故事來找到方向的二十一種挑戰，合理地分成五種類別。而它們剛好都能用五個 E 開頭的英文字來形容。

大部分的章節都提供簡短的摘要和練習，可以幫助你充分運用這些故事和發展你自己的故事。請務必好好利用，才能發揮本書的功能。此外附錄也有兩個模組供你構思自己的故事。每當你需要想出新故事或修正現成的故事時，都可以利用它們。你要製作多少故事都可以，這是我提供給你使用的。

讓我們開始吧。

01 為何要說故事？

「每個偉大的領導人都是偉大的故事家。」

——哈佛心理學家霍華德．嘉納（Howard Gardner）

當年寶僑公司執行長拉夫里（A. G. Lafley）在職的十幾年間，我曾有過四、五次機會在他面前提案。第一次的經驗很令人難忘。那天，我學到了寶貴的一課——這經驗得來不易，我從此明白對執行長提案時，不該做的事情是什麼。

在全球領導管理委員會的會議上，我有二十分鐘的時間可以上台說話。與會者是執行長和十幾名高階主管。寶僑公司的行政樓層有一間專門為這個委員會準備的會議室，他們每週都在這裡定期開會。這是一間圓形會議室，設計新穎，正中央有張大圓桌，連門都是圓的，完全奉行圓形的格局。那天，我是議程裡的第一棒，因此提前三十分鐘到，先行架設電腦，以確保所有視聽設備都能運作得當。畢竟，這是我第一次對這位執行長提案，我希望一切都順利。

時間一到，主管們魚貫走入會議室，圍著圓桌坐下來。等到半數主管入座之後，執行長拉夫里才走進來，他幾乎是繞著會議桌走了一圈，向每位與會者招呼致意，然後直接坐在投影螢幕的下方，背對螢幕。此舉把我嚇壞了。

這不是好兆頭。「他坐在那裡不就得一直轉頭，才能看到螢幕上的內容，」我心裡想，「他可能會傷了脖子，心情不好，於是可能不會認同我的建議。」但我又不能跑去告訴大老板該坐在哪裡，只能硬著頭皮開始提案。

五分鐘過去了，我發現拉夫里先生一直沒轉頭去看投影片。我不再擔心他的脖子，反而開始擔心他可能聽不懂我的提案內容。要是他聽不懂，就不會認同我的想法。但我還是不能告訴大老板怎麼做。只好繼續報告。

十分鐘過去了……我可以用的時間已經過了一半……我注意到他還是沒轉頭看投影片。這時候的我不再擔心，只是覺得疑惑。他眼睛直視著我，顯然很投入這場對話。但為什麼不轉頭看我的投影片呢？

二十分鐘到了，我完成了提案，但執行長自始至終都沒轉頭看投影片一眼，但卻非常同意我的建議。雖然我的提案成功了，但在回辦公室的路上，我還是覺得有點挫敗。我在腦袋裡重新解析整個狀況，好奇自己哪裡做錯了。是我的提案太無聊？還是沒把重點說清楚？抑或他在我提案的時候，腦袋裡想的其實是另一樁攸關數十億美元的重大決策。

這時我突然恍然大悟，他沒看我的投影片是因為他比我先知先覺，他知道如果我有重點要強調，一定會說出來。它會從我的嘴裡出來，而不是從螢幕上。他知道那些投影片對我的幫助多過於對他的幫助。

身為執行長的拉夫里，一天當中的多數時間可能都在看索然無趣的備忘錄和附有詳細圖表的財務報告。所以也許他很期待靠開會來打破一成不變的辦公模式，視它為一種與人對話的機會——讓別人來告訴他商場前線發生了什麼事，與他分享絕妙的點子，尋求他的協助。簡而言之，就是找人來說故事給他聽——一個像我這樣的人。那才是我在那二十分鐘裡所肩負的責任。只是我當下並不知道。

現在回想起來，我才明白拉夫里先生選擇坐那個位子或許不是巧合。他當然有其它位子可選，但他坐在那裡是有原因的。因為那位子不會被螢幕分散注意力，他才能專心地聽別人說話和討論內容。

那一天，拉夫里先生教會我寶貴的一課，但他本人可能不知道這件事。後來我又有機會提案時，放的投影片更少了，說的故事更多了，效果反而更好。

事實上，說故事在寶僑公司行之有年，影響甚鉅，有人甚至被賦予「企業故事家」的職銜。而這份工作的緣起就是一則好故事。

四十年前，寶僑公司的研發部門雇用了一個叫吉姆．班格（Jim Bangel）的數學家。吉姆就像所有研發部門的員工一樣，每個月都得寫報告給老板看，詳述過去三十天來的研究成果。這些備忘錄通常很無趣，內容雖然詳盡，但用語只有學過化工或工程的研究員才看得懂。

吉姆像其他同事一樣，靠同一格式寫了多年的報告，最後決定來點不一樣的。他寫了一則故事，主角叫做「頂認真」。讀者可以在故事裡跟著「頂認真」的腳步學到很多經驗，包括「頂認真」和老板及同儕的對話，還有他學到的經驗教訓。這些經驗教訓其實等同於吉姆用傳統的備忘錄所寫的結論。可是故事比較吸引人——可讀性當然比較高。於是連別人也會想讀他的這種另類備忘錄——連其它單位的人也感到好奇。

另類備忘錄寫了幾回之後，吉姆故事裡的人物開始變多。每個角色都被取了誇張又生動的名字，譬如董事長叫做「愛管事」，財務長叫「錢來也」，業務總監叫做「賣人氣」。隨著各種人物的加入，備忘錄的流通率越來越高，因為其它單位的人也開始在故事裡看見自己，學到和自身工作有關的經驗教訓。

在寫了五年的故事之後，吉姆被公司正式指派為企業故事家。他還是每個月寫備忘錄，但開始花更多時間在公司上下搜尋好的題材，寫成故事——既能吸引聽眾又能影響組織的故事。在他二〇一二年九月退休之前，每個月都吸引了五千到一萬人讀他的故事，包括公司裡所有的高階主管。有時候執行長甚至會請吉姆針對某主題特地寫一則故事，因為他知道大家都會讀吉姆的故事。這位統計員堪稱是寶僑公司裡最具影響力的人。這全是因為有一天吉姆突然不再寫正規的研究報告，決定改寫故事。

＊＊＊

所以本章標題「為何要說故事？」的答案是什麼？它的答案就藏在這個章節的兩則故事裡——因為說故事有效！為何有效？為什麼說故事這麼管用？以下是十個我所知道最有力的理由：

一、**說故事很簡單**。大家都會說故事。你不需要有文學學位，也不需要有企管碩士學位。

二、**說故事不受時間影響**。管理學的其他領域都是一時流行，譬如全面品質管理（total quality management）、再造工程（reengineering）、六標準差（Six Sigma）、或5S管理，但說故事不然，它對領導統御從來都很有效，未來也一樣。

三、**故事是普世通吃的**。大家都喜歡聽故事——不分年齡層、不分種族、不分性別。

四、**故事具有感染力**。它們可以像野火一樣蔓延，根本無須故事家多費力氣。

五、**要記住故事比較容易**。根據心理學家布魯納（Jerome Bruner）的說法，如果把論據放進故事裡，被記住的可能性將提高二十倍。組織心理學家紐豪瑟在處理企業的個案時，也得出同樣結論。她發現故事如果說得好，會比數據或論據更能讓對方清楚記住，而且記憶維持得更久。

六、**故事具有啓發性**。投影片不會。你曾聽過別人說：「哇！你絕對不相信我剛在那場PowerPoint的簡報裡看到什麼！」但應該聽過有人用這種驚嘆方式形容一個好故事。

七、**故事可以吸引到形形色色的學習者**。無論任何族群或團體，都有大約百分之四十的人屬於視覺性學習者，這種人對視頻、圖表或圖畫的吸收效果比較好。另外百分之四十的人屬於聽覺性，最擅長透過演講和討論來吸收知識。剩下百分之二十是所謂的動覺性學習者，若能讓他們親自操作、經歷或感受，學習效果最好。說故事所具備的特性剛好能同時滿足這三種類型的人。視覺性學習者會喜歡故事裡的想像畫面。聽覺性學習者會專注在用詞和故事家的聲音上。動覺性學習者會記住來自故事的情緒連結與感受。

八、**需要邊做邊學的職場尤其適合說故事**。根據溝通專家伊芙琳・克拉克（Evelyn Clark）的說法：「職場上有百分之七十以上的新技能、資訊和競爭力需要靠私下傳授來獲取。」譬如團隊裡的活動運作、經驗傳承和同儕間的溝通。而這些非正式的學習，都得靠說故事。

九、**故事可以讓聽眾處於心靈學習的狀態**。愛挑剔和愛評斷的聽眾比較容易否定別人說的話。但培訓講師兼暢銷書作家瑪格莉特・帕金說，說故事「會重新引出好奇心。孩提時期的我們都有好奇心，只是長大後消失了。一旦我們回到孩提狀態，就會對別人給的資訊較感興趣和較能接受。」作家兼組織敘事專家大衛・哈欽斯（David Hutchens）也指出，說故事會讓聽眾彷若置身新的環境，擱下手中的筆，放下原有立場，洗耳恭聽。

十、**說故事是對聽眾的尊重**。故事會傳達你的訊息，但不會傲慢地告訴聽眾該怎麼想或怎麼做。提到對方該怎麼想，故事家安奈特·西蒙斯（Annette Simmons）的觀察是：「故事給了人們自行做出結論的自由。有些人拒絕接受簡化的結論，但如果你在他們面前暫時消失，讓他們親眼見到你所目睹的，他們或許就會認同你的看法。」至於說到對方該怎麼做，企業故事家大衛·阿姆斯壯的建議是：「以前你可以命令別人怎麼做，但那已經是很久以前的事了。而說一則有寓意的故事，卻是一個只解釋做法，卻沒有開口命令對方去做的好方法。」

以上就是答案。接下來，我們要展開二十一個領導挑戰的故事之旅，學習構思故事的技巧，創造出屬於你自己的好故事。

PART 1

展望成功

02 為未來勾勒願景

「雖然問題可以透過公式或運算法則來概述，但得靠說故事才能領會個中艱難。未來充滿太多難題，得靠很多故事才能幫忙釐清其中原因。」

——未來學會（The Institute for the Future）前任執行長包柏．喬韓森（Bob Johansen）

有天早上，一位女士出外散步時，她看見工地裡有三個男的在工作。於是她好奇地上前請教其中一位在做什麼。對方顯然覺得她很煩，便對著她咆哮：「你看不出來嗎？我在砌磚頭啊！」

沒那麼容易被敷衍的她又去請教另一個人在做什麼。他據實回答：「我正在砌一座高三十英尺、寬一百英尺寬、厚十八英吋的磚牆。」說完隨即把注意力轉到第一個人身上：「喂，你砌過頭了，最後一塊磚得敲掉。」

這女的還是不滿意，又去問第三個人在做什麼。這個人做的事雖然和前兩個人一樣，但還是很興奮地抬起頭說：「哦，讓我告訴你！我正在蓋一座有史以來最宏偉的大教堂！」她聽得出來他想再多說點，但還沒說出口，便被前面那兩個人的口角給分散了注意，原來他們正在吵要怎麼處理多砌上去的那塊磚。他轉身對他們說：「嘿，夥伴們，別管它，那只是一個小小的內角，最後整面牆都會抹上灰泥，到時就看不出來多出一塊了。我們再砌一層吧。」

這個故事的寓意告訴我們，如果你瞭解組織的大目標，知道自己的角色是什麼，不只對你分內的工作有幫助，也有助於別人施展工作。換言之，這能讓你成為好的領導人。最重要的是，還能讓你樂在其中。

這則故事和前言或第一章裡的故事不一樣，它改編自以前的民間故事。不過它是本書裡的最後一則杜撰的故事。未來你在商場上說的故事大多來自於真實事件，但神話和傳說還是有其功能，因為它們的彈性很大，適用於任何公司，而且可以在不違事實的情況下配合你的用途，加以修改。

而這則故事尤其適用於新公司落實目標或策略之前，它有助聽眾明白為何必須先傾聽、瞭解和接受未來的願景及計畫。因為這可以把看似無趣和帶有命令成分的工作轉變成他們想學習的東西。會議一開始時，你的聽眾可能就像故事裡的第一個人一樣，覺得這份工作就是砌磚，但到了最後，聽眾應該會覺得像在蓋大教堂了。

此外，這也是一個拿現成故事按自己用途加以改編的好例子。我第一次聽到這故事的時候，其實並沒有提到第二個人糾正第一個人多砌了一塊磚，也沒有提到他們爭吵或第三個人糾正前兩個人。我是為了做出結論，讓大家明白在工作上若能融合企業目標，將對你的領導能力有很大幫助，而不只是覺得自己在工作上很厲害而已，所以才加了後面的情節。

＊＊＊

當然，抓住聽眾的注意只是第一步。現在既然你的聽眾願意洗耳恭聽，就該是時候確實描述願景了。這也是說故事最精采的部分！畢竟，願景等於未來的風景，它具有啟發性，可以鞭策人們展開行動——換言之，就是一則故事！但這則故事必須妥善構思。「爭取第一」的這種故事不夠好。組織心理學家紐豪瑟早在二十年前就指出，「擊敗對手不是一個啟發性很夠的願景，無法通過時間的考驗，更無法喚起多數人的熱情，讓他們全力以赴。」願景必須和個人有關。你的聽眾必須看得到你勾勒的未來。以下兩個例子就是很好的證明。

二〇〇二年初，在寶僑公司任職的我，被派去帶領一個成員超過百人的市場研究小組，他們的工作是預測新產品的未來銷售量。這種工作根本是不可能的任務。因為不管怎麼預測，唯一能確定的就是預測結果一定是錯的。問題只在於預測的數值太高還是太低？差距有多少？尤其在專業培訓不足，或者預測的產品模型過於複雜、文件不夠齊全或資料過期的情況下，預測的差距只會更大。

我的工作是帶領他們展開變革，希望能改善他們的工作方法與手邊工具的運用方式，藉此提升他們對公司的正面貢獻。但這些變革並不容易。他們必須花很多精力去參與和落實。我必須讓他們瞭解和認同未來的美好，才能讓他們有足夠的動力去幫忙創造那樣的未來。於是我寫了一封信給他們，裡面有一則故事，一開始我是這樣寫的：

「我想和你們分享我的計畫，讓你們也有機會參與和左右它，但光聽別人的計畫很無趣，所以我寄了一份我自認為比較有趣和生動的未來展望給你們，希望你們幫忙一起創造。以下是從個人的視野（我的視野）去看不久的將來，銷售預測人員的一天是怎麼過的。你們當中有些人可能覺得自己離這樣的日子已經不遠，但也有人覺得還很遙遠。無論如何，我都想把它當成我們可以一起分享的願景——歡迎你把自己的點子加進去，或者單純擁抱它。不管如何，我工作計畫裡的所有元素都多少呈現在這個願景裡。要是你不喜歡其中的元素，請讓我知道。要是你喜歡，也請讓我知道。」

我把這故事取名為「願景：一位銷售預測員的一天」。故事是從兩年後一位叫雪莉的銷售預測員開始說起。整個故事就繞著雪莉的一天生活打轉。只是在這則故事裡，雪莉不再老是受挫，而是和她的事業夥伴輕鬆化解各種難題，顯然她之所以能左右逢源，全是拜工具、程序改變之賜，再加上隨時可上的培訓課程——當然，這全出自於我研擬的計畫，希望能靠團隊成員的幫忙加以達成。

這個故事的結尾是一天工作結束時，雪莉走出會議室。兩名團隊成員朝她走來，謝謝她的好點子，還說他們很喜歡預測員現在在公司所扮演的「新角色」。在這之前，她根本不知道自己對這份工作的好惡，但現在她真的很喜歡自己的工作。當你知道你的工作不再只是一堆數字，而是對公司很有貢獻，大家都會因此感激你時，工作對你來說，就會有趣多了。

我這個故事得到的第一個反應是：「哇，我希望兩年後我也能像故事裡的主人翁一樣，我要加入這計畫！」其他人的反應也都差不多。

我只用電子郵件寄出這故事。但你的傳播方式可以更有創意一點。蘿莉．西爾弗曼（Lori Silverman）在她的著作《等數據沒了再叫我》（*Wake Me Up When the Data is Over*）提到，在必治妥公司，有幾個聰明人想出一則和未來有關的故事，於是將它印在董事長最愛看的倫敦《金融時報》（*Financial Times*）上。為什麼？因為他們不可能要求董事長讀完他們寫的五十頁策略。但被他們塞進門縫的報紙卻有這樣的標題：享有全球一流製藥公司美名的必治妥。董事長讀了一半才注意到那一頁最上面有個日期，這才明白原來這是一篇有關未來的故事。等讀完整篇報導，他才徹底明白團隊希望他定奪的策略是什麼，因為他們把它寫進了故事裡。

同樣手法也在其它公司運用過，包括全錄（Xerox）、德國百靈（Braun）和寶僑。而且幾乎都很有效。畢竟誰不想看見報紙上出現對你吹捧有加的報導呢？

＊＊＊

所以你已經知道如何利用故事來吸引聽眾注意和傾聽你的願景，再利用另一則故事來闡明你對未來的展望。除此之外，還有什麼事得做？也許有。有時候如果願景過於崇高或激進，會讓人覺得不夠務實，無法實現——若真有這種情況，先恭喜你竟然想出了一個這麼厲害的點子！可是如果大家都不相信你說的願景可以成真，便不會有動力想幫忙你實踐它。這時可以藉助說故事來說服大家，就像下面這則故事一樣。

二〇一〇年初，我被派去領導一支廣納各種專才的團隊，任務是幫寶僑公司的紙業部門找到長遠的方向。換言之，十年、十五年或二十年後，我們想賣什麼產品？立足在什麼市場？儘管目標崇高，但這專案計畫卻很難找到人背書加入。因為嚴格來說，我們想的任何點子都不可能在我們的任職期間推出上市，甚至不會在我們的有生之年上市。同時，同事們也都在忙春季要推出的下一波產品升級活動，希望能贏得市場好評。除此之外，很多人都懷疑長期規畫的價值值多少。我知道我必須說服成員們這個任務對公司來說十分重要，而且會是個很值得的經驗。

第一次開會，我就告訴他們另一家紙業公司的故事，那家公司的情況和我們的相去不遠。一八六五年，弗雷德里克・依德斯塔姆（Fredik Idestam）在芬蘭西南部坦佩雷河（Tammerkoski River）岸邊創建了一家紙漿廠。當時這家公司就像其他紙業公司一樣以生產文具、新聞印刷和書籍專用的紙張為主——這些都是電視、廣播和電話風行之前的主要傳播工具。所以就某方面來說，它算是身處在傳播業。

到了一九〇〇年，它已經成為芬蘭的紙業大廠之一，積極尋找其它成長契機。當時電力是快速發展的能源，一九〇二年，它決定建造自己的發電廠，向當地產業銷售它所生產的電力。但一九一〇年代近尾聲時，這家公司的財務出現危機，決定與芬蘭橡膠廠（Finnish Rubber Works）結合。而橡膠（電流的天然絕緣體）則為這股聯合勢力提供了明顯的綜效。

一九二〇年代初，電信服務業蓬勃成長，電纜在各城市間大量鋪設。一九二二年，芬蘭電纜公司（Finnish Cable Company）明智地加入這個快速成長的集團。接下來數十年間，它繼續往鄰近產業和世界各地擴展。二〇一〇年，它已然成為四百億美元的公司，營運範圍遍及全球一百二十個國家，主產品線成為市場上的領導者，而且仍然待在傳播業裡。這家公司的名稱和一百年前在芬蘭造紙時一樣——它叫諾基亞（Nokia）。

假如諾基亞在一路成長的過程中，不曾在不同時間點選擇跨足其它產業，到現在都還可能只是待在和明尼蘇達州面積一樣大的芬蘭，以造紙大廠自居。（在我寫這本書的同時，黑莓機〔Blackberry〕和 iPhone 等這類智慧手機的出現，已吞食諾基亞的大半市場占有率。所以也許它會仿傚以前，再度大動作地跨足鄰近產業？）

我對我的團隊說，我要說的重點並不是我們必須進入手機產業，而是我們已經是一家成功的紙業公司，有 Bounty、Charmin 和 Puffs 等品牌。如果要繼續成長，就必須把現有的產業定義往外擴展。我們可以任由它隨機發生，也可以像諾基亞一樣明智地主動選擇每一步。我們的管理階層希望是後者，因此把這個責任託付給我們，要我們幫忙找出第一步。大部分的企業人士在他們的工作生涯裡從沒有機會去影響未來一兩個會計年度的企業方向，我們卻被要求找出未來二十年的方向！

「誰有興趣？」我問道。

所有人都舉手，於是我們開始工作。

諾基亞的故事協助我的團隊明白這份工作的重要性，還有這個目標是可以達成的。畢竟，以前也有一家像我們一樣的公司辦到了。這是開會前的完美開場白。當然我也可以用「諾基亞辦得到，我們為什麼辦不到」這句話來回答任何人的質疑。但它的說服力遠遠比不上那則故事。

摘要和練習

用故事來幫忙勾勒未來願景，可以達到三種目的：

一、吸引聽眾的注意（建立一座大教堂）。

二、傳遞你的願景，讓你的聽眾在願景中看見自己。

a. 利用「銷售預測員的一天」作為一則跳板故事。再以此跳板為靈感，寫出適合你情境的類似故事。

b. 執行上可以有創意一點，以確保聽眾願意不嫌麻煩地讀你的願景。方法之一是把故事寫得像新聞報導一樣。（比如《金融時報》）

三、說明你的願景是可行的（坦佩雷河岸旁的實例）。

03 訂定目標，全力以赴

「拜託你，可不可以告訴我，應該走哪條路？」愛麗絲問道。

「這得看你要去哪裡，」貓說道。

「我不在乎去哪裡……」愛麗絲說道。

「那你走哪條路都行啊，」貓說道。

——《愛麗絲夢遊記》（*Alice's Adventures in Wonderland*），路易士．卡羅（Lewis Carroll）

在政治圈裡，目標必須非常明確，不能像愛麗絲歷險那樣漫無目的，而且必須全力以赴。因為很少有人會放眼下一回合的選戰，有時甚至連下一回合的新聞是什麼都不願多想。原因是政治不像做生意，它是一門不是通吃就是通殺的行業。如果某家企業的營業目標是兩億兩千九百萬美元，今年只做到兩億兩千八百萬美元，其實不算虧損，雖然股價也許會掉一點，主管們的紅利可能會少一點，但這家公司不會關門大吉，也不會裁撤所有員工。但是如果一個政治家的選票只拿到百分之四十九，而不是百分之五十一，他的選戰就輸了。這位政治家，連同他陣營裡的所有成員，都會失去工作，只能等待下一回合的選舉。

你可以去請教班恩・拉羅可（Ben LaRocco）他的經驗。二〇〇三年拿到政治學學位的他，立刻步入政治圈，陸續為地方候選人、州候選人和聯邦候選人擔任選戰幕僚。光是學校畢業後的前四年，他就換了五份工作。通常一場選戰只維持六到九個月就結束。

這種工作究竟在做什麼？選戰季節是很沒人性的。誠如班恩所形容：「每天的工時都很長，要加班到晚上，沒有社交生活。這也是為什麼大部分的選戰幕僚都是單身。因為你沒有時間陪家人。」而且他們經常得自我檢討目標。「八月時，戶外溫度高達攝氏三十八度，你已經挨家挨戶地敲了九個小時的門，但你還是得提醒自己，也許再敲十扇門，開票結果就會大不同。要是你不吃這一套，那就等著出局吧。」

班恩是在初入選戰工作時，才學到這個經驗教訓。當時他在幫忙俄亥俄州的國會議員候選人進行初選活動。敵營對手在政治和財力上都與他的候選人旗鼓相當。班恩賣力工作了三個月，一直忙到投票當天晚上。那天是晚上七點結束投票。他的工作終於畫下句點。接下來兩個小時，他密切注意選戰總部傳回來的開票結果。晚上九點，他的候選人僅以些微票數落後。於是他上了車，開了九十分鐘的車回家。回到家，打開電視，發現他們正以不到五十票的些微之差領先對手。他隔天早上起床時，仍然領先，差距拉開到六十二張票。但票數還沒開完。因為這是一場票數差距極小的選戰，許多選區重算選票。因此候選人可能今天領先對方，隔天又落後。兩個禮拜後，有一個郡發現有二十三張有效選票沒被算進去，但不幸的是，那個郡偏好敵營對手。最後開票結果出來，班恩幫忙的候選人得票數超過三萬四千票，僅輸給對手二十二票，以四十九．九六％比五十．〇四％的些微之差落敗。這場硬仗是在他還很嫩的二十二歲那年吞敗的。

這個失敗的經驗給了班恩一個重要的教訓，使他從此對目標以及所謂的全力以赴有了新的認識。自此之後，他每次選戰都會記取這個教訓，並把這故事告訴他的戰友們。他以此為鑑，開始做兩件事。第一，他會把日曆撕一大把下來，從那天算起一直到選舉日當天——大概有五到六個月的日曆分量，逐張貼在牆上，在上面寫下每日目標和每週目標：這一天要打多少通電話，這週之前要募到多少款，要見到多少人，要敲多少扇門。再根據這些目標每日追蹤進度。

每天早上醒來他都先反問自己：「我今天該做什麼來超越我的競爭對手？我今天該做什麼來影響十一月二日那天的開票結果？」到了晚上就寢時，他又再反問自己：「我今天輸了還是贏了？我做得比競爭對手多還是少？」

我們在這裡學到的課題是：當成敗的評斷是一翻兩瞪眼時，就會比較容易在目標上全力以赴，就像政治選戰一樣。可是即便是在一個目標如此明確的環境底下，班恩還是設法訂出每週和每日目標，鞭策自己朝成功之路邁進。

＊＊＊

就算你不在政治圈，也可以從這件事學到一些課題。首先，大部分的公司平常業績起伏並不大，在這種時候，可以藉助這方法來創造出一種勝負立見的環境氛圍。再者，利用短期可見的里程碑來衡量成敗，是有好處的。但要怎麼做呢？難不成你要告訴團隊，銷售目標達到兩億兩千九百萬美元才算成功，少於這個數字就是徹底失敗？這唬不了誰吧！美林證券（Merrill Lynch）的資深財務顧問普拉奇・孟克（Pledger Monk）想到一個很有創意的辦法。

到二〇一〇年為止，普拉奇在這行業已經待了十六年，他是位很成功的財務顧問，常有新進顧問前來向他請益。那一年四月，托比・玻奇（Toby Burkett）也上門請教。托比的業績其實還不錯，但他知道自己可以做得更好。因為一個月前，他才剛比完硬漢拳擊賽（Toughman boxing competition）。雖然托比這輩子從沒跟人打過架，他卻能在有二十五名參賽者的重量級比賽裡奪得銅牌。他跟普拉奇說，他的成績之所以這麼好，是因為他有一個很棒的教練每天訓練他。這使他想起自己從小到大，只要接受專業輔導，學習效果通常都不差。在他的成長過程中，一直到進大學之後，他的體育和學業成績都是因為有人從旁輔導而有不錯的表現。

「我也想在工作上找到這樣的人來幫我，」他告訴普拉奇。「你願意當我的教練嗎？」

普拉奇同意了，於是他們決定每週一下午四點碰面。

普拉奇給的第一個功課是為年底業績訂定明確的目標。他們都同意目標可以大膽一點，收益必須增加百分之五十。（其實就算托比連一半目標都達不到，也沒什麼大不了。因為即便只成長百分之二十五，也是很了不起的成就。）接下來他們設計了一套新客戶集點活動。致電潛在客戶可獲得四點，親自拜訪潛在客戶可獲得十點，諸如此類等。一天若能獲得四十五點，就算成功。

他們開始追蹤集點成績。起初幾個月，托比的成績不錯，平均一天拿到三十三點。算起來可能比沒有集點活動之前，一天多了十點。他和普拉奇都很滿意這個成績，相信業績一定會有成長。只是到了十月，另一名顧問也前來拜託普拉奇訓練他。這人的名字叫西依．羅賓森（Sy Robinson）。普拉奇要他也來上週一下午的課，參加同樣的集點活動。西依一口答應。

現在有了兩個參賽者，普拉奇索性將這套集點活動設計得更難，成了一場競賽！他決定第一位集滿兩千五百點的人是優勝者。於是集點活動變得更有趣了。這場競賽將他們的業務活動變成了像班恩．拉羅可的那種選戰活動。現在目標不再只是收益成長百分之五十，而是打贏這場比賽。在這樣的動機驅使下，他們對平日的集點活動開始有了不同以往的看法。雖然還是以一天四十五點為目標，但這已經不再那麼重要。現在他們只想拿到比對方更多的點數！他們變得跟班恩一樣，每天工作終了之際都會反問自己：「我今天輸了還是贏了？」只是在這件事情上，最清楚輸贏是誰的是他們兩個。他們可以每天比較分數——他們也的確每天比。有時是托比贏，有時是西依贏。

競爭很激烈，兩人一直較勁到最後。比賽結果終於揭曉，托比在短短七週內率先拿下兩千五百點。對他們兩位而言，每天達到七十點以上的目標是很耗費體力的。但好處很明顯。那年年底，托比的產值增加百分之四十七，幾乎達到當初大膽預設的百分之五十的目標，堪稱是最大贏家。他們決定繼續這種集點競賽，只是不再以七週為期限，反而放寬一點，改成十二週內集兩千五百點。他們的產值仍在繼續增加。到了二〇一一年八月，托比的每月總產值提升了百分之七十六，而且還在增加當中。所以普拉奇等於是找到方法，將步調較為緩慢的商場轉變成像政治圈那種必須全力以赴的生存方式，在這裡，成敗與否是一翻兩瞪眼的結果，可以每日衡量。

這兩個故事告訴我們，要有更好的成果，必須有明確和可以衡量的每日目標，至於成功的標準是什麼，也要做出清楚的定義。與別人分享這兩個故事，可以幫助他們在訂定目標之前，先領會目標的重要性。此外也讓他們有機會好好思考該如何訂定自己的目標和成功的標準。

＊＊＊

現在我們再把注意力轉移到全力以赴這件事上。沒有它，便成不了事。所以你要怎麼讓別人全力以赴投入你的目標？方法之一是讓他們覺得自己責無旁貸。只要有了這層心理，就會對目標很投入，因為如果成功了，便等同於他個人的勝利，要是失敗了，也等同於他個人的損失。而軍隊是學會責無旁貸的最好場所。

一九七一年秋天，包柏・麥當勞（Bob McDonald）進入紐約的美國西點軍校（U. S. Military Academy in West Point）就讀。經過第一年的軍校傳統洗禮之後，包柏很快學會在遇到長官質疑時，只能有四種答案：「是的，長官！」「不是的，長官！」「我不明白，長官！」還有「沒有藉口，長官！」（No excuse, sir.）包柏的解釋是這樣：「假設我把皮鞋擦得啵亮，褲子燙得筆直，然後走出去排隊，才剛站進隊伍，班上一位同學便從我身邊跑過去，一腳踩進泥塘，泥水濺到我的鞋子和褲管。這時有位學長經過，注意到我的慘狀。『麥當勞！鞋子和褲管都被泥水濺髒了，還敢給我站在隊伍裡？』」

「身為一名西點軍校生，我在腦袋裡過濾四種可能回答。『是的，長官，』只是重複一遍眼前事實，感覺不太對，恐怕會害我被罵得更慘。但我又不能說『不是的，長官，』因為我的確被泥水濺髒，而且要是我抵死不承認，鐵定會被丟出軍校。至於『我不明白，長官』這句話聽起來會讓我很像白癡，而身為軍校新生的我，白癡事早就做得夠多了。所以只剩第四種回答，也是最有力的一種——『沒有藉口，長官。』即便這件事情的發生完全不在我的掌控中，我也不能有任何藉口。我理當回答：『沒有藉口，長官。保證不會再發生。』這就是西點軍校生學會負責任的方法，也是人格養成的重要一環。」

十三年後，包柏再次見識到這種回答的厲害之處，當時他和他妻子黛安（Diane）正為如何教導六歲大的女兒珍妮（Jenny）傷腦筋。他們曾多次告誡她該清理房間，卻發現她從來不照辦。房間總是亂成一團。他們不是那種衝動型的父母，家中書架有許多親子教養的書，他們找了一本來參考，想知道該如何懲戒這種行為。他們討論了各種懲戒方法，甚至還事先擬好對話的腳本，想跟珍妮好好談一談。他們拿著腳本去找珍妮，發現珍妮正在自己的房間裡。「珍妮，我們想跟你聊一下你房間的問題。」包柏開口道，可是還沒來得及照本宣科地唸出腳本裡的第二句話，珍妮已經抬起頭來看著他，以一種近乎西點軍校生的認真神情對他說：「沒有藉口，爹地，保證不會再發生了。」

包柏和黛安當場語塞。他們尷尬地站在原地，不知道接下來該說什麼。原先準備的腳本完全派不上用場。珍妮短短一句話就承認了自己房間的髒亂，願意負起全責，保證不再犯。本來該靠腳本完成的事情，全被一句話擋下，他們無話可說，只能親吻她的面頰，留她在房裡繼續玩耍。

二十三年後，包柏仍在宣揚這個教訓的價值。如今身為寶僑執行長的他，首要任務之一，是為公司訂定長期目標，責成旗下十二萬七千名員工全力以赴，達成目標。但要真正全力以赴，就意謂目標若未達成，你得負起責任，承諾一定會辦到。「沒有藉口，長官！」這句話便是全力以赴和責無旁貸的最佳寫照。它不僅適用於商業世界，也適用於軍校環境，連拿來教養六歲的孩子都可以。而且對老板和部屬一樣管用。當老板聽見「沒有藉口，長官！」這句話時——無論是何種表達方式——她都相信屬下定能負起責任，全力以赴，達成目標。對部屬來說，這種回答方式可以讓人消除戒心，免除繼續被責罵的可能，就像珍妮那樣。

今天包柏把他在西點軍校及他女兒的故事拿出來與公司主管們分享。目的是要教會他們接受責無旁貸的觀念，對目標矢志全力以赴。請在你的組織裡分享這些故事，你會很訝異你所製造的承諾氛圍。

＊＊＊

責無旁貸的觀念會讓人矢志全力以赴，因為它讓人們對目標有了歸屬感，想盡辦法要達成——即便這些目標和計畫一開始不是他們自己想出來的。不過如果是自己想出來的，會更願意全力以赴。因此另一個讓他們願意全力以赴的方法就是一開始便給他們所有人一個機會去左右目標和辦法。在以下這則故事裡，傑夫．史庫柏格（Jeff Schomburger）做了確實的示範。

當傑夫剛接下寶僑公司裡組織最龐大的業務小組主管一職時，他知道他可以在這裡大展身手。這個團隊的表現不錯，但他們的成績是靠組織付出很大代價換來的。工作流程繁瑣沉重，顧客關係劍拔弩張，更因內部競爭而和寶僑公司的其他部門時有摩擦。整個組織感覺壓力很大，有些失控。

他上任的第一件事，就是搬出傳統的問題分析工具，找出問題。商場上的人大多很熟悉SWOT分析法——這是一套對交易的優點、缺點、機會點和威脅點進行評估的方法。通常由一人包辦，頂多交給一個小型委員會統籌處理。但傑夫製作了一份空白的SWOT表格，發給六十個人，而這六十個人全來自於這個由兩百四十人組成的團隊。他們全數填完表格。許多人在填寫過程中甚至請教過其他同事。

等到六十份表格都寫好，他才逐一面談這六十人，每人一小時。他深入瞭解這六十人的想法，找出可以改變團隊文化和團隊績效的因子。一個月後，訪談完畢，傑夫找來全體成員，概述他打算落實的變革內容。當然那六十位曾與他談過話的人都看得出來這裡頭有他們著墨的痕跡。最厲害的是，就連其他人也看得出來。整個團隊都樂意接受他的變革計畫，承諾全力以赴，加以實踐。於是一夕之間，團隊文化有了改變。一年後，年度員工調查報告顯示，團隊效益大幅成長，團隊績效亦然。

當然，對傑夫來說，六十個小時是很大的投資。但是它很有效。之所以有效，是因為與其讓人們為你想出來的點子全力以赴，倒不如讓他們為自己想出來的點子全力以赴。傑夫對SWOT工具的另類運用，確保每個人都能認同這些目標。

摘要和練習

一、目標的設定若能符合以下準則，效果會最好：第一，成敗標準很清楚，沒有模糊地帶，就像政治選戰一樣。第二，里程碑要明確、可以衡量，而且要頻繁。請思考一下「我今天贏了還是輸了？」以及普拉奇的競賽辦法。

a. 你可以藉助目標的設定和競賽辦法的建立來讓團隊有更明確的成敗觀念嗎？

b. 你可以向團隊解釋清楚每週甚或每日的目標嗎？

二、對你的目標全力以赴

a. 創造責無旁貸的觀念（「沒有藉口，長官！」）

b. 讓你的團隊一開始就有機會決定和左右目標內容。一般人比較願意全力以赴自己所設的目標勝過你設定的目標（SWOT分析）。

04 領導變革

「我們當中很多人，都像當年急著出生一樣急著被改變，卻以類似受到驚嚇的狀況經歷改變。」

——詹姆斯．鮑德溫（James Baldwin）

你可以去請教任何一位企業界人士，問他們誰堪稱是巨星級的執行長，其中一個先被點名的可能是傑克．威爾許。一九八一年，他成為奇異電子（General Electric，簡稱GE）的董事長和執行長，二十年的任職期間，GE的業績成長四倍，市場資本化從原本的一百三十億美元暴增到好幾千億美元。這也正是一九九九年《財富》（*Fortune*）雜誌封他為「二十世紀最佳經理人」的其中兩個原因。

早年他擔任執行長時，最為人津津樂道的就是他要主管們坦然面對現實，趁早改變。他的方法是一再分享他當年首度認清現實的自身經驗，這故事就收錄在他的著作《Jack：二十世紀最佳經理人，第一次發言》（*Jack: Straight from the Gut*）裡。

他第一年擔任執行長，便前往加州聖荷西（San Jose）實地走訪GE的核子反應爐業務。當地的管理階層向他提出一份樂觀的計畫，認為一年可接到三張新反應爐的訂單。如今回顧當年那份計畫，其實也算合理，畢竟GE自一九七〇年代以來一年就能售出三或四座反應爐。不過當時已經是一九八一年，賓州三哩島（Three Mile Island）的核災事件才過兩年而已，殷鑑尚不遠。少數支持核能的輿論早已消失。自核災過後，GE已經有兩年沒接到新訂單。

傑克先是很有禮貌地聽完計畫，然後丟出一顆炸彈。「各位，你們不可能一年接到三份訂單。依我看，你們在美國是不可能再接到任何訂單了。」他告訴他們應設法向已建好的七十二座反應爐推銷核燃料和售後服務。

他們大吃一驚。他們認為如果將計畫裡的訂單部分移除，恐會打擊士氣。而且萬一訂單又回來了，就再也沒辦法動員人力去處理這項業務。但傑克不買帳。GE只好重新分配業務，改把重心放在售後服務上，短短兩年間，營收便從一千四百萬美元增加到一億一千六百萬美元。二十年後傑克退休了，在那二十年間，GE在美國境內連一張新的核子反應爐訂單都沒收到。

若要改變，第一個遇到的阻礙通常是，你得先讓大家接受這個必須改變的事實。像傑克・威爾許這樣冷靜要求大家「認清現實」或許是個方法。這故事告訴了我們，身為領導人的你在組織裡也要有同樣作為。除此之外，它還有另一個用途。你可以在要求大家認清現實之前，先分享這故事，此舉將幫助聽眾接受和認同你即將揭露的事實：「GE的確再也沒接過核子反應爐的訂單，而對我們來說，我們面臨到的現實是，我們不可能寄望靠明年的貨幣波動來支撐我們的利潤」（不管你想認清的現實是什麼）。

＊＊＊

接受改變的事實──如果你想帶領別人變革，這不會是你唯一遇到的阻礙。因為就算他們同意改變是必要的，但人類終究是習慣的動物。而改變是最不受歡迎的訪客。究竟是什麼原因讓改變這麼討人厭？以下是西雅圖的作家兼工作室負責人伊芙琳．克拉克的現身說法，她提供了一個很有力的觀點，直指人類抗拒改變的原因及其對策何在。

伊芙琳有一次到美國西岸為某企業客戶主持渡假研習營，從中她學到人生中最重要的一課──如何管理變革。原來這個客戶打算展開很大的變革。以前，他們的業務單位都是在公司裡等電話，不管誰打來，只需要接手處理訂單就行了。但做過生意的人都知道，這不叫業務，這叫接訂單。而新的變革計畫是要他們成為真正的業務人員──主動打電話推銷，找更多顧客進來，製造更多業績。可是電話中心裡的員工都很惶恐。這個渡假研習營的目的就是要找到方法幫助他們克服恐懼。伊芙琳要求每位學員都要站起來在眾人面前說一則和改變有關的個人故事，和他們從這經驗中學到什麼來幫忙改變工作和個人生活？她相信這方法足以幫助大家找到對策，解決這項挑戰。其中一名學員說了一則發人省思的故事，這故事和他的六歲雙胞胎兒子有關，而且證明伊芙琳的理論是對的。

任何父母都知道，對一個唸小一的孩子來說，沒有爸媽陪著搭校車，是件可怕的事。而要他們在下午三點半自己從教室走出來到上車地點搭校車，那就更可怕了。學校有那麼多校車，而且都長得一模一樣。他的兩個六歲雙胞胎一個學年下來好不容易才熟悉每天走去搭校車的路以及上車的地點。結果有一天竟被告知上車地點改了。改地點上校車的那一天快到時，他看得出來其中一個雙胞胎顯得憂心忡忡，另一個的心情則絲毫不受影響。顯然對後者來說，新的上車地點就在他的教室外面，從窗戶便看得到，但對另一個男孩來說，因為他是在別的教室上課，上車地點離他更遠，而且方向完全不一樣。

換地點的前一天晚上，他們才剛上床沒多久，爹地就注意到其中一個男孩睡得很香甜，另一個輾轉難眠。他把那個緊張到睡不著覺的孩子叫起來，問他怎麼了。「爹地，我不知道怎麼辦。」於是爹地幫他穿上第二天上學要穿的制服，展開一場假想之旅。「假裝你在班上，老師說放學了，可以離開了。你走出那扇門，秀給我看你要走哪一條路。」小朋友照著爹地的話做。「現在我們練習走到走廊盡頭，穿過停車場，到上校車的地方。」試了兩次之後，父親和孩子都相信應該沒問題了。

「告訴我，你們班上誰跟你搭同一班校車回家？」

「強尼。」

「好，那你假裝我是強尼，你來問我可不可以跟著我去上校車。」試了兩三回之後，這男孩總算找到他覺得自在的問法。現在他多了一套備案。再加上他爹地不斷向他保證沒問題，他才建立起一點自信，總算被哄上了床，很快進入夢鄉。

這位爹地終於明白，伊芙琳班上的學員也同樣明白——人們害怕的不是改變，而是怕自己沒有做好萬全準備，就算是孩子也一樣。這故事可以幫助組織從兩方面去展開變革。第一，對那些負責變革的人來說，這故事提醒他們一定要提供員工充分的訓練，讓他們有自信地度過變革的歷程。至於第二點可能不夠明顯，那就是這故事可以安慰和鼓勵那些正在經歷變革的人，讓他們知道他們害怕的其實是自己的準備還不夠充分，而不是變革本身。只要他們努力做好準備，這種恐懼就會減輕。

大家都知道接受訓練有助於更上層樓。但有些人安於現狀，對訓練這種事缺乏熱情。可是如果他們能體悟到，做好充分準備可以幫助他們避免未來幾個禮拜出現妄想、睡眠不足或害怕的心理，那麼即便是最無動於衷的員工也會有高度意願。

＊＊＊

前兩則故事都點出了在面對改變時可能產生的心理和情緒障礙。第一則故事有助於你的聽眾領會改變是需要理智的。第二則故事則給了領導人和員工足夠的情緒動機去為未來的改變做好充分準備。除此之外，還有第三種方法，那就是改變環境。這樣一來，你很難不改變，或者不改變也不行。這辦法如果處理得當，甚至比前兩個方法還有效。以下故事就是一個簡單又有效的例子。

去年，檔案保留日是在五月舉辦，反托拉斯進修課程在四月進行，至於性騷擾講習則訂在一月。反正好像每個月都至少會有一天是要刻意提醒員工有哪些政策必須確實遵守。這個月推出的是清理桌面，它要求大家把不想讓競爭對手看見的文件全數鎖好，換言之，是所有東西都要鎖好。

在月會裡，領導階層正在討論有什麼方法可以讓大家確實清理桌面，他們先從最嚴重的違規問題開始談起。有鑑於大多數人每晚都會鎖上自己的辦公桌抽屜，因此結論是，最大的問題應該是出在印表機上隔夜留下來的文件。副總和總監們輪番提供點子。其中一個點子是由總經理發函給每個人，告訴他們何以文件上鎖很重要。另一個點子是舉辦部門「清潔」比賽，或者每個月抽一天晚上進行樓層查核，只要連續十二個月通過查核，便頒獎鼓勵。

輪到馬丁・海帝斯（Martin Hettich）發言時，他的提議很不一樣。遠在巴拿馬辦公室的他隔著電話說，去年他的事業單位急於刪減支出。有人認為印表機的紙張支出費用太高。解決辦法是根據各部門員工使用的張數，向各部門索費。但因為大家用的都是各樓層中央的連線印表機，因此需要一個簡便的方法來監測用量。以下是他們想出來的辦法。只要你按了電腦上的列印鍵，就得走到印表機那裡輸入員工代碼，才能印出你要的文件，再從你的預算扣掉費用。使用者付費的制度一上路，用量就降低了，但幅度不大——可能是因為這方法對使用者來說仍不算太麻煩。

不過這項政策卻意外地製造出另一種效果，反而比省錢還有意義——從此不再有隔夜文件留在印表機上。原來文件會被留在印表機上忘了拿的原因並不是大家太懶，沒有立刻去拿，而是因為他們在電腦上按了列印鍵之後，便忘了這回事。現在不管他們忘了幾天，都沒關係，因為除非走到印表機那裡輸入員工代號，否則文件是印不出來的。一旦輸入了，便得站在那兒等文件印好，然後拿走。因為他們不想每次印文件時都得到印表機走上兩趟。

問題解決了。

現在把這辦法拿來和先前幾個點子比一比。第一個方法，道德勸說：讓總經理寄函向大家解釋何以東西上鎖很重要。這當然會有一定比例的員工覺得這封信很有說服力，於是改變行為。但仍有很多人會無動於衷。第二個方法是靠激勵的方法：藉助獎賞和認同來激發他們的榮譽感。這也會促使一些人改變行為，但不是所有人。至於馬丁的辦法則對每個人都有效。這就是奇普・希思（Chip Heath）和丹・希思（Dan Heath）所稱的「清掃道路法」（clear the path）。

他們在合著的暢銷書《轉變：當改變很難時，要如何改變》（*Switch: How to Change Things When Change Is Hard*）裡，討論了多種看似簡單卻有助管理組織變革的方法。其中之一就是馬丁．海帝斯所推薦的方法。

與其靠理性或感性訴求，倒不如改造環境，讓他們很難不改變或不改變都不行。在《轉變》這本書裡，作者提供了製造業員工都很認同的一則例子——第二安全鈕。「許多工廠會使用危險性高的機器，一不小心使用不當便可能切斷手指或整隻手。」解決辦法是把機器設計成只有在兩個按鈕同時壓下的情況下才能操作機器，即主要按鈕和第二按鈕。第二按鈕座落的位置離主按鈕遠到你必須動用兩隻手才能同時按住它們。從設計的觀點來看，如果機器的運作得靠兩隻手同時按住兩個鈕，你的手就不會在不當時機出現在危險區域裡。其他類似例子包括ＡＴＭ自動提款機的設計是，你必須先把卡片抽出來，才能領取現金。還有開車的你必須腳踩住剎車，才能從Ｐ檔換到其它檔。

這裡的原則是，與其向你的員工訴諸理性和感性，倒不如移除變革策略裡的不確定因子，讓他們不改變也不行。下一次當你的組織面臨重大變革時，請先把馬丁的故事告訴你的領導團隊。如果處理得好，會有很多人服膺這場變革，不會有人手指被切斷。

＊＊＊

所以你已經說服團隊變革的必要，他們也都為這場變革做好了充分準備，你也將整個工作環境安排妥當，不會再遇到改革的阻力。所以從現在起，不會再出錯了吧。因為你準備得很周全，不是嗎？

錯！莫非定律不吃這一套。其它阻力還是會出其不意地出現。你的應變方式會決定你最後的成敗。好的領導人會找出阻力，把它對組織的影響降到最低。但偉大的領導人卻會把那些阻力轉化成改革的推手，就像以下這則故事所證明的。

二〇〇一年初，股市還在被幾個月前的網路泡沫化搞得暈頭轉向時。市場經濟不安，就連許多傳統產業也身處動盪。寶僑公司是其中之一。自從這家公司的股價在短短一週內跌幅近百分之四十以後，已經過了快一年。商業新聞對新崛起的網路公司終於失去興趣，轉而注意起傳統產業。其中的《商業周刊》（*Business Week*）決定針對 P&G 的問題展開報導。

它要求採訪寶僑的主管，於是寶僑的 Bounty 廚房紙巾分公司新到任的行銷總監塔藍．亞明（Tarang Amin）被派上場。這個品牌才走過艱辛的一年。塔藍以不帶偏頗立場的全新角度暢談Bounty品牌的歷史與未來計畫。訪問過後，過了幾週平靜的日子，記者繼續挖掘探討這個主題。

二〇〇一年三月十二日，報導上架。塔藍瞥了一眼。標題是「寶僑公司可以浴火重生嗎？」第一句話開宗明義寫著：「寶僑執行長險關當頭，廚房紙巾市場岌岌可危。」這行字令塔藍大吃一驚。原來整篇報導都在說 Bounty 過去一年來喪失的市場占有率比寶僑的其它任何頂尖品牌都來得多。然後又很羞辱人地、很鉅細靡遺地歷歷指證該品牌所犯下的種種錯誤，包括在產品和成本的創新上被競爭對手追著打、廣告支出被砍、定價太高、裁撤商場內的推銷員。報導裡甚至指控寶僑公司品牌經理的替換速度太快。

塔藍垂頭喪氣。雖然他早料到這會是一篇負面報導，卻沒想到比預期的還糟。對於那些在Bounty品牌底下賣力工作的數百名員工來說，不僅失望，而且顏面盡失。更糟的是，這篇報導是在他們正力圖振作的時候刊出，極可能傷害他們的振興計畫，讓別人對他們失去信心。他只希望沒有人看到這篇報導，這件事可以在沒人注意的情況下自動被淡忘。但這一絲希望就在他晚上回到家，從車裡出來時瞬間破滅。他的隔壁鄰居隔著圍籬對他喊道：「嘿，塔藍！今天那篇報導很慘欸！」

那晚，當塔藍反覆思考這則報導，心裡盤算要不要寫封信向編輯抱怨部分內容不符事實，或者有些說法過於斷章取義。但重新思考後，他決定不這麼做。可是一想到明天上班，得面對自己的工作夥伴，便覺得難以承受。他好想把頭埋進沙子裡，假裝一切不曾發生。最後他決定寫封信給團隊裡的每一個人，標題是：我對《商業周刊》報導的看法。塔藍在信裡坦承，他對這篇報導起初感到很失望，因為他知道過去這一年來，大家對這品牌付出很多，極力想讓它東山再起。但他也必須承認，報導中有許多觀點其實並沒有錯。舉例來說：「我們的確讓自己的價格脫離了目標範圍」，還有一些「創新的地方並未真正打進市場」。事實上，報導中的許多切入點都是這個力圖振作的品牌在擬定新策略時所找到的問題點。

因此塔藍不希望大家抱著自我防禦的心理，反而要正視這則報導，將它當成一種助力，因為他們的確知道自己的問題出在哪裡，也知道如何修補。他提醒大家，他們已經擬定好計畫，準備重回市場寶座，而且也降低了售價，讓 Bounty 價格更具市場競爭力。他在結論裡重申他對員工及這些新計畫的信心，更鼓勵大家未來更努力，將這個品牌推上巔峰。

塔藍這封信在他們的辦公大樓裡掀起一陣傳閱的波瀾，一開始只是在 Bounty 團隊裡傳閱，隨即傳到其他團隊。他的總經理還特地把它寄給公司裡的資深主管們，其中幾位又轉寄給旗下的品牌員工。他們分享這封信的目的主要是想解答大家心中的疑惑：「管理階層對這則報導究竟有什麼看法？面對 Bounty 的處境，我們該如何是好？」這封信一石二鳥地同時回答了這兩個問題。但我認為它不只這樣而已。它還告訴企業領導人該如何化危機為轉機，將一樁會打擊士氣的事件轉變成重大改革的推手。接下來那幾個月，甚至那幾年，那則商業周刊報導和塔藍的信，常會從檔案櫃裡被翻出來，它的功能就像某種集體要求改革的吶喊聲音。自從那則報導出來之後，不到十年，Bounty 市場占有率便激增百分之十，達到百分之四十六，銷售量也成長了三分之二。

如今在國際旭福營養食品公司（Schiff Nutrition International）擔任執行長的塔藍．亞明，每當看見同僚遇到棘手問題或令人尷尬的處境而想逃避時，就會告訴他們這則故事，要他們遇到事情不要逃避，反而應該大聲說出來。化危機為轉機，視它為有助改變的工具，刺激周遭組織。

摘要和練習

一、改變的第一步是先讓大家承認改變的必要。學傑克．威爾許那樣先點出「認清現實」的重要，這招很管用。先分享傑克的核子反應爐故事，再把你認清到的現實說出來。

二、人們怕的不是改變，而是擔心自己沒有做好充分準備。請幫忙他們預做準備。在著手時，可以分享那則「雙胞胎男孩搭校車」的故事，讓他們安心，知道自己之所以擔憂，純粹是因為還沒做好準備。等他們上完你安排的訓練課程，便做好準備了。

三、改變環境，這樣一來，不改變都不行。利用這些故事刺激自己想出足以帶領變革的好方法：譬如馬丁的印表機代碼、第二個安全鈕、ATM自動提款機、車上排檔的換檔安全裝置。

四、不利變革的阻礙常會突如其來地出現。與其忽略或掩飾，倒不如將它們化成有助變革的推手。商業周刊對 Bounty 的報導就是一個例子。

05 讓建議奏效

「你說出來的話向來有三種：你練了很久的話、你已經說出來的話、你希望自己說出來的話。」

——卡內基（Dale Carnegie）

二〇〇〇年夏天，我在P&G紙尿布事業單位任職，負責幫寶適（Pampers）和儷兒（Luvs）兩個品牌。那年夏天，我很難得有一個機會可以制訂五年策略，並向董事長和領導團隊提案說明。

經過幾週的密集分析和準備之後，和老板開會的重要時刻終於到來。他們可能以為這會是一場傳統的P&G式提案說明會——我將站起來告訴他們我的建議是什麼，再以具體的分析報告佐證我的看法。但這不是我的做法。我反而說了下面這段話：

「在座的各位自從進入這家公司以來，就一直被告知只要銷售量有了，利潤自然會進來。我們這個事業單位的策略也一向遵循這個信仰。所有計畫都是以賣出更多紙尿布為目標。其他就更不用說了。因此在準備這場會議時，我決定做點研究，想確定這個假設是否正確。」

「我回顧了我們在美國境內市場近四十年來免洗尿布的製造歷史，以下是我的發現。從最初一九六一年到一九八二年的二十一年間，銷售量和利潤之間的確有近乎完美的關聯。每年利潤都隨著銷售量的成長而增加。當銷售量下滑時，利潤也跟著下滑。所以銷售量高、利潤也跟著提高的這個論點看起來似乎是對的。而且可能就是這些資料的存在，才會有人拿它當作圭臬來教導我們。」

「可是如果你們看一九八二年以後的資料，情況就不一樣了。過去十八年來，從一九八三年到二〇〇〇年，銷售量和利潤之間並無任何關係。一點關係也沒有。十八年來，不管公司的銷售量有無成長，利潤都可能成長。同樣的，無論銷售量下滑與否，利潤也都可能下滑。」

那份資料的散線圖令人咋舌，於是我出示給他們看，並停頓一下，好讓聽眾吸收消化。然後我請教他們這個問題：「你們認為一九八三年究竟發生了什麼事，才會從此改變這種高銷售高利潤的產業現象？」

有人回答：「是不是因為那年金百利公司推出好奇寶寶這個品牌？」「猜得好，不過不對，」我回答道。「他這品牌早在這個現象出現的前幾年就上市了。還有別的答案嗎？」

「是不是因為那年貨物成本失控的關係？」有人提議道。「也猜得很好，」我說道。「但那是發生在七〇年代末……還有誰？」

我繼續請聽眾猜，直到有人提到消費者行為，開始有點接近答案。我鼓勵他們繼續朝這方向思考，將對話往正確的答案引導，直到有人找到它。

「會不會是因為當時市場已經飽和？」

「賓果，答對了！」我喊道。「就是這個答案！一九六〇年代早期，在我們推出免洗尿布之前，美國的尿片市場都是布尿片，嬰兒的母親必須洗滌，重覆使用。因此每年有越來越多的母親改用免洗尿布，不再去洗髒尿布。」

在一九八三年之前，免洗尿布的市場基本上已經達到需要穿尿布的小孩都是穿免洗尿布的地步，傳統的布尿片從市場上完全消失。就在這個分界點上，免洗尿布製造商的銷售數字飛快成長，利潤數字也跟著飛快成長。這就是水漲船也高的原理。（至於傳統布尿片製造商則被完全逐出市場。）

可是一九八三年那年，一切改觀了。當我們成功地說服國內每位母親都只使用免洗尿布時，整個產業的銷售量不再逐年成長，而是原地踏步。一九八三年，美國的免洗尿布市場從P&G口中所謂的「開發中市場」進入「已開發市場」，可是顯然我們都忽略了這件事。我們還是像以前在開發中市場一樣沿用「賣更多賺更多」的基本策略。但其實已開發市場的經營策略應該是完全不同的。我的聽眾很清楚這一點。

一旦有人正確說出我要他們找的答案後，現場就像排練好的戲碼一樣，所有結論，也就是我的結論，全從他們的嘴裡自動吐了出來。我的結論成了他們的結論。短短幾分鐘，我的建議也成了他們的建議。提案成功！

本來我也可以用標準的提案方式提出我的建議。但我卻帶著他們展開一場旅程，由他們來親身體驗我幾個禮拜前大開眼界的經驗。「啊，原來如此！」這種驚嘆會在腦海裡留下有力的理性和感性記憶。不過這場「發現之旅」還有另一個好處：如果點子是他們自己想的，自然會更全力以赴。這則故事的技巧就在於把你的點子轉化成他們的點子。善用這個技巧，你的聽眾自然更記得住你的點子，而且很容易被它感動，用更大的熱情實踐它。因此，在我看來，若想要別人接受和落實你的建議，發現之旅的故事是很有效的技巧之一。

＊＊＊

另一個技巧是充分利用簡單的譬喻。譬喻可讓你靠短短幾個字便捕捉到完整故事的精髓。你將在第二十四章學到更多有關譬喻和類比的技巧。但以下這則故事是要告訴你，譬喻若選得好，作用將有多大。

美國電話服務業者Alltell Corporation創立於一九四三年，創辦人查爾斯・米勒（Charles Miller）和修・威爾柏二世（Hugh Wilbourn Jr.）當時是在阿肯色州靠著幫電話公司架設電線桿和纜線起家的。這家公司在二〇〇七年以前便已成為全美境內規模最大的無線電信服務公司之一，業務遍及三十四州。同年五月二十日，當時的執行長史考特・福特（Scott Ford）宣布要把它賣給兩家私人股本公司：德州沃斯堡的TPG公司（TPG Capital）和紐約的哥曼公司（Goldman Sachs Capital Partner）。

當史考特和新業主第一次碰面時，後者以為他會進行一場詳細又冗長的說明會，告訴他們如何接手經營。你可以想像得到，他們一定以為會看到數十張彩色圖表和重點說明。但是沒有。史考特只有兩張幻燈片。第一張是尼加拉瓜大瀑布的照片，有個人正小心翼翼地走在一條橫跨瀑布的鋼索上。史考特以它為背景，向主管們解釋經營這門企業就像走鋼索一樣，既得視訂戶需求提供顧客服務，又得為了有好的投資報酬率而投入必要的資金，必須在這兩者之間取得平衡。顧客服務要做得好，意謂著得要有更多操作員、更好的設備和更先進的科技……一切都得花錢，而這些錢原本是股東可以分得的利潤。然後，他又繼續解釋要取得這中間的平衡，自己的經驗談和哲學是什麼。

第二張幻燈片就更重要了。不單只是對史考特而言，對他的聽眾也是如此。私人股本公司的興趣通常不在於買進公司長年經營。如果有家公司和其他公司合併之後或者改變經營方式之後會變得更有價值，又或者只要注入資金將它提升到另一個層級，就會更有價值，私人股本公司就會有興趣購買。他們的目標是快速增加公司價值，再以更高價轉手賣出，所以會再和另一家公司重覆同樣的流程。史考特深知這一點，所以他的第二張幻燈片是繁忙的紐約街頭，有個人正要鑽進一輛黃色計程車裡。這畫面對戈曼公司那群土生土長的紐約團隊來說再熟悉不過。他藉用這張照片來解釋要以高價賣掉這家公司，需要靠點機運。

首先，買方必須是一家像 AT&T、Verizon 或 Sprint 這麼大的電信巨頭才有可能。不會有別家公司將這家公司的價值高估到足以賺取厚利，當然也不會再有別的私人股本公司前來購買。第二，要投入數百億美元進行收購，利息得夠低，買家才不會覺得財務負擔太重，不過相對的，也需要一個強而有力的債券市場才行。最後他還補充，但這也得看華盛頓那邊的心情，如果他們剛好心情不錯，就會准許一家更大的公司進行這麼大規模的收購。因為司法部會監看所有合併案和收購案，確保市場不會出現壟斷或者對消費者造成不當傷害。要是它看見跡象吻合，便會介入，阻止買賣，或推翻已經成交的買賣。史考特還特地強調，重點在於——等待進場買賣的時機有點像在紐約攔計程車，可能得等上好一陣子。所以當有計程車停下來要載你時，最好趕快坐上去，因為要想再攔到另一輛，恐怕又要等好久。

一年後，史考特接到電話，是一年前聽過他那場說明會的其中一位資深主管打來的。原來他們決定接受 Verizon 公司的買價，以兩百八十一億美元賣給對方，他想知道史考特對這件交易的看法。史考特靜靜坐在電話線的另一頭，臉上帶著會意的笑容。那位主管終於打破沉默，自問自答了自己的問題：「史考特，那是一輛黃色計程車，對不對？」

接下來幾分鐘，那位主管把史卡特一年前告訴他的話又重覆一遍，並承認這次的買賣機會是千載難逢，他決定接受對方的價格，同時也謝謝史考特當年的忠告。史考特祝他好運，短短幾個字結束了這通事關兩百八十一億美元買賣的電話，隻字未提當年那場 Alltel 的買賣。

這位主管因為聽了他十二個月前黃色計程車的精妙譬喻，因而不再繼續等待更好的交易條件，立刻接受對方的價格。這就是譬喻厲害的地方。它使你的建議變得很有說服力。而且不管是用來推薦你的小部門明年該使用什麼樣的無線電信公司，或是該付多少錢來收購整家公司，都一樣管用。

＊＊＊

推薦要奏效的第三個技巧是，挑戰聽眾的基本認知。大部分的推薦都會先從大家共有的認知開始談起，再慢慢推演出結論。但若想真的左右你的聽眾，最好的方法莫過於先證明他們的認知是錯的。喬依．威爾克（Joe Willke）的下面這則故事就是個好例子。

一九八三年，喬依還是市調公司 Nielsen-BASES 的分析師，這是一家消費研究調查公司，擅於預測新產品的成敗與否。它的方法是先讓數百名受測者接觸新產品的概念——只是用幾個字描述產品的用途和功能。再給受測者一兩週的時間去使用產品。

在喬依的首批案子裡，其中一個案子送回來的測試結果與他當初預料的不一樣。消費者認為產品概念很普通，但實際使用過之後，反而對產品愛不釋手！這是他們第一次遇見概念測試和產品測試在結果上有如此大的出入。像這種情況，傳統上都會建議改推出大型的樣品試用活動。因為產品概念不是很吸引人，所以消費者不太可能親自試用產品。但如果能在郵件裡收到這麼棒的樣品，免費試用過效果，一定會開始購買。

但喬依和他的團隊想到更好的點子。可是得先說服客戶，讓他們承認這概念其實並未傳達品牌多年來所提出的承諾。這任務顯然不容易。於是提案當天，喬依的一位同僚率先起來發難。他先謝謝在場人士的出席，隨即掏出一張紙給他們看。大家都認為這張品牌概念說明寫得就跟消費者測試的那份概念說明一樣好。他先大聲唸出來，然後說：「只是想先確定我們的看法一致。這是你們希望我們為新品牌測試的概念，對不對？」

大家都稱是。

這時喬依的同僚丟下了震撼彈。「事實上，這不是。」每個人都瞪著他，會議室裡一片寂靜。他繼續說道：「這是三年前你們在這市場推出最後一個品牌時，我們為你們測試的產品概念。你們搞混了，不過這也情有可原，因為它跟你們要求我們為這次新品牌測試的概念幾乎完全一模一樣。」

喬依的這位同事一直等到大家都把注意力集中在這個議題上時，才告知這次概念測試的成果不佳，但產品測試的成果出色。他提出了可能原因。「過去三年來，你們的產品廣告一直在向消費者保證這個產品有多好，問題是，當他們使用這個品牌時，並不覺得它達到你們保證的水準。三年前我們測試這個產品概念時，消費者都很喜歡。但今天測試的結果之所以這麼糟，是因為你們，就和其他競爭對手一樣，都保證產品的好處有這些，但都沒有辦到，所以他們不再相信。」

喬依和他的團隊認為客戶不應該再推出新品牌，反而希望他們可以掌握這個令人驚豔的新科技，將它放進已經上市三年的品牌裡，完成最初的承諾。在聽完這場令人意外又不符傳統的提案說明會後，客戶同意這個結論，於是照辦。

今天喬依已是 Nielsen-BASES 母公司的執行副總裁。他分享這故事的目的是想讓大家知道，當你在推薦一個你明知聽眾不會買單的東西時，可以改用大膽又創新的方法。它利用了你將在第十九章學到的驚訝元素，還有第二十九章的重點——把聽眾放進故事裡。不過它之所以特別有效還有另一個原因：它質疑了眾人的基本認知——他們都以為這個新品牌必定有一個新概念，沒想到這概念，還真是「新」。

他們當然也可以按傳統的方法說明這個新的測試結果，再提出三年前所做的產品概念和測試結果，接著將兩者加以比較。不過這方法只是讓最後的建議順勢成為結論的一部分，就像平常的結論推演一樣。但如果一開始就先大聲唸出舊的產品概念，質疑概念的創新度，這會使最後的結論有違聽眾的基本認知，對他們來說反而更具說服力。市場顧問總是先向客戶報告分析結果，再送上他們推演的結論。有時候，客戶會同意他們的結論和建議，有時候不會。但很少不同意分析報告裡所收集到的事證。而先入為主的看法就像那些事證一樣，從來沒有人想過它們可以被打破。當它們被打破的時候，再要求客戶從理性上和感性上去接受一個令人不太自在的建議，就會容易多了。畢竟他們之前的認知是錯的，所以現在當然應該更改方向。

可以的話，請先拿你的結論去打破聽眾的一些基本認知，此舉保證能吸引他們的注意。就像喬依所發現的，聽眾會更願意接受你的建議。

＊＊＊

最後我們來討論一個常見的問題，儘管我們不願承認它很常見。如果你被要求去做提案，但你又不認同那個主題，你該怎麼辦？這種事通常發生在被要求去執行作業的中階主管身上。這個可憐的靈魂就像夾心餅乾一樣夾在發布命令的主管和必須實踐目標的基層員工之間。無論你是被要求執行命令的可憐靈魂，還是指揮勉為其難的屬下去辦事的老板，都會遭遇類似問題。

我的答案可能會令你很驚訝：請直接拒絕！要嘛你就熱情地接下這任務，要嘛你就告訴老板，請另找別人處理。因為如果你缺乏熱情，聽眾也不會有熱情。你要他們照你的話做？機率是零。你的老板將感激你的坦白，你也可能因此擺脫困境。

要是他堅持你一定得做，那該怎麼辦？先想一想為什麼自己對這件事提不起勁？再想辦法解決。問題可能是以下三種原因：你不瞭解它，你不認同它，或你不重視它。我們逐一討論吧。

我聽過一位喜劇演員抱怨有通電話令他很氣餒。他六個禮拜前才搬離以前的公寓，但還沒拿回押金。那屋子在他歸還時並無任何毀損，所以他知道押金可以拿得回來。他打電話到那間公寓的總幹事辦公室。但接電話的是莎莉。他告訴她他是誰，詢問何時可以拿到押金。她說她必須先問過總幹事。過了一會兒，她回電給他，語氣很公事公辦：「等基金賣了，就退你押金。」

逗聽眾大笑的不是這位小姐的答案，而是喜劇演員那一副不可置信的誇張表情。他不是在生氣對方給了他一個有說等於沒說的答案，而是驚訝她說了等於沒說就算了，竟還坐在那裡等他回應——彷彿她剛剛說的話重要到他一定得立刻回應！她顯然跟那位喜劇演員一樣都不懂總幹事的意思，只是照本宣科地傳話。她還是得回去問總幹事，那筆基金什麼時候解約？還有為什麼要等它解約？

千萬別學莎莉。因為除非你自己弄懂怎麼回事，否則根本無法向別人解釋清楚。只是重覆別人交代的話並不夠。瞭解你要談的主題，不然就問到你懂了為止。

接下來是你得認同它。如果不認同，回去找你老板，把你反對的理由告訴他。因為如果你對內容有疑慮，那些被你要求去落實的人也會有。所以把你的反對理由向上層提報，直到疑慮被解決為止。反正他們拿高薪的原因，就是他們得負責回答各種疑難雜症，這本來就是他們的職責。不要停下來，除非所有問題都獲得解答。而獲得解答的意思是，你終於弄懂其中的道理，再不然就是你已經說服管理階層改變主意。不管是哪一種，都對你和你的聽眾有幫助。

現在既然瞭解了，也認同了，接下來就得重視它。要重視它便得先想清楚它對你、對聽眾或你所在乎的人或事有什麼好處。你的公司之所以這麼急著落實，一定是因為它對以上其中一個團體有好處。或許只要反問自己「如果我們這麼做，對誰有好處」，便能自行找出答案。一旦知道了答案，便有了重視它的理由。你自然會做得很好！

但反過來說，如果你是那位下達命令的主管，那就請確保那位被你派去執行命令的人也完成了這三個步驟。要是你發現有人倒楣地被你挑上擔任這差事，請先把莎莉的故事與對方分享，要求他不斷提問，直到確實瞭解、認同和重視這個任務為止，如此才會使命必達。而在你的事業生涯裡，這也將是你第一次因分享了喜劇演員的故事而成為一名善於啟發人的領導者。

摘要和練習

一、一般人比較願意全力以赴實踐自己的點子，勝過於執行別人的點子。所以藉助故事將你的聽眾拉進你的發現之旅中，就能把你的點子變成他們的。

二、藉助譬喻，用一個字或一句話（譬如黃色計程車）來捕捉整個故事的精髓。

三、利用你的結論來打破聽眾的基本認知，挑戰那些先入為主的看法。

四、要是你不相信某個案子，卻得為它提案或推薦，你該怎麼辦？直接拒絕。除非你對這份任務充滿熱情，否則就請老板另找他人代勞。以下的方法，可以點燃你對這份任務的熱情：

a. 瞭解它。不斷請教問題，直到通盤瞭解為止。不要像莎莉一樣（「我什麼時候可以拿回我的押金？」）

b. 認同它。把反對的理由說出來，請管理階層解答，直到滿意為止。如果你對此事有疑問，你的聽眾也會有。

c. 重視它。想想看這對你或你的聽眾有什麼好處。

06 界定顧客服務的成敗

「業績不是靠追求。當你全心全意地服務顧客時，它就出現了。」

——佚名

一九八〇年代初期，史特林．普萊斯（Sterling Price）在阿肯色州史普林戴爾（Springdale）的必勝客當廚師。那個年代的城裡還沒有出現像 Subway、Blimpies 或 Quiznos 這類全國性的三明治連鎖店。史特林說：「有一天，有位女士走進來問我們有沒有賣肉丸三明治。當我告訴她沒有時，她顯得很沮喪，幾乎快哭出來了。於是我說，雖然菜單上沒有，但店裡倒是有三明治麵包、肉丸、番茄醬、義大利起司，既然材料都有了，我可以幫她做一個，就把它當成菜單上的三明治賣給她好了。」

「她非常感激，於是向我解釋因為她丈夫病得很重，一點胃口也沒有，她希望他能吃點東西，於是問他想吃什麼。他告訴她，也許可以吃點肉丸三明治。她去了很多家餐廳，都沒有人肯幫她。我們是她問的最後一家，再買不到，她就只能空手而返了。」

「她帶了三明治回去之後，我也沒想太多，直到第二天，她打電話到必勝客找我。她告訴我，她的丈夫勉強吃了一些，他很感激她幫他買到它。那是他那幾天以來吃得最滿足和最快樂的一餐。」

「然後她又解釋了一下她丈夫的病況。原來他在幾個月前被診斷出癌症，已經是第四期。他出現了很多不適的症狀，沒胃口只是最不起眼的一個，但對她來說，卻可能是她最能幫上忙的地方。因此我願意在菜單上配合她，對她來說真的意義重大。」

「接著她又告訴我，那天晚上他就平靜過世了。那個三明治是他在世的最後一餐。說到這裡，她已經哭出來了，不過她還是再次謝謝我，說那個三明治讓她丈夫在生命的最後一天不再那麼不堪。這件事直到今天都還令我深深感動，而且一再提醒我即便為別人做的事看似微不足道，卻可能對他們的一生造成很大的影響。」

這是公關經理最夢寐以求的故事。對內，這故事可以教導員工何謂真正的顧客服務精神，讓他們有機會跳脫顧客服務的框架，在品質上更精進。對外，這故事可以構思出很棒的廣告，為公司建立聲譽、打造形象，甚至讓美名遠播全國。但可惜必勝客未能及時把握，以上情況全沒發生，至少就史特林所知是如此。原因何在？因為沒有人把它寫下來。對史特林而言，這是個值得和同事及值班經理分享的溫馨故事，但僅止於此。等於白白浪費了一個寶貴的公司資產。

相形之下，下一則顧客服務的故事同樣令人印象深刻，卻獲得充分利用。

禮拜一早上瑞依・布魯克（Ray Brook）搭乘的班機一降落在波特蘭國際機場（Portland International Airport），便直接趕到全美租車公司（National Car Rental）的櫃台。因為他得在三十分鐘內趕去拜會一個客戶，後面還排了滿滿的行程，預計未來四天內將參訪數家倉庫和物流中心。幸運的是，瑞依是全美翡翠俱樂部的會員，像他這種經常出差的人士不用在櫃台前面排隊，便可直接到停車場取車。可是這次當他在機器上刷卡，想取車鑰匙時，卻無法如願取得。機器上顯示的訊息告訴他，他得去櫃台後面找門市人員處理。

好脾氣的布魯克先生沮喪地回到櫃台，將卡片拿給門市人員看。門市小姐檢查了一下，說檔案有問題，要求看他的駕照。看了駕照之後，她告訴他：「你的駕照在上禮拜生日的時候就過期了，你知道嗎？」

「我不知道啊！」瑞依很驚訝地說道。

她對他笑了笑：「布魯克先生，生日快樂！」這樣的態度雖然緩和了緊張氣氛，卻無助於接下來的噩耗。「對不起，布魯克先生，我們不能租車給你，因為你的駕照過期了。」瑞依既震驚又無奈。他跟對方解釋他接下來兩天的行程很趕，一定要有一部車。門市人員只好打電話給經理。

經理向他解釋他們的難處。「布魯克先生，雖然機率很小，但萬一你不幸出了車禍，傷到自己或別人，我們公司得承擔連帶責任，因為是我們把車租給一個駕照過期的人。很抱歉，但我們真的不能租車給你。」

但經理接下來說的話令瑞依更吃驚：「但是你想去哪裡，我們都可以載你去。」

什麼？他沒聽錯吧？

瑞依說他接下來的兩天在波特蘭各地都有會議行程，然後得再飛到加州的沙加緬度（Sacramento）開兩天的會，那裡也一樣需要租輛車。雖然經理的提議很慷慨，但瑞依不想四天都有人跟著他，而這位經理當然也不希望他的門市人員老是不在店裡。

於是經理在聽完瑞依的行程之後，提出了一個很有創意的對策。他注意到瑞依的駕照是在華盛頓州發的，而華盛頓州與奧勒岡州接壤的地方就在波特蘭北部——剛好在哥倫比亞河的對岸，機場的另一頭。所以雖然他們離瑞依的老家有兩百英里遠，但其實離他們最近的華盛頓州汽車監理所只有幾英里遠。經理的提議是，先開車送他去開第一個會，路程只有二十分鐘。等會議結束，再去接他，送他到監理所更換駕照，反正離下一個會議開始前還有足夠時間。然後剩下的行程，瑞依就可以自行租車完成。

「太好了！」瑞依隨即同意。經理於是先派一位員工載瑞依去趕開第一個會，然後再去監理所。可是到了那裡，瑞依遇上了第三件令他震驚的事情。他們抵達監理所時才發現，華盛頓州的監理所禮拜一不營業。

現在怎麼辦？租車公司的人把沮喪的瑞依載回來，心想接下來該怎麼辦。這時瑞依和經理想出了B方案，做法如下：租車公司的人先載瑞依到飯店登記入住，還是不向他收錢，因為技術上來說，他還沒開始租車。瑞依再利用這筆省下來的租車費叫計程車載他去當天還沒拜訪的幾個業務點。禮拜二早上，租車公司的另一名員工到飯店接他，先載他去跑波特蘭的最後一個行程，在外頭等他開完一個半小時的會，再載他到已經開門的監理所，一樣很有耐心地等上一個小時，讓瑞依在監理所裡慢慢排隊，換到新的駕照，再開車回機場，讓瑞依及時搭上飛機前往沙加緬度。瑞依向經理致謝，謝謝他額外提供這麼多服務。而且在離開之前，經理還親自更新了瑞依在租車公司裡的駕照資料，這樣一來，他到沙加緬度租車時，便不會有問題了。

那是二十年前的事了，瑞依．布魯克從那件事以後，一直都是全美租車公司的忠誠顧客。更重要的是，後來那幾年，全美租車公司當時的副總兼執行長文斯．瓦西克（Vince Wasik）在數十場的演講裡，都會利用瑞依的故事向數千名全美租車員工說明，什麼叫做傑出的顧客服務。你可能無法一一列舉各種可能例子去訓練員工，因為例子多到數不完。但員工卻可以透過這樣的故事，自行領會何謂一流的顧客服務。

所以為什麼全美租車公司懂得利用瑞依．布魯克的故事，必勝客卻遺漏了史特林．普萊斯的故事？因為有人寫了下來。而把這個故事寫下來的人是瑞依・布魯克，當時的他感動到決定為波特蘭辦公室的這位經理和旗下員工寫推薦函，直接寄給全美租車公司的執行長，後者極為認同這則故事的價值，於是充分利用。

＊＊＊

顧客經驗一定要棒到不行（或糟到不行），才有可能刺激顧客主動查出該公司執行長的名字和住址，寫出長篇信函，再找出信封和郵票，不嫌麻煩地去郵局寄信。幸運的是，今天有更簡單的方法。聰明的領導人可以像以下例子一樣輕鬆找到故事或創造故事。

二〇一一年五月，罹患乳癌的蘇・索爾多（Sue Soldo）剛完成化療。被療程折騰得身心俱疲的她，決定好好犒賞自己去度幾天假，於是她選擇到亞利桑那州喜多娜鎮（Sedona）的阿多比渡假別館（Adobe Grand Villas）住四個晚上，該別館提供住宿和免費早餐，是該鎮最有名的飯店。不過她之所以選擇它，是因為它在網路上的評價非常高，大家津津樂道它的顧客服務品質。她一抵達，便知道自己做對了選擇。她的房裡有樸實無華的梁木，盛滿熱水的浴缸、壁爐，以及一間大小等同客房就寢空間的浴室。它是絕佳的靜養場所。即便度完假，已在回家的路上，她都還在想著這禮拜過得真是完美，直到她打開行李箱……。

她發現她那個體積很小但很昂貴的護齒套掉了，她用衛生紙包著它，放在浴室梳洗台上忘了拿。那個護齒套是專為她的前齒特製的，可以防止她夜裡咬牙。她急得打電話回阿多比。他們向她致歉，深表同情，但不敢保證什麼。「現在已經不知道被丟進哪個大型垃圾箱了，」蘇珊掛上電話，知道自己再也找不回那個護齒套，勢必得多花五百塊美金找牙醫另做一付。

但是三天後，從喜多娜寄來了一個小包裹。原來是阿多比的老板譚雅（Tanya）找到了護齒套！她鑽進深及臀部的垃圾箱，找回被遺失的「寶物」。你應該不難想像，待在垃圾堆積如山的垃圾箱裡，那經驗有多可怕，更別提商業廚房所製造出來的廢棄物有多惡臭了。

譚雅的付出顯然超出蘇的預期。但這值得嗎？至少蘇說，她從此成為這家飯店的忠實顧客。下回再去喜多娜時，她想都不想地又住進這家飯店。更重要的是，她被他們的服務感動到立刻把故事寫出來，學其他阿多比粉絲一樣貼在 TripAdvisor.com 網站上。故事一貼出，起碼被一千個正在規畫旅遊行程的人立刻看到。

不過這篇故事的好處其實遠勝過它的行銷價值。因為它不僅激起潛在顧客對這家飯店躍躍欲試的心理，也讓阿多比的員工清楚知道顧客對他們的期許是什麼，進而提供更賓至如歸的服務，也讓更多滿意的客人將故事寫上留言板上，形成良性循環。

最後，這則故事也讓我們學到另一個課題。那就是說到顧客服務，其實你不必自己構思故事。只要有地方可以分享故事，你的顧客自會幫你構思出各種故事——不管是好故事或壞故事。如果在你的產業裡有這種地方可以分享故事，一定要讓顧客知道它在哪裡，鼓勵他們使用。如果沒有，請自行創造一個！但在設計上要方便他們分享故事。把那地方當成你故事的資料庫，利用它們來為你的員工和顧客制訂顧客服務的期望值。

＊＊＊

有人說，從失敗中學到的經驗教訓比成功來得多。對我們的個人生活經驗來說，這說法或許是真的，但在企業的世界裡，恐怕相反。原因並不在於企業失敗的例子不比個人生活中失敗的例子來得生動，而是因為我們通常不太願意把工作上失敗的經驗像告訴家人一樣與同事分享。這也難怪工作上的慘痛經驗總是一再發生在其他人身上，至於我們的成功經驗則被記錄下來予以歌頌，像蔓生的野火一樣自行擴散開來。

這則故事說的是失敗的顧客服務，還有從中學到的經驗教訓。不管你從事哪一行，都有機會運用在你身上。

「爹地，還不行，我得進到下一關才行！」每次我叫十二歲的兒子馬修別再玩電玩，快上床睡覺，他都是這樣回答我。這對從小是玩太空侵略者（Space Invaders）和小精靈（Pacman）長大的父母來說很難理解。以前的電玩遊戲和今天的比起來簡單多了。一旦你把座標上入侵的太空船打下來，或吞完所有點點，就會在原地留下記錄，什麼時候不玩都可以，第二天開機再玩，也不會錯過任何有趣的地方。但今天的電玩複雜多了，它有很多關卡，每一關都有獨特又精巧的設計，可以在三度空間裡玩，而且永遠不會結束。每次破了一關，就被引進第二關。你可以玩上好幾個月，內容新鮮，絕對不會重覆。

但這種複雜的設計是有代價的。它背後的程式設計不會記住你闖關過程所使出的絕招。所以當你那晚關掉遊戲後，一定會失去你在那一關的成績。因此我兒子會這樣回答我，也是情有可原。他已經花了大概二十分鐘努力破關。其結果就是一場意志大戰——氣極敗壞的父母對上小孩。我真希望有哪家好心的遊戲電玩公司可以抓住這個市場契機。因為這裡有一個對父母來說很大的賣點——畢竟他們才是付錢買電玩的人——那就是設計一個「儲存」紐！只要按一下，還在闖關的成績便可以保留下來，小孩再也沒有藉口不聽從父母的話。我一直在等這樣的設計，但還沒等到。

最近休假，我去租車時，也面臨同樣的問題。我走進店裡，看見三名員工穿著一式的襯衫，打著一式的領帶，各自坐在桌前使用電腦。他們不約而同地抬頭看我，又看看彼此，顯然在盤算誰該起身招呼顧客。結果其中一位對我說：「先生，你等我一下。」

什麼？我環顧辦公室，我是屋裡唯一的顧客。三名員工和一名顧客，卻還要我等他們。我只等了兩分鐘，但獨自等待的感覺就像等了十分鐘一樣漫長。而且也久到足夠我開始好奇是什麼原因讓這些人搞不清楚工作的優先順序。這條街走到底還有另一家租車公司在跟他們打擂台，他們卻忽略唯一上門的顧客！那天我開著那輛租來的車子在街上跑時，心裡不免對這件事有所臆測。第二天我還車時，又換了另一組員工。門市人員登記資料時，詢問了所有必要的問題，最後以這一句話總結：「請問你對我們的顧客服務還滿意嗎？」

我差點習慣性地脫口而出：「還不錯，謝謝。」但我及時剎住，抬起頭來看著她說：「既然你都問了，我就老實說吧，你們的服務讓我很訝異……」我告訴她我昨天碰到的事。訓練有素的她很有禮貌地請教我，有沒有什麼方法可以補償我。我謝過她，說不需要，只是慢了幾分鐘而已。「只不過我很好奇是怎麼回事。不過我想我猜得出來。」她似乎很想知道，於是我告訴她我晚上常得和我的孩子及他的電玩拉鋸。「我猜，」我告訴她。「應該是類似的東西阻礙了你們的門市人員以最快的速度招呼客人吧。如果他們正在處理上一筆交易，或者為當天做結算，難道不能先儲存當下的資料，趕快去招呼客人嗎？」

「你想親自看看嗎？」她問道，然後要我到櫃台後面看電腦螢幕。「這是我正在幫你登記資料的畫面，如果我現在停在這裡，租車給另一個人，螢幕上有關你的所有資料都會消失，我就得再做一遍。」我問她可不可以先存資料。她說可以，於是秀給我看怎麼做。我看著她按了一個紐進入另一個畫面，再按一次，然後又按一次。按三次紐會出現三種不同畫面，每一次都得等上幾秒，新的畫面才會出現。在第三個畫面裡，有一個儲存紐可以按。可是在完成儲存之前，她得再輸入一次用戶名和密碼。輸入之後，才能略過這三個畫面，開始另一筆交易。等這部分做完，她才又循著那三個畫面，回到我的交易資料上，將它完成。整個流程下來，得花上一分多鐘的時間。

我的揣測獲得了證實。那位負責接待我的門市人員自行做了判斷。他可以停下來，立刻上前來招呼我，不過可能會遺失一些資料，事後還得再多花幾分鐘的時間補回來。他也可以讓我等他一分鐘，讓他先儲存眼前作業的資料。或者索性做完，讓我等他兩分鐘。我可以理解第一個選擇對他來說顯然不能接受。而就僅剩的兩個選擇來看，他的判斷是，就讓顧客再多等一下，讓他完成眼前的資料處理吧。因為反正無論如何，顧客都得等，所以多等一分鐘又何妨。

為什麼會這樣？為什麼存個資料，等一下再回來處理，有這麼難？答案是電腦系統的設計目的是為了給使用者方便，而這裡的使用者是員工。但如果在設計上，也考慮到顧客的方便，會怎麼樣呢？要是程式的設計也能顧及它對顧客服務品質的影響，會怎麼樣呢？我知道這問題的答案是什麼。那就是每個畫面的頂端都會有一個「儲存」紐。

這個經驗教訓的意涵不只侷限在租車公司的資料登入作業上。每一家現代化的公司都會使用電腦系統和標準的作業流程，而且都有顧客。你的系統和流程在設計上只是方便員工的使用，完全沒考慮到它對顧客滿意度的影響嗎？若果真如此，你現在有機會了。請把顧客服務品質也放進每個系統和流程設計的考量裡。你會很驚訝地發現，當顧客不必再多花時間等你「破關」，這對顧客滿意度來說影響有多大。

摘要和練習

一、精采的顧客服務故事可以讓員工瞭解如何在工作上拿出最好的表現，同時也可以成為公司最好的公關素材。別讓它們像必勝客的「肉丸三明治」故事一樣白白被浪費。要學那則過期駕照的故事，有機會就拿出來分享。

二、方便你的顧客寫下他們的經驗故事。建立網站；集結成「故事集」；或者提供顧客回郵信封和白紙，請他們寫下經驗和故事寄給你。

三、在同行的網站或顧客的部落格裡找找看有沒有誰寫過關於貴公司的經驗故事。將這些成功或失敗的經驗故事集結起來。利用它們來創造出更多的顧客服務成功經驗故事。請參考飯店老板鑽進垃圾桶的故事。

四、一般人都喜歡說自己成功的故事，顯少提到失敗的經驗。如果這些失敗的經驗不說出來，可能會一再發生。請說出來吧！

五、在設計貴公司的系統和流程時，請把顧客服務品質也放進考量，不要只圖員工的方便，如此一來，你的顧客才會對你更滿意——進而擁有更多滿意的顧客。請分享「破關」的故事。

07 故事的架構

「人類自孩提起便嫻熟說故事的基本技巧，並且終其一生擁有它。」

——《領導者的說故事指南》（*The Leader's Guide to Storytelling*）
作者史帝芬．丹寧（Stephen Denning）

如果你去問一個十歲小孩：「好故事的架構是什麼？」那孩子可能會這樣說：「哦，很簡單啊！就是有起頭、有中間，還有結尾。」他說得或許沒錯。但幫助不大。如果拿同樣問題去問好萊塢的編劇，她可能會告訴你架構分成六部分：布局、誘因、第一個轉折點、高潮、最後衝突、解決問題。這說法也對。你若打算寫劇本或推理小說，這結構倒是可以幫助你。但如果你去請教認知心理學家，他可能會給你更複雜的答案：背景、主角、衝突和解決、起始事件、內在回應、嘗試、結果、反應和結論。

如果你繼續問不同的人，一定會得到不同的答案。而正確的答案是：沒有標準答案。心理學家稱故事結構為故事的「文法」（grammar），事實上，心理學家哈利（T. A. Harley）曾從事過這方面的研究，他的結論是：「故事結構並無定論，畢竟每個故事文法家（story grammatician）

所提出的文法不盡相同。」

身為企業領導人的你，要的只是一個有效的簡單結構。你不需要在電影院裡迷住觀眾兩個小時；也不必強求你的內在回應一定得吻合起始事件（天知道這句話是什麼意思）。每個人都是天生的故事家。自從你父母唸床邊故事給你聽之後，你就一直在鑽研說故事的藝術。你早就知道好故事的架構是什麼。你需要的只是提醒而已。

最好記的方法是先從這幾個字開始：「很久很久以前，有一個……」如果以這句話起頭，故事架構就幾乎等於成形了。因為要是一開始就說「很久很久以前，有一個……」接下來主角便會登場。（很久很久以前，有一個木偶叫皮諾丘。）

說完之後，你會很自然地提起主角的遭遇。（每一次皮諾丘說謊，他的鼻子就會變長……有一天，他遇到一隻叫傑明尼〔Jiminy〕的小蟋蟀……）等到說完了歷險過程，當然就得說故事的結局。（他們從此過著幸福快樂的日子。）

所以十歲小孩說的架構是對的。一個故事一定有三個部分：起頭、中間和結尾。不過為了更管用一點，我們要幫這三個部分取個有意義的名字，再來討論其中元素。所以與其說這三個部分是起頭、中間和結尾，倒不如稱它們為背景（context）、行動（action）和結果（result），簡稱為CAR。我們可以把這種簡單的架構運用在企業的故事裡。

背景

背景是企業領導人在說故事時最常沒準備好或漏掉的地方，這非常不利於故事的發展。因此他們的故事往往令人困惑、引不起聽眾興趣。所以在這一章裡，我們會多所著墨背景的部分。

背景為故事的合理性提供了必要的來龍去脈。若處理得好，定能抓住聽眾的注意，提醒他們這故事很重要，引起他們的興趣，讓他們等不及想聽下去。背景鋪陳得成不成功，得看它有沒有回答以下四個問題：這故事是何時何地發生的？誰是主角？他或她想要什麼？有誰或有什麼事在其中作梗？現在就逐一檢視吧。

一、**何時何地？**背景的意思是指當時的背景環境——這個故事的發生時間和地點。說清楚故事發生的時間和地點，聽眾才分辨得出這是真實故事還是虛構。如果一開始就像第三章的第三個故事一樣，「一九七一年秋天，包柏．麥當勞進入紐約的美國西點軍校就讀」，便挑明這是一則真實故事。另一方面來說，如果一開始是「很久很久以前，在一個遙遠的地方」，聽眾一聽便知道這是某種傳說。只要你的聽眾知道故事的起源何在，就算是虛構的也沒關係。因為如果不用這種方法來開場，就可能誤導聽眾以為這故事是真的，等到最後發現是假的，便會很失望，產生被欺騙的感覺，不再相信說故事的你。

我以前聘用過一名顧問，他就有這毛病。當時我們規畫了一場為期十幾天的活動，要和十幾位經理人討論公司的長程策略。我們對這活動很慎重，慎重到甚至請了一家顧問公司來幫忙我們規畫背景分析、討論內容、會議中需要用的工具和範例，還有小組作業成果等。我們甚至找來一名專業的主持人來帶領這個團體，引導對話的進行。第一天開會，主持人一開場便先自我介紹，再以一則故事起頭，他說他前一天抵達機場時，遇到一件有趣的事。當時他正要離開航廈，搭乘計程車，結果看到警察正在對一輛違規停在行李領取處的車子開罰單。然後又看到一個男的從航廈裡跑出來，對著警察怒罵：「你在幹什麼？我只是停在這裡幾分鐘領個行李而已！你沒別的事好做嗎？」

警察冷靜聽完這個人的怒斥，將開好的罰單壓在擋風玻璃的雨刷底下，繼續開另一張罰單，顯然這是怒罵警察該有的下場。結果那男的更生氣了，開始髒話連連。警察於是開第三張罰單。最後這男的放棄了，衝回航廈。我們的主持人半途攔住那個人問道：「你為什麼一直對警察咆哮？這只會害你被開更多罰單而已。」結果那人一臉奸笑地對他說：「哦，沒關係，那車不是我的。」

這純粹是個笑話，是他用來帶動場面的工具。你彷彿可以聽見背景有鼓聲響起——就跟喜劇演員亨利．揚曼（Henry Youngman）講了一個笑話「把我老婆帶走……拜託你」之後出現的那種鼓聲伴奏一樣。我對這故事有印象，應該是來自於笑話大全，但他把它說得像是自己的遭遇似的，彷彿這故事是真的。會議室裡出現禮貌性的笑聲，但又尷尬地停頓了一會兒，因為必須先在腦袋裡把以為真實的故事轉換成純粹的笑話來笑。

別誤會我的意思。在故事裡添點幽默感並沒有錯。只是你必須對聽眾誠實，以免毀了自己的信用。我當時就在想他要如何彌補這件事？如何重新建立他在會議裡的威信。要記住，你是企業領導人，不是丑角。你不可以捏造事實。如果那位主持人的開場說法是「前幾天我聽到一個笑話，有個男的從機場裡衝出來……」相信效果一定會更好。

二、**誰是主角？**這是你故事裡的**主體**（subject）——是故事裡的英雄，或者說這故事至少是從這個人的觀點出發，也就是主人翁。就算說故事的人很沒有經驗，也會懂得在故事裡放進一個主角。所以這裡的重點不是要提醒你記得放個主角，而是告訴你該選擇什麼樣的主角。標準如下：故事裡的主角必須是你的聽眾可以認同的人，他們能從主角的處境裡看見自己的處境，完成同樣的成果，像是「嘿，我可能也跟他一樣！」的感覺。要是你故事裡的主角是超人，那只是純屬娛樂的故事，不適合拿來當領導統御的故事素材。因為你的聽眾既不能飛，也不能徒手折彎鐵條。所以超人拯救世界的故事並不能提供他們任何良好的建議或幫他們建立信心，因為他們做不了同樣的事情。

在前言那則審判室桌子的故事裡，從事研究的大學生是故事裡的主人翁。過去二十年來，聽過傑森．佐勒說這故事的人幾乎都曾在大學念過書。故事裡對主人翁的形容是「這些未來都是準顧問的大學生就像你想像的一樣聰明，當場提出形形色色的問題」。聽眾聽了這句話，就會認同我們的主人翁。如果你是顧問，你可能也很聰明，不是嗎？或許你也會提出他們所提出的問題。你也可能出現在那故事裡。

記住一點，你所創造的主人翁不一定得是真實人物。她可以是杜撰的人物（就像第二章那位跟砌磚工人對話的婦人），也可以是你公司裡典型的顧客綜合體。不過最有說服力的角色非你自己莫屬。如果故事說的是你，一定最真實，而且最能夠與你的聽眾產生共鳴。

三、**主角想要什麼**？故事裡的主人翁想完成什麼？主角的熱情或目標是什麼？他試圖拯救世界嗎？她試圖擊敗競爭對手嗎？爭取業績嗎？或者只是不想被炒魷魚？在傑森的故事裡，主人翁的目的是想改進陪審團的審議過程。而對於在圓形會議室提案的我來說，我的目的只是想吸引執行長的注意，專心聽我的提案。

稍後我們會再說明原因，但現在我們先稱這個目標就是主體想要尋找的**寶藏**（treasure）。

四、**有誰或有什麼事在其中作梗**？這就是故事裡的**阻礙**（obstacle）、壞蛋或敵人。這壞蛋可能是人，譬如你高中時代的死對頭或老是阻礙你升遷的老板。也可能是組織，譬如你在市場上的競爭對手之一，或者公司壘球賽的對壘部門。也可能是一件事物，譬如主人翁試圖攀越的高山，或者那台終於讓他得以復仇的影印機。也可能是主人翁遭遇的狀況，譬如第三章的故事——美林證券公司業績必須成長百分之五十，或者第一章的吉姆·班格因為每月例行報告太無聊，而寫了一則主人翁叫「頂認真」的故事。

在一般的企業故事裡，很少見到壞蛋這個角色，於是故事變得有點無趣和沒什麼效果。其實這種故事多半來自於辦公室裡吹牛大王的天花亂墜或者屬下在績效評鑑裡自我舉報的內容。你一定聽過。在這類故事裡，每一件事都很美好。（「五年前，我來到這部門之後，我們的業績像火箭一樣往上衝！新品牌一推出，便超過預期目標，利潤成長了兩倍！」）這很像超人故事。沒有壞蛋的故事，也幫不了任何人。他們的英雄不用搶救任何災難，沒有碰到任何挑戰，也沒有學到任何寶貴的教訓。簡言之，他們只是幸運而已。如果你的故事只是在告訴別人你的成功純屬僥倖，你拿什麼去領導和帶領別人。純屬僥倖的經驗是無法複製的。千萬記住，如果故事裡沒有壞蛋，你就沒有故事。

除此之外，故事裡若沒有壞蛋，聽眾也不會喜歡聽。誠如企業培訓專家李察・帕斯寇（Richard Pascoe）所說：「聽眾討厭虛假的東西，但很少有東西比連續的成功和不費吹灰之力得來的成功來得更虛假。真實的人生不是這樣。」

在審判室桌子的故事裡，壞蛋是指那個找大學生來做調查的審判長。你在故事的第一段背景介紹裡就認識了他，但要讀到最後，才知道原來他是個壞蛋。

所以背景有幾個主要因子。除了得說出何時和何地之外，還要有主體（subject）、寶藏（treasure））、阻礙（obstacle）——簡稱「ＳＴＯ」。我們就利用這個英文縮寫助記口訣來幫助你記住故事的架構。

行動

接著你得在這裡說明主角的遭遇。最重要的是，這裡也是主角和壞蛋決戰的地方。衝突出現。問題浮出檯面。英雄試圖解決問題，但起初失敗。在這場旅程裡，英雄總是難免遇到短暫的挫敗。然而這一路上的起起伏伏才是故事精采的地方。更重要的是，對領導統御來說，它們也代表即將被學會的教訓。

這不像好萊塢編劇的故事架構。好的企業故事，裡頭的行動沒有那麼講究，如果有誘因、第一個轉折點、高潮和最後的正面衝突，當然很好，但沒有也沒關係。

在審判室會議桌的故事裡，行動是出現在第二段：「學生們訪問了那地區附近幾十位法官、檢察官、前任陪審員以及法院裡的其他公務員……。」這裡只是簡單描述他們做過的事，以及起初的挫敗經驗。等到調查過許多可能不利陪審團審議過程的阻礙之後，他們才發現，「令他們訝異的是，這些答案似乎都不是很重要」。原先符合邏輯的追查結果全進了死胡同。

唯有越過這層障礙之後，才發現解決辦法竟然是會議桌的形狀。團隊再度雀躍不已，因為他們找到了負擔得起的有效方法。只不過這行動還沒結束。這群可憐的英雄在得知審判長命令以長桌取代圓桌後感到十分震驚。所以在這寥寥數句描述行動的段落裡，英雄先是失望，然後興奮，接著又失望。這可能和好萊塢故事的六步驟架構不一樣，但對一則令人信服的企業故事來說，已經綽綽有餘。

結果

結果是故事的最後階段，你在這裡要完成三件重要的事。除了告訴聽眾故事的結局是什麼之外，也要解釋聽眾在這裡所學到的**正確教訓**（right lesson），再回頭連結你當初說這故事的原因（why）。

結果的意思當然是指這故事的結局。它說明了主角們的最終命運。英雄是生是死？壞蛋罪有應得嗎？在審判室會議桌的故事裡，「結果」出現在第三段到最後一段之間，裡頭說明了那群學生期末的遭遇，以及他們在聽到審判長的決定時的心情。結尾說，「他們那年的成績單或許都能拿到Ａ，卻覺得自己根本不及格」。

正確教訓。第二段到最後一段說出了故事的寓意。也解釋了何以傑森今天要說出這則故事。「他把這故事告訴新進研究員，目的是要教導他們在展開研究調查之前一定要先確認目標何在」。

是否該說出故事的寓意或何時該說出，這部分的意見仍有分歧。有人認為故事若是說得好，寓意自然明顯，不勞我們明白點出。更何況讓聽眾自己思考和辨析出其中寓意，本來就是說故事的特色之一，你應該把這部分留給聽眾去品味。

另一派警告，故事經過幾次轉述之後，裡頭的寓意、正確的教訓，如果不特別點明，恐怕會流失。尤其是和失敗經驗有關的故事，若不點出寓意，聽起來會很像是你在抱怨根本沒有從這經驗裡學到什麼。我發現就多數例子來說，點出寓意才合乎情理。唯有需要聽眾自己做出結論的時候，才可以例外，譬如第五章的發現之旅。好消息是這問題沒有標準答案。如果故事很棒，不管你有沒有點出寓意，都一樣很棒。所以就請讀者自行斟酌判斷吧。

再回頭連結原因。在審判室會議桌的故事裡，最後四句話將寓意和這故事的初始目的、原因連結了起來，證明說故事是最好的工具，有助於經驗的傳承與領導統御。它最後說：「經驗是最好的導師，其次是一個很有說服力的故事。」如果你想要你的聽眾在聽完你的故事後會去做點什麼，你應該在這裡告訴他們。

所以你已經知道一個有說服力的領導統御故事該有什麼基本架構。它要遵守背景（Context）、行動（Car）、結果（Result）的規定（簡稱ＣＡＲ），一開始先有主體（Subject）、寶藏（Teasure）、阻礙（Obstable）（簡稱ＳＴＯ），最後再以正確的教訓（Right lesson）和回頭連結當初說故事的原因（whY）做為結尾。你會發現這裡有幾個幫助記憶的英文縮寫：CAR＝STORY。我們會利用第二十九章的篇幅來完成這套英文縮寫助記法。對於喜歡看食譜的人來說，附錄也有許多模組幫忙摘要故事架構的各部分以及裡頭的主要元素。請利用它們來構思你的故事大綱，再填上細節。

＊＊＊

既然說完了背景、行動、結果這個架構，現在再來看看三種不同的說故事方法。沒有經驗的人常常先從行動開始說起。以下就是高爾夫球界一個很妙的品牌行銷例子。

版本一：行動、背景、結果

（行動）二〇〇〇年代初期，高爾夫品牌 Titleist 推出ＮＸＴ高爾夫球，行銷對象鎖定在球技不錯，但差點高於標準，以消遣為主的一般高爾夫球客身上。ＮＸＴ的球體在設計上觸感軟，穩定性好，不會旋轉太快，是百分之九十五的高爾夫球客想要的那種小白球。但由於它不像 Titleist 的旗艦款 ProV1 那樣能製造出打短球的旋轉、觸感和控球感，球技純熟的高爾夫球客並不會因此考慮更換他們多年來習慣購買的小白球。

（背景）ＮＸＴ小白球的推出可以幫忙 Titleist 這個品牌抓到一群正在成長的新高爾夫球客。Titleist 原本就在球技高超、差點少於十五的高爾夫球客裡頭占據了百分之七十五的市場占有率，然後這類高爾夫球客只占全國總高爾夫球客市場的百分之五，另外百分之九十五的高爾夫球客，Titleist 的占有率只有百分之二十。ＮＸＴ小白球算是大膽之舉，因為它有違傳統的行銷觀念：推出價格和品質都低於 Titleist 旗艦款 ProV1 的小白球，以吸引低階一點的高爾夫球客。然而這觀念的問題在於，原本以一顆五美元的價格購買 ProV1 小白球的部分精英顧客，可能會覺得新推出的ＮＸＴ小白球價廉物美，一顆只要三美元，於是改而購買它。

（結果）ＮＸＴ小白球的推出證明這個決策是對的。在一般高爾夫球客市場裡，Titleist 品牌的占有率增加了兩倍多，從百分之二十提升到百分之四十三，而精英顧客群的市場占有率也在持續增加中。

結論：Titleist 品牌之所以能達到成長目標，是因為它明白一般消費者跟挑剔的消費者一樣講究需求，只是兩者的需求完全不同，所以需要深入瞭解消費者，設計出各消費群喜歡的產品。

這故事還不錯吧。但它犯了說故事常見的大忌——更動了背景和行動的順序。如果你是聽眾，很容易聽出來。如果你是演說者，很容易犯下同樣的錯誤。這位演說者一開始先從行動說起，觀眾一頭霧水。演說者只好停下來，說出類似這樣的話：「抱歉，讓我在這裡補充一下⋯⋯」於是他回頭解釋必要的背景。聽眾才露出恍然大悟的表情，彷彿在說：「哦，我懂了，我現在懂你在說什麼了。」然後又回到故事，而這時行動已經說了一半。

我們為什麼常犯這種錯誤呢？因為故事裡最容易記住的是行動這部分。如果這故事發生在我們身上，這會是最刺激的部分；就算我們只是聽眾，這也會是最有趣的部分。由於我們興奮地想要分享這故事，於是直接跳進行動的部分，沒考慮聽眾不像我們一樣瞭解背景。如果夠幸運的話，或許會因為看見他們臉上的表情或聽見他們輕聲的抗議而暫時停下來，先把背景說清楚。但要是沒那麼幸運，這故事就註定平淡無奇了

以下是同樣的故事，但順序弄對了。

版本二：背景、行動、結果

（背景）一九九〇年代晚期，Titleist 這個品牌在全美一流高爾夫球客（差點少於十五桿以下）的小白球市場裡有百分之七十五的占有率。但是這群高爾夫球客只占了整個市場的百分之五。另外的百分之九十五的高爾夫球客裡，Titleist 的小白球市場占有率只有百分之二十。傳統的行銷觀念是，應該在 Titleist 旗艦款 ProV1 底下再推出一款品質和價格都較低的小白球。但問題是，有些球技一流的高爾夫球客本來是購買一顆五美元的 ProV1 小白球，卻可能因為發現新推出的小白球價格低廉，品質還算不錯，轉而購買一顆三美元的小白球。Titleist 該怎麼辦呢？

（行動）二〇〇年代初期，Titleist 推出了ＮＸＴ小白球，目標鎖定在差點高於標準、以消遣為主的一般高爾夫球客身上。ＮＸＴ的球體在設計上觸感軟，穩定性好，不會旋轉太快，是目標群市場百分之九十五的高爾夫球客想要的那種小白球。但由於它不像 Titleist 的旗艦款 ProV1

那樣能製造出打短球的旋轉、觸感和控球感，球技純熟的高爾夫球客並不會因此考慮更換他們多年來習慣購買的小白球。

（結果）NXT小白球的推出，證明了這是個很棒的決策。在一般高爾夫球客市場裡，Titleist品牌的占有率增加了兩倍多，從百分之二十提升到百分之四十三，而球技純熟的高爾夫球客市場占有率也在持續增加中。

結論：Titleist品牌之所以能達到成長目標，是因為它明白一般消費者的需求跟挑剔的消費者一樣講究，只是有完全不同的需求，所以需要深入瞭解消費者，設計出各消費群喜歡的產品。

你看這不是流暢多了嗎？

現在再讓我們看看另一個版本。這個版本也有CAR架構，只是多添了一點你在後面「基本指南」章節裡會學到的元素。請注意新添加的第二段和第三段內容。這些額外的段落含有第十三章、十八章和十九章所提倡的務實、感性和驚訝元素。

版本三：（更多元素版）背景、行動、結果

（背景）一九九〇年代晚期，Titleist品牌在全美一流高爾夫球客（差點少於十五桿以下）的小白球市場裡擁有百分之七十五的占有率。可是這群高爾夫球客只占了整個市場的百分之五而

已。另外百分之九十五的高爾夫球客，Titleist 的市場占有率只有百分之二十。傳統的行銷觀念是，你應該在 Titleist 旗艦款 ProV1 底下再推出一款品質和價格較低的小白球。但問題是，有些球技一流的高爾夫球客本來是購買一顆五美元的 ProvV1 小白球，卻可能因為發現新推出的小白球價格低廉，品質還算不錯，改而購買一顆三美元的小白球。Titleist 該怎麼辦呢？

考慮一下這個方法：要是我告訴你市場上有一種新的小白球，保證可以從球座上揮出三百五十碼的距離，你覺得怎麼樣？唯一問題是，你必須筆直地揮中它，否則方向一偏，就會飛到三百五十碼外的林子裡。在這種情況下，你會買它嗎？答案當然是得看你的高爾夫球技有多好而定。如果你是個零差點的高爾夫球客，差點曾經只高於標準一點點，那麼你可能會喜歡這種小白球！但如果你球技不佳，或者你只是一般的高爾夫球客，可能就不會想浪費錢去買這種被你一打就不見的小白球。

但如果我告訴你有另一種小白球，不管你打的方式有多糟，都保證能筆直飛進球道，你覺得怎麼樣？但問題是它最多只能飛兩百二十五碼。你會買這種小白球嗎？同樣的，這答案還是得視情況而定。不過球技不佳的球客應該會在球袋裡塞滿這種球吧。至於專業級的球客，自然是嗤之以鼻。

（行動）這就是十年前 Titleist 內部所洞悉到的市場契機，於是公司打破傳統觀念，推出ＮＸＴ小白球。雖然它不能保證你每一發都能打進球道，但是它的球體在設計上不會旋轉太快，觸感軟，穩定性好，正是目標群裡那百分之九十五的高爾夫球客想要的那種球。可是由於它不像 Titleist 的旗艦款 ProV1 那樣能製造出打短球的旋轉、觸感和控球感，球技純熟的高爾夫球客並不會因此考慮更換他們多年來習慣購買的小白球。

（結果）NXT小白球的推出，證明了這個決策是正確的。在一般高爾夫球客市場裡，Titleist 品牌的占有率增加了兩倍多，從百分之二十提升到百分之四十三，而球技純熟的高爾夫球客市場占有率也在持續增加中。

結論：Titleist 之所以能達到成長目標，是因為它明白一般的消費者跟挑剔的消費者一樣講究需求，只是兩者有完全不同的需求，所以需要深入瞭解消費者，設計出各消費群喜歡的產品。

只要處理一下架構，再把說故事的其它元素加進去，就能把一個還不錯的故事轉變成更好更棒的故事。

摘要和練習

一、好的企業故事不同於浪漫小說或好萊塢電影。它的架構比較簡單，但還是有其架構。順序非常重要，依序是：背景、行動、結果（ARC）。

a. 如果你先從行動開始說起，會令聽眾一頭霧水，於是你只好回頭重新告知背景。（請參考 Titleist NXT 的三則故事。）

二、背景最常被省略或準備得不周全。但只有它可以提供必要的脈絡說明，抓住聽眾的注意力，說服他們這故事是有意義的，引起聽眾興趣，刺激他們繼續聽下去。

三、背景（Context）必須能夠回答以下四個問題：

a. 這個故事是在何時何地發生？此舉可以告訴聽眾這故事是真的，確定這是你的故事，不然也要說清楚是從哪裡找來的故事。（譬如那則「沒關係，那不是我的車」的故事）

b. 主角是誰？（主體，Subject）主人翁必須和你的觀眾有關連，他絕不能是超人。

c. 這個主角要什麼？（寶藏，Treasure）必須讓你的觀眾覺得這是一個很熟悉又很有價值的目標——一個他們正在追求或希望有一天能追求到的目標。

d. 有誰或有什麼事在其中作梗。（阻礙，Obstacle）這是指故事裡的壞蛋。沒有壞蛋，故事就起不了作用。充其量只代表你運氣好而已。

四、行動（Action）就是主人翁和壞蛋交手的地方。這是說故事的人記得最清楚的部分，因為是在重述他們做過的事情，以及這一路上所遇到的阻礙。

五、結果（Result）必須要能解釋三件事情：

a. 這故事是怎麼結束的——主人翁贏了還是輸了？

b. 聽眾應該學到的正確教訓（Right lesson）。在這裡必須說清楚，免得誤導。

c. 最後再回頭連結你當初說這故事的原因（whY）。

六、Car = STORY: Context + Action + Result = Subject + Treasure + Obstacle + Right lesson + whY

PART 2

創造贏面的環境

08 界定文化

「文化的形成……或毀壞……是由它發聲的清楚與否來決定。」

——艾茵・蘭德（Ayn Rand）

二〇一一年一月二十五日，一場革命在埃及各城市爆發。數百萬名抗議者上街要求自由選舉、解決警察粗暴執法、高失業率、政治腐敗和失控的通貨膨漲問題。

抗議者一開始很平和，但緊張情勢迅速升高，他們與效忠穆巴拉克的安全部隊出現暴力對峙的局面。據報，接下來那幾天，數百人因此死亡，數千人受傷。首都開羅近乎戰區。許多人為求自保，試圖逃離開羅。寶僑公司一名來自辛辛那提市的美國僑民拉索・馬達帝（Rasoul Madadi）也是其中之一，他身邊還帶著妻子和六歲的兒子。

一月三十日，星期天，拉索帶著全家人來到開羅機場。對他們來說，目的地是哪裡並不重要，只要能離開埃及就好。兩天前，政府下令日落之後到日出之前實施宵禁。此舉造成人員和貨物的運輸速度幾近停滯，飛機駕駛和機組人員很難進入機場，班機只得取消。一些外國航空公司乾脆停飛前往開羅的航班，結果造成更多離境航班取消。機場人滿為患，食物飲水很快就耗盡了，恐慌氣氛正在蔓延。

但是拉索比多數人鎮靜。原因是他任職的公司不會光口頭說說它的員工是多重要的資產。那個周末，寶僑用行動證實了這一點。

由於班機被取消，許多人在機場買不到機票，他們只能候位，希望等到其它班機復航。有的人很幸運，手中仍握有機票，但因為太多航班被取消，想在當天飛離開羅的機會也變得渺茫。拉索手裡拿著三支手機，忙不迭地打電話給公司提供的兩家旅行社，買進更多機票。他知道要離開這裡，最好的辦法就是多買幾班飛機的機票，至少搭上其中一班離開此地。但這代價很昂貴，而且才剛爆發革命，不太容易領得到錢。

還好前一天（星期六）他就開始打電話求援。他打給當地工廠的經理，詢問若是要帶家人前往安全地帶，公司可以給他多大的權限，有多少預算可用。對方的回答是：「第一優先是照顧好你的家人，盡你所能地去做，我絕對會批准。我現在正在聯絡我們在杜拜和約翰尼斯堡的全球安全駐點，這樣一來不管你在哪個國家落地，就會知道接下來該怎麼做。」他找到英國人力資源經理，請他提供意見。「有飛機就先上，剩下的我們來處理。」他們真的說到做到。

一位同事從海外打電話關心拉索，想提供協助。「我需要一些旅行方面的協助。」拉索說道。於是對方立刻連絡她的行政人員，後者尤其擅長處理複雜的全球旅遊事務。禮拜六一整天下來，她幾乎都在發落各班機和不同城市的食宿問題，很快訂到了位子。

有了這麼多人的幫忙，拉索那天總算為家人買到五個航班的機票。他親眼目睹其他乘客拼了命地聯絡他們的公司或其他人，希望得到協助，但都徒勞無功。接著拉索一家人開始等待。第一班飛機在預訂起飛前的幾分鐘被取消。沒多久，第二班飛機也被取消。其他乘客都在問他，他怎麼才剛被取消一班飛機，又立刻可以等另一班飛機。「你怎麼有那麼多機票？」

五個小時過去了，主航廈的食物和水已經告罄。在前四班飛機被取消之後，拉索和他的家人終於被告知第五班飛機的機票可以使用了。新加坡航空公司有架飛往杜拜的班機即將載他們飛離開羅。這是那天第一或第二架可實際飛離開羅的班機。

但他們的麻煩還沒結束。在杜拜落地後，拉索的妻子因為持加拿大護照而不能入境。顯然新法規只准加拿大人以觀光客身分進入杜拜，因此必須預買一張已付清的離境機票。拉索連忙打電話給公司的旅務單位。他們立刻幫他妻子購買一張全新的機票，傳真到移民局。這又是用公司的信用卡付的。一個小時後，他們全家人入境杜拜。

他們終於進到飯店登記住宿，而這也是稍早前公司的緊急應變團隊幫他安排的飯店。拉索聯絡當地的人力資源經理，說明自己的處境，他說他沒有現金，無法從埃及的銀行戶頭領錢，信用卡額度也快用完了。人資經理要他別擔心：「我們知道你們可能要來這裡。我們會處理。只要告訴我們你需要什麼。」

拉索終於知道「員工是公司最寶貴的資產」這句話的真正意涵。今天他總是告誡人們在評估公司的時候，千萬不要只看眼前的薪水和福利。許多公司都聲稱他們的員工是最寶貴的資產，而或許拉索在開羅機場遇見的那幾名倒楣人士就是在這種公司工作。他的經驗告訴他，光說不練和說到做到的公司是不一樣的。這兩者之間的差別就在於管理大師蘇曼特拉．戈沙爾（Sumantra Ghoshal）所稱的「那地方的氛圍（the smell of the place）」。它讓員工感覺到自己備受重視、有保障、可以隨時充電再出發。但一切都是從受到重視開始。拉索的故事在寶僑公司被一再分享，幫助大家瞭解公司的文化與價值觀，以及員工對彼此的期許。

一家組織的文化是由其成員的行為來界定，再透過他們所傳誦的故事予以強化。行為和故事比任何企業的告示、政策說明或執行長的演說都來得有效。你不能光說：「在這裡，我們就像一個大家庭。」然後等著它發生。你必須真的視員工如親，也希望他們這樣對待彼此。

但除非你是在一家人數不多的公司裡任職，大家全待在同一間辦公室裡，否則不可能隨時知道別人的遭遇，所以這裡需要故事。雖然必須先有對的行為出現（舉例來說，視員工如親），但還是得靠故事的流傳來創造文化，為員工設下表率。這也是為什麼需要讓大家知道拉索的故事。這種故事多半可以自己流傳，不過也不一定。如果你想在組織裡創造某種很強的文化，最好先找到足以代表該文化的故事，接著再大方分享。在第三十章，你會學到許多很有創意的分享方法和分享場所。

＊＊＊

不幸的是，不良行為的故事也會造就出一種文化。你不會喜歡這種結果。比較一下《跨文化管理》（*Building Cross-Cultural Competence*）這本書所提供的兩個例子。作者查爾斯．漢普頓透納（Charles Hampden-Turner）和馮斯．特羅普納斯（Fons Trompenaars）細數了兩種全然不同的執行長故事，當他們違反公司規定時，是如何面對員工的質疑。

露華濃企業的老板查爾斯．雷文森（Charles Revson）堅持每個人一到公司上班，必須先在接待櫃台上的日誌簽名註記抵達時間。新任職的接待小姐才上班一個禮拜，就注意到有位她從沒見過的男士，竟走到櫃台那裡將日誌帶走。她追上去說：「對不起，先生，那個本子不可以拿走。這是老板交代的。」據說雷文森轉身瞪著她說。「今天下午你去領最後一份薪水的時候，叫他們告訴你我是誰。」

ＩＢＭ的董事長湯姆．瓦特森（Tom Watson）的故事則截然不同。有一次他和一群資深主管正要走進一棟戒備森嚴的ＩＢＭ大樓。一名十九歲的保全員拒絕讓他進去，只因他沒配戴安全名牌。其中一位主管對她吼道：「你不知道這位是誰嗎？他是這家公司的董事長。」但瓦特森還是停下來，派人回去取他的名牌。「她說得沒錯，」他說道。「是我們自己訂的規矩，我們當然應該要遵守。」

像這樣的故事可以在組織裡流傳好幾十年。無論公司裡有什麼正式的規章，公司的文化和行為標準還是得靠這些故事才能真正界定。如果你希望有一種公司文化是大家絕對會遵守的，就需要一則像湯姆．瓦特森這樣的故事。

＊＊＊

這是不是表示不能拿有人不遵守組織文化的題材來說故事？不見得。只是你挑的故事必須讓聽眾看出當事者曾因這種行為受到質疑或申斥。以下的故事是個很棒的例子，它在投資集團摩根史坦利（Morgan Stanley）的內部流傳已久，早已成為傳奇之一。這故事是在派翠西亞．比爾德（Patricia Beard）所著的《藍血政變》（*Blue Blood and Mutiny*）中首次披露。

那時是一九九〇年代，當時的董事長約翰．麥克（John Mack）早上八點在走廊看見一個小弟拿著外送早餐等在外面。三十分鐘後，他又回到原地，那位外送小弟還站在那裡。於是他上前詢問：「還沒有人來拿嗎？」

「是啊，」對方回答道。

約翰要外送小弟把顧客的電話號碼給他，他親自打電話給那位點外送的交易員，要他立刻出來，因為外送小弟還在等他。交易員一出來，約翰便訓斥他，怎麼可以讓一個靠小費為生的外送小弟這樣苦苦等候。「這小子跟你一樣在城裡糊口謀生，你不可以讓他等你三十分鐘。以後不准再這樣。」

在這個例子裡，衝突對抗是故事的一部分。可是和不良文化有關的每個故事都少了這部分。其實只要你能在故書裡指出不良行為所造成的傷害（譬如員工士氣會低落，或者好的員工可能被逼走），這樣的故事仍然可以妥善運用。你不想宣揚的應該是那些沒有把負面結果解釋清楚的故事。

＊＊＊

職場文化裡的另一個元素是不成文的行為標準，它們是員工自己訂的，並非來自於公司管理階層或政策的規定，但卻比真正的政策還管用。工時是最常見的例子。雖然公司規定下午五點下班，但如果別人都工作到下午六點，你卻五點就走，他們會覺得你很奇怪，於是，你只好跟著調整自己的工作時間。

有一個較現代的例子和彈性工時安排（flexible work arrangements, FWA）有關，這例子就很適合以故事闡述。所謂的彈性工時安排可能是減少工時，或者改在家裡工作。曾在公司上過班的人都知道，公司空有ＦＷＡ政策，與公司真正能落實這政策、讓員工享受它的好處，這兩者有很大的不同。今天多數公司都有ＦＷＡ政策。但在一些組織裡，總有不成文的規定（實際左右員工行為的潛規則）禁止員工打這方面的主意。有時候管理階層會想盡辦法勸阻員工使用它。有些地方的勸阻力量雖然沒那麼大，不過員工還是會擔心如果使用ＦＷＡ，恐怕會讓自己看起來對公司不夠盡心盡力，憂心未來前途可能受阻。

所以你要如何清楚告知你的組織絕不排斥ＦＷＡ政策？你可以公開讚揚那些充分利用ＦＷＡ政策的員工，分享他們的故事。譬如二〇一一年六月，寶僑公司的員工網站就利用一支短片來分享哥斯大黎加聖荷西工作據點三位員工的故事，她們分別是席薇亞・波拉絲（Silvia Porras）、安妮特・羅德利奎茲（Annette Rodriguez）和瑪麗亞・提諾可（Maria Tinoco）。

二〇〇〇年三月，席薇亞進入寶僑的聖荷西分公司擔任成本會計專員。她在二〇〇二年十一月結婚，二〇〇五年有了第一個寶寶安東尼奧。當過父母的人都知道，有了孩子之後，在時間的分配和精力上，都會面臨到全然不同的挑戰。席薇亞和她的丈夫奧蘭多欣然接受這些挑戰。沒多久，第二個小生命又來報到，但沒想到這次竟然是三胞胎！由於多胞胎妊娠屬於高風險，席薇亞不得不在懷孕五個月的時候請假回家待產，二〇〇七年六月六日，在眾人期盼下，維多利亞、卡塔妮亞和伊莎貝爾正式加入這個家庭。

有了四個年齡不到三歲的孩子，席薇亞的手忙腳亂可想而知。她要求請一整年的育嬰假，經理欣然批准。可是工作仍然是她人生計畫裡重要的一環。於是她的主管幫她安排，讓她可以同時兼顧工作與家庭生活。

離開工作十五個月後，席薇亞又以同樣專長回到工作崗位，因此不必重新學習新的工作技能。除此之外，每週固定有三天可以在家工作。這讓她有時間親近孩子們，不用老是雇用全天候的保姆。在家時，席薇亞可以趁早上幫孩子們洗澡，餵他們吃午餐，再趁有空時將工作完成。

安妮特和瑪麗亞的情況也需要彈性的工時或地點。她們的故事同樣生動鮮活。該公司的ＦＷＡ政策也同樣滿足她們的需求。她們的故事短片就張貼在該公司網站的首頁，早已被成千上萬的員工看過。對於看過影片的員工們來說，他們所效力的公司不是空有ＦＷＡ政策而已，而是真正落實這樣的政策與文化。如果組織裡的成文規定和不成文規定接合不起來，但你又想呼籲大家遵守規定，你可以去找出一些遵守規定的故事，將它傳播出去。

＊＊＊

本章最後一個文化有關的課題，與界定文化或改變文化無關，而是希望你知道遵守和瞭解文化的重要性。這個例子是在講整個國家的文化，但不幸的是，有個外國人沒搞懂。

一九九五年一月十七日早上五點四十六分，日本神戶發生大地震，奪走五千條人命，受傷或無家可歸的人數高達三十萬人。這場芮氏六．九級的地震是日本過去七十年來遇過的最強震。六甲島（Rokko Island）是其中一處震度最強的地方。它是個人工島，約兩平方英里，位在神戶港內，距南邊海岸五百碼，靠兩座橋與主島連結。但這兩座橋都被地震重創，無法通行。居民好幾天都無法離開島嶼，而食物和補給品的運送速度又很慢。寶僑公司的東北亞總部就位在六甲島，許多員工的家也都在這座島上。

地震過後幾天，能取得的部分食物都在自動販賣機裡。只要有人發現販賣機還有貨品可賣，立刻形成人龍，直到售罄。寶僑公司的廠區裡也有一台有貨可賣的機器，一名來自美國、暫時外放到神戶的海外經理也排在隊伍裡。輪到他的時候，他一口氣買了四罐飲料才離開——為了讓每個家人都有一罐。但如果他的觀察力可以再敏銳一點，就會發現隊伍裡的人每次都只買一罐飲料，然後再回到隊伍後面從頭排起，看看有沒有機會再買到第二罐。

公平是日本文化裡重要的一環。這些排隊的人當然都想一次多買一點。但出於對別人的尊重和公平起見，每次排隊都只買一樣。儘管美國來的海外經理沒有注意到當地日本員工在販賣機前的行為，但他們肯定注意到他的行為。即便情況特殊——大可原諒他一心只想到妻小——但這行為還是被認為可恥。後來辦公室修復完成，重新營運，但他的「惡行」已經傳開來了，名譽掃地到再也無法擔任那裡的領導人。畢竟，你沒辦法領導一群不尊重你的人。

沒多久，他被調回美國。

執行長包柏．麥當勞將這故事告知寶僑公司的一級主管們，提醒他們瞭解當地文化的重要性。他雖然不可能向他們逐一說明每個國家的禁忌和傳統是什麼，卻可以藉助這則故事的分享，讓他們明白不尊重當地文化的後果會怎樣。在你的組織裡分享這故事，也能達到同樣效果。也許它可以讓你的聽眾更懂得去小心觀察當地人的行為，作為自己的行事準則。要是那位倒楣的海外經理當初也小心點，他的海外任期就能成功做完。

摘要和練習

一、薪水不是員工受重視程度的唯一指標。文化或所謂的「那個地方的氛圍」反而是更好的指標。這種氛圍的種子得靠管理階層的行動來創造，但要散播到整個組織，就得靠故事。

二、你想培養什麼文化，就得先找出領導人以身作則的故事，譬如埃及的革命和湯姆．瓦特森在IBM大門前面的故事。

三、只要故事裡的行為不良者受到譴責，還是可以利用不良行為來推廣正面的文化。（譬如摩根史坦利的外送早餐故事）

四、真正的行為規範不是來自於企業的政策，而是員工們心照不宣的不成文規定（譬如FWA政策）。你想推廣的行為是什麼，請找出員工身體力行的例子，再透過故事讚揚他們。

五、認識當地文化很重要，千萬不要低估它的重要性。它是領導人成功與否的關鍵要素。如果有經理人即將被外派到海外，請把那則日本神戶大地震過後，自動販賣機前排隊的故事與他們分享，如此才有更大的成功機會。

09 建立價值觀

「『我們重視誠實。』這句話不代表什麼。但如果用一則故事來告知以前有員工因隱瞞自己所犯的錯誤而造成公司成千上萬元的虧損；或者業務員自承錯誤，反而贏得信賴，讓訂單倍增，這就是在教導員工誠實的真諦。」

——《說故事的力量》（*The Story Factor*）作者安奈特．西蒙斯（Annette Simmons）

瑪格莉特．帕金是英國的培訓講師和暢銷書作家，她提到有家大型連鎖超市大力宣揚以下這則故事，認為它充分代表該公司固有的精神。

新上任的執行長堅信顧客至上。為了落實這個信念，他的政策之一是充分利用停車場。以前，停車的特權視階級而定。一級主管的停車位離前門最近，年資淺的員工停得最遠。但新政策規定所有管理階層都得停在停車場最遠的角落，前面的停車空間全留給顧客使用。此舉也可讓管理階層每天都有機會親自查看停車場和賣場的狀況。

沒多久，執行長有一次出外巡視各賣場，剛好在滂沱大雨中抵達其中一家賣場。他沒帶雨傘，於是面臨抉擇：他是要停在最遠的角落，讓雨水毀了他昂貴的西裝？還是找最前面的一處空位停車，反正就算打破規定，也有正當理由？你可以想像員工正在屋裡緊張地等候執行長的到來，看見他的車子在停車場裡轉來轉去，好奇他會停哪裡。過了一會兒，答案揭曉，大概就在一百碼外的大雨中，他們看見一個暗色身影，一名男子身穿西裝、打著領帶，在大雨中跑進店裡，全身溼透。

這家超市剛好有賣男性服飾——不過只有廉價品牌。於是他買了一套更換，才又繼續巡店。但執行長全身溼透、氣喘吁吁地抵達店門口的模樣，著實引人竊笑，後來又看到他換上一套彆腳的廉價西裝，同樣令人訕笑。這個故事像野火一樣傳了開來。雖然大家背後都在笑執行長，害他顏面無光，但卻實實在在地證明了一件事：無論如何，他都會遵守顧客至上的原則，即便他很清楚可能得再買套新西裝，外加狼狽的外表。

這故事雖然成了別人茶餘飯後的娛樂話題，卻比任何備忘錄、演說、訓練課程和政策文件等加總起來的效果，都更能為顧客至上的這個信念注入真正的價值。而這一切的代價不過是一套廉價西裝的成本而已。

每家公司都有這種東西——**企業價值說明**（corporate value statements）。有時候，它們被稱之為公司的**價值和原則**（values and principles），或者簡稱為**我們的信仰**（what we believe）。不過在這些價值受到試煉之前，都只是紙上談兵而已。換言之，得等到有人兩面為難地在簡單的錯事

（the esay wrong）和艱難的對事（the hard right）之間作抉擇，才能見真章。簡單的錯事通常有短利：好處多、方便、不會尷尬，或者只是讓自己表面看起來還不錯。

那家連鎖超市的執行長面臨的就是這種兩難抉擇。但因為他選擇的是艱難的對事，因此為自己和公司贏得了顧客至上的美名，更證明了沒有人可置於此政策之外，即使連執行長也不例外。把「顧客至上」這句話貼在休息室並無助於維繫公司聲譽。唯有一再轉述這則故事，才能辦到。

這也是為什麼在試著建立組織價值的同時，還需要故事的幫襯。只有故事能傳神表達出為確實界定公司價值而遇到的那種窘境。安奈特・西蒙斯稱這種故事是「有行動價值」（values-in-action）的。它們證明了當你將價值付諸行動、親身實踐時，會有什麼結果。

讓我們看看另一個很典型的企業價值：**誠實**。

在多數企業裡，每種價值都會附帶簡短的說明文字。以下是寶僑公司對誠實二字所做的界定。不過它可能和其它公司做的界定沒什麼兩樣。

誠實

- 我們總是盡量做對的事情。
- 我們坦然相對。

- 我們守法經營。
- 在任何行動和決策上，我們都謹守寶僑公司的價值與原則。

從任何人的眼光來看，這都算是好的價值。可是當你發現自己正面臨艱難的決定時，這些重點說明真能幫助你做出正確的抉擇嗎？如果不能，那還不如讀一讀下面這則故事。這故事來自於全球最受人敬佩的公司之一——西北互助人壽保險公司（Northwestern Mutual Life Insurance Company）。它會讓你更清楚在西北人壽，誠實的真諦是什麼。

一八五七年，西北創建於威斯康辛州的密爾瓦基（Milwaukee）。兩年後，威斯康辛州發生了有史以來傷亡最慘重的火車事故，共有十四名乘客喪生，包括兩名西北的保戶。兩人加在一起的賠償金總計三千五百美元。但很不幸，該公司資產只有兩千美元。這對當時的董事長山謬・達齊特（Samuel Daggett）和受託人來說都是很艱難的處境。他們應該限制保戶的保險給付？還是讓公司舉債補足差額呢？但是誰會貸款給一家只成立兩年，而且如今已是瀕臨破產的公司？達齊特先生和受託人做了他們自認該做的事。他們以個人名義借到足夠的資金來補足差額，而且也不堅持九十天內給付的常規，迅速付清了保險金。

這則故事在西北保險公司堪稱傳奇，員工到今天都還津津樂道。每當西北的理賠人員面臨抉擇，不知該選擇為保戶做對的事情，還是該為公司做有利可圖的事情時，只要回想這個故事，就知道答案了。

像這樣的故事為價值觀所賦予的意義，依靠逐點說明是辦不到的。一定有類似的故事存在於你公司的某個角落，請找到它們、讚許它們，分享它們。

＊＊＊

目前來看，道德或道義上的價值最適合用故事來說明。但要是公司的價值與對錯無關，該怎麼辦？請看下面這則故事，這故事取自於約翰・派普（John Pepper）的著作《真正重要的事》（*What Really Matters*），談的是全世界最成功的零售商。從這則故事裡，你看到了什麼企業價值？

一九〇五年，連鎖雜貨零售商 H. E. Butt（簡稱 H-E-B）創立於德州的聖安東尼歐（San Antonio）。今天，H-E-B 儼然已是該地區最人的零售商之一，三百一十五家分店遍布德州和北墨西哥。一九六二年，亦即 H-E-B 在市場開張營運五十七年後，山姆・瓦爾頓（Sam Walton）在鄰近的阿肯色州開了他的第一家店（後來被稱為渥爾瑪商場〔Walmart〕），分店在短短的二十年間遍布全美，取代 H-E-B，成為德州最大的零售商。但更精確的說法是，H-E-B 的執行長（創辦者的孫子）查爾斯・巴特（Charles Butt）和山姆・瓦爾頓從此成為市場上彼此的勁敵，而這也讓後面的故事更顯精采。

為了向市場勢力大過他的對手學習，查爾斯．巴特曾致電山姆．瓦爾頓，詢問可否帶旗下的領導團隊到渥爾瑪總部進行學習之旅。山姆說他不確定自己能否幫上忙，但願意試試看。到了預定來訪的那一天，查爾斯．巴特和他的一級主管抵達當地一家分店，準備拜會山姆。當查爾斯走進門口時，看見山姆正在通道盡頭和一位顧客談得很起勁。查爾斯不想浪費時間，於是帶著團隊走過去。山姆看到他們竟然說：「查爾斯，等我一下，我先和這位小姐聊一下。」原來他正試圖向她推銷燙衣板的罩子。

他們談了幾分鐘以後，那位小姐才把盪衣板罩子放進手推車裡，朝收銀機推去。山姆這才朝查爾斯轉身，表情嚴肅地問他：「查爾斯，你知道在這個國家有多少燙衣板罩子破了嗎？我們這個月可以賣出一百萬條！」

查爾斯後來說，他其實並不懷疑渥爾瑪商場的目標，事實上，他們的確做到了。這正是懂得掌握市場脈動才能擁有的成果，而這也是查爾斯．巴特和他的團隊在當天所學到的眾多課題之一。

現在想像你是渥爾瑪商場的員工，你可以從這則故事裡學到什麼公司價值嗎？以下是我整理的清單：

一、**其他零售商是我的競爭對手，不是敵人**。我們在同一產業工作，服務顧客是我們的共同目標。如果可以在不洩露商業機密的情況下互相幫忙，達成此目標，就該義不容辭。

二、**顧客第一**。雖然不遠千里而來的H-E-B執行長和一級主管們已經抵達，山姆．瓦爾頓卻選擇讓他等候，自己繼續和顧客交談。

三、**瞭解顧客的需要和需求非常重要**。山姆怎麼會知道全美有這麼多破掉的燙衣板罩子？因為他會去查詢。

四、**堅持下去，一定會成功**。堅持不懈，這表示在你幫顧客找到她想找的東西之前，絕不放棄。山姆一直等到那位小姐滿意眼前的選擇，把燙衣板罩子放進手推車裡，他才離開。

五、**靠熱情才能勝出**。渥爾瑪商場每年售出數十億美元的商品，在這些商品中，山姆特地為燙衣板罩子訂了目標（這個月要賣一百萬條罩子），而且顯然他對這個挑戰充滿熱情。熱情是有感染力的。把這種熱情散播開來，你將會對自己的成果感到驚訝。

重點是，就算只是一則簡單的故事，也能傳達出許多價值觀。先決定你的組織想要的價值觀，再找一個可說明此價值觀的故事。第三十章有些點子可以教你如何找到你想找的故事。

＊＊＊

在這個等式裡，有助於界定價值的故事只是一部分而已。有時候要落實公司的價值觀，需要的不只是決心和努力。因為有些情況就算是你有心想做對的事情，也不是那麼容易。這時候，想忠於公司的價值，便得靠點創意了。以下這則故事可以讓人們知道，當環境不允許時，你該如何堅守公司的價值觀。

馬丁・紐特（Martin Nuechtern）是奧地利人，退休前幾年，都在英國工作。當年他拿到企管博士學位之後，就加入寶僑公司擔任品牌副理。二十七年後，他以全球事業單位總裁的身分退休。私底下的他和工作上的他一樣律己甚嚴。有一度他曾在辦公室門口貼了一張告示：我的工作時間是週一到週五早上八點到下午六點，其它時間，都在家裡陪家人。這幾句話暗示，除了這些時間以外，你也應該待在家裡陪家人，而不是在辦公室裡工作！

他的部分領導哲學是「領導人應該身體力行公司的價值觀，而且要做得明顯」。他認為這是最能確保公司裡所有人行為一致的方法。「如果你出差時，吃的是昂貴的晚餐，住的是豪華飯店，你的部屬也會上行下效。如果你每天下午就回家，他們也會效尤。」

有一次，他去紐約出差拜會他的廣告代理商，廣告代理商的人請他去大都會歌劇院（Metropolitan Opera）看戲。他們都知道他是歌劇迷。每次來紐約，絕不會錯過任何一場表演。可是歌劇票很貴，尤其是位置很好的票。而他們買的都是很好的票。在寶僑，公司規定不得接受價值超過二十五美元的禮物。如果超過，收禮者必須還錢給對方。但不是每家公司的規定都這麼嚴格，因此表演的套票進到客戶的手裡，這種事實屬常見。

以這例子來說，馬丁和廣告業務代表進歌劇院時，根本看不到歌劇票的票價。他詢問了幾次，對方都刻意迴避問題，執意要他把它當禮物好好享受。回家後，馬丁打電話到歌劇院查出票價，並詢問他們是否有類似「歌劇之友」這類的組織可以接受捐款。一個禮拜後，廣告公司業務經理收到一封來自歌劇院的正式信函，但收信人不是她，而是她的狗吉爾達。信封裡有張會員卡，上面是狗狗的名字，還有一封謝謝吉爾達為藝術慷慨解囊的致謝信函。原來馬丁找到一個方法來償還這張票。

從此以後，每六個月吉爾達都會收到一封大都會歌劇院的信，告知有新歌劇即將推出，等於是用輕鬆的方式不斷提醒她的飼主暫且擱置犬事，去做對的事情。而馬丁每次都咯咯笑地告訴別人這則故事，提醒他們，做對的事情不見得很容易，但只要加點創意，還是辦得到。

總括來說，這一章讓我們學到的課題是，公司的價值觀是由員工的行為來決定，再佐以能捕捉這類行為精髓的故事，絕非是由檔案櫃裡的企業價值來決定。如果你沒有好的故事來說明企業的價值觀，就表示在員工心裡（這才是真正的重點），這家公司可能沒有什麼真正堅定不移的價值。

摘要和練習

一、除非受過真正試煉，否則價值觀只是紙上談兵。說出那段受試煉的經過，譬如執行長被雨淋，每個人都親眼見到公司價值觀的落實。

a. 你公司的價值和原則是什麼？用一張紙寫出來，再記錄從以前到現在，公司裡有哪些人、哪些事，或哪些情況落實了這樣的價值觀。這些都可以成為貴公司推廣自身價值的故事。

b. 自我挑戰，每個禮拜都找個適當時機至少說一則這類故事，就算架構簡陋也沒關係。你會訝異很多場合都可以讓領導人要求活用公司的價值觀。

二、逐點說明的方式並無法向員工說明公司的價值觀該如何落實，只有故事才能辦到。（請參考威斯康辛州火車事故的故事）

三、寶僑公司的執行長約翰．派普被人問到，聘用新員工時，最看重的是什麼技術或特質。是領導統御能力？分析能力？解決問題的能力？合作能力？策略思考能力？還是其它能力？他的答案是誠實。他說：「其他能力都可以等他們上班之後再教他們。」

- 貴公司最重視的價值觀是什麼？
- 現在有什麼故事正在傳遞這種價值觀？
- 這些故事能傳達出你想傳遞的訊息嗎？

四、你想不出來有什麼故事和價值有關聯嗎？請利用以下點子找出故事。想想看在公司裡，你和其他人……

a. 有沒有遇過必須做出艱難決定的時候？

b. 是否做過什麼承諾，卻難以實現？

c. 是否得先找出公司的政策手冊，才能決定什麼是對的事情？

d. 在做某個艱難決定之前，是否必須先向人資部門或公司的道德規範長求援？

e. 曾被要求去做過什麼自覺不安的事？

f. 曾有過什麼作為，令你公司的創辦人與有榮焉？

g. 曾因兩種截然不同的價值觀而感到矛盾嗎？

五、故事可以把一些難以界定的價值（譬如賣力工作、堅持不懈、顧客優先）栩栩如生地描繪出來。（山姆·瓦爾頓的燙衣板罩子故事就是一個例子）

六、先決定好你希望組織重視的是什麼價值，再找到可以說明此價值觀的故事。千萬記住，如果你沒有好的故事來說明公司所重視的價值，就無法為公司建立起堅定不移的價值觀。

七、有時候落實公司的價值觀是需要靠點創意的。像馬丁·紐特的「大都會劇院的小狗」故事便有助人們瞭解，如何用更有創意的方式去嘗試做對的事情。

10 鼓勵合作和建立關係

「相見只是開端，團結才有進步，合作才會成功。」

——亨利．福特（Henry Ford）

以下例子已經有點老掉牙了。某地區一個小營運單位的部門被重組，來自大城市的經理成了空降部隊。以前的部門經理已在位了好幾年，如今卻成了新經理的助理。新經理還沒上任，團隊成員便先入為主地討厭他，尤其是被降為副理的前任經理。「他可能很自大、說話像機關槍、自以為什麼都懂、根本搞不清楚我們這裡的狀況！」這正是華盛頓某家組織所遭遇的問題，於是這部門被派去參加兩天一夜的團隊建立和策略規劃研習營。還好請來帶隊的是你在第四章遇過的伊芙琳．克拉克。

伊芙琳決定先讓學員們聊聊自己的人生故事，但卻是用一種好玩又有創意的方法。她提供了幾十本雜誌、西卡紙、剪刀和膠水，請他們拼貼出自己的過去、現在和未來。雖然是成年人了，但在做這種勞作時，大家還是興奮得像小學生一樣。等到完成之後，他們再輪流以文字和圖畫向大家報告自己的故事，熟悉彼此。不過受此作業影響最深的當屬那兩位原本可能互為仇敵的前後任經理。儘管他們的人生際遇不同，卻發現有一些重要的共通點。當他們得知他們有一樣的宗教信仰時，兩人之間的張力便開始緩和了。而當他們知道家人在他們心目中永遠擺在第一位時，兩人的緊張關係頓時融化。隨著故事的繼續分享，他們漸漸瞭解他們之間其實有許多共同的價值觀，於是奇妙的轉變發生了。午餐時間，他們一對一地聊，對彼此有了更深的認識。等到下午課程開始時，已經可以像老同事一樣一起合作了。

***

說故事可以幫忙建立關係，方法是從故事裡找到共同價值，但這不是唯一的方法。下一則故事說的是把自己的私事放進故事裡，讓員工更懂得關心彼此，進而創造出一種凝聚力。此外也說明了何以這種凝聚力能讓領導人在工作上更見成效，同時讓團隊的表現更為出色。

新的工作通常是一個可以讓你重新出發、更上一層樓的難得機會。和一群不認識你的新夥伴一起工作，就像拿到一張白色畫布，可以重新描繪全新的自我。每個人都認為某部分的自己仍有成長的空間，就連那些工作認真、有一定聲譽的人也不例外。這也正是傑米・強森（Jamie Johnson）二〇〇八年加入俄亥俄州辛辛那提市的辛克市調公司（Seek）時心裡的盤算。

傑米是一位很有才幹的消費研究人員，有強烈的工作道德觀，很容易開心大笑。他的笑容溫暖，人緣還不錯。不過他自承以前在辦公室，他是很一板一眼、公私分明的。當時他的想法是：「我來這裡不是交朋友，而是把我的工作做好。」因此他在工作上的人際關係還算可以，但僅屬表面。在走廊上與人閒聊時，他的談話內容向來空洞——不是談天氣就是昨晚的足球賽。他第一天到辛克公司上班時，就對自己發誓一定要改變。他想和這群一天得相處八小時的工作夥伴建立更好的關係。因此他抱著最大善意，從上班的第一天開始就以和藹的態度來者不拒地與人互動。

傑米自覺進步了嗎？「一年過去了，還是沒有人喜歡我。」當然這是他的謙詞。不過事實上，他的人際關係的確不比上一份工作來得好。「為什麼沒有效呢？」他納悶道。「我是個專業的消費研究員，每天都在研究怎麼讓消費者對我敞開心門，說出他們真正的想法和感受，還有希望與夢想。而這些人都不過是我二十分鐘前才認識的。我究竟對我的同事少做了什麼？」

這確實是個好問題。事實上，傑米的確利用了一些專業技巧讓受訪者願意對他敞開心門。自我貶抑式的幽默向來管用。「這問題我問過了嗎？對不起，我記性不太好。」有時候他還會利用共同的興趣。「嘿，我也有那張披頭四的唱片，我是從我媽那兒偷來的！」不過最有效的方法是先打開自己的心房，披露自我的脆弱，分享弱點，或者讓人知道你缺乏安全感。

這些都是他用來訪談消費者的技巧，但卻從來沒用在同事身上。因此他決定試試看。幾個禮拜後，辛克公司將舉辦十周年年慶。他們會先在城裡遊覽，拜訪辦公室舊址，下午再到會議室集合，展開團隊建立。傑米抓住了這次機會。公司創辦人說：「大家聊一聊自己吧，說多說少都沒關係，自在就好。」於是傑米大膽地分享了一個很私人的故事。

他分享了他和他弟弟史帝文的故事。他們兩個都是爸媽親自帶大，在同一個屋簷下長大。儘管人生難免起伏，無人例外，但傑米很幸運地擁有一個快樂的童年，還有親愛的家人和要好的朋友，在學校功課也不錯，對自己充滿自信。但弟弟卻相反，他是一個雙向障礙（biopolar disorder）的未確診病例，又稱之為躁鬱障礙（manic-depressive disorder），心情和舉止總是在兩個極端間擺盪。今天也許興奮到極點，明天卻馬上被沮喪和焦慮折騰。如果不治療，他弟弟根本招架不住這種情緒上的雲霄飛車。二〇〇一年四月十六日，十九歲的史帝文開車往西駛去。在橫越了兩個州的州界後，耗盡汽油，停在公路旁，朝腦袋舉槍自盡。傑米形容史帝文那天的開車行徑是為了尊重別人，他很了不起，不想讓父母因為在住家附近找到他的屍體而難過。

這個悲劇對傑米來說相當痛苦，但也有收穫。他告訴他的同事：「我以前總是把生活中的大小事視為理所當然。但我再也不這麼想了。」現在的傑米懂得感恩眼前所擁有的；開始花更多時間去做志工；擔任教練，教導當地的孩子打排球、踢足球；參加慈善團體，金援逢年過節便捉襟見肘的弱勢家庭。而且也參與了預防自殺的公益組織，在全美各地幫忙募款，推廣該組織的信念。「這能幫助我以正面方式去緬懷我的弟弟。」

等傑米講完故事，會議室裡有半數人都哭了。會議結束後，大家離開時，並沒有與他擊掌喝采，而是上前擁抱。後來有些同事聊開了，都說他們不知道傑米竟有這麼感性的一面。有個人說：「突然間，傑米有了深度！」他的故事甚至為自己贏得了辦公室裡最堅忍人物的封號。不時有人輕搥他的肩膀、點頭表示讚許，或者親切地對他說：「做得好，老兄，」並告訴他，他現在是他們的一分子了。短短幾天，他就發現走廊上的對話不再只是天氣和運動等膚淺話題，而是對他家人、生活和夢想的關心。

既然現在和同事建立了良好的關係，傑米自然更樂在工作。然而這種全新的人際關係會如何影響他的領導能力呢？「我的團隊現在表現得更好了。因為如果是和自己在乎的人一起工作，就不會老在看時鐘等下班了。」他體悟到，若能和同事建立良好關係，才有可能激勵他們發揮最大的潛能。對他而言，這種關係的建立始於一則故事。

誠如傑米的故事所示，最有效的團隊建立方式之一，也是一種最簡單的方法。請大家圍坐下來，聊聊自己。故事越涉及個人私事，效果越好。傑米從消費者的訪問和共事的同事身上學到了最有效的方法，那就是讓別人看出你缺乏安全感，或者像他們吐實你人生中痛苦的往事或慘痛的經驗，披露自己的脆弱。這也是一般人最不願在大庭廣眾下對陌生人說出來的故事，但問題就在這裡，這成了一種惡性循環。因為我們和不認識的人一起工作，所以我們不太喜歡說自己的隱私。也因為我們不說，所以我們還是和他們不熟。你必須打破這個循環。想辦法也叫他們說出自己的故事，你就再也不用和陌生人共事了。

＊＊＊

現在我們已經瞭解到在工作上分享一點個人隱私的故事是很有幫助的。但不是只有這種故事才有助於人際之間的合作和關係的建立。工作上所發生的故事對關係的建立也很有幫助，此外也有助於公司營收。湯姆是某全球顧問公司的合夥人，他就親身體悟到這些故事的好處，以下就是他遭遇到的例子。

「對不起，湯姆，我們必須取消你的顧問費，至少得先止付一陣子。」

像湯姆這種顧問最怕聽見客戶說出這種話，這無疑是在告知受雇者被解雇了。只是就這件事來說，被解雇的不只有湯姆，還包括十五名顧問在內的整個團隊。

「出了什麼事？」湯姆問道。他想一定是出了什麼嚴重的差池，才會讓名列《財富》前一百大的這家公司有如此反應。他說對了，的確是出了紕漏。他的客戶沒有達到每季的營利目標，而且差距不只一點，是大到足以驚動整個華爾街。

他的客戶說明了問題的嚴重性。湯姆做了二十年的專業顧問，從沒遇過這種問題。不過他知道在這種情況下，他的客戶非常需要援手。他不認為自己一走了之可以解決這個難題。顯然這家公司必須找到對此問題有經驗的人來幫忙。但這問題很罕見，是一般公司不會公開的那種問題。因此要想援引前例很困難。

而他就是在這時候告訴客戶什麼是「每月挑戰的課題」，這是湯姆公司裡的顧問群所進行的一種友誼性競賽。每個月公司都會向所有合夥人說明客戶的一件棘手難題，但不會指名是哪個客戶。然後鼓勵合夥人各自帶團隊出去午餐或晚餐，順便討論，商量對策。就在那個小時內，有數以萬計的顧問一起動腦筋解決同一個問題。可是因為只有一個小時，所以沒有時間做任何調查或分析，只能參考前例或自行動腦想點子。他們會彼此分享以前遭遇的類似經驗、當時的對策，以及最後的成果。等到吃完飯，回到公司後，才回頭繼續處理自己的業務。最後勝出的對策和團隊會被公司當眾肯定與表揚。

這種競賽有很多好處。全公司集體動腦為遇到難題的客戶思考對策，等於幫助這個業務的顧問團隊解決掉棘手的問題，接著才能繼續迎接下一個挑戰。此外也為這些顧問們培養出更好的合作關係。那頓午餐或晚餐只是一個機會，好讓所有成員不再只是各自管好自己的業務，而是同心協力地解決同一個問題。心理學家早就知道這是創造凝聚力最快的一種方法。召集一群成年人，在一個小時的時間交換彼此經驗，這就像叫小孩圍坐在夏季營火前一樣。此外，這也有助於世界各地的顧問們建立更好的聯絡網。他們透過競爭，攜手合作，共同解決眼前難題，創造出來的經驗即便多年後仍可共同回味。試想，這家顧問公司的員工遍及全球十幾個國家，即便服務的是同一個客戶，卻大多沒見過彼此，以後也沒有機會見面。現在竟把這麼多人力和經驗都用在單一客戶上，為棘手問題找出對策。光想就覺得很妙。

於是湯姆將他客戶遇到的問題張貼出來給合夥人看，作為當月的挑戰課題。不到四十八小時，就有數以萬計的顧問開始動腦想對策。不出三個禮拜，便找到另外兩家非競爭性的客戶也遇過同樣問題，於是傳來三套很有創意的解決辦法。湯姆趕緊向客戶提案，說明方法，開始合作，落實其中一個最有效的方案。

已經累積眾多案例的每月挑戰課題，如今又增添了湯姆的這件個案和最後勝出的對策，這使他的顧問公司更為茁壯。至於他的客戶，雖然還是得面對艱難的一季，但在他的協助下，華爾街至少那邊不會幾近瓦解。湯姆從此再也沒聽到客戶要求取消顧問費。

雖然每隔一陣子就會有新的營運挑戰冒出來，但這些問題以前幾乎都曾在別的地方發生過。湯姆的當月挑戰是向全球各地搜索最佳解藥的故事，無視問題的新舊。在固定時間和場所就各種營運挑戰交換故事，自然就會有經驗累積下的智慧浮現出來。就算不是從事顧問這一行，也會因為和同仁交換故事而獲取經驗智慧。所以不管在什麼行業中，這方法都能為你帶來新的點子，建立更有凝聚力的合作關係。

＊＊＊

上述例子說明了你可以利用說故事來創造一個強調合作的環境。而最後一則故事則將告訴你，你可以利用故事來說服組織外面的人相信，組織內的環境也很強調合作關係，它不像外面想的那麼可怕，裡面的人也不可怕。這種質疑其實並不罕見，只是最常被質疑的人多半位在公司組織的頂端。

大型企業裡的等級制度是一種很嚴謹的制度，就像軍隊一樣，也就是說，所有現代企業的統治結構大抵相同。官越大，或者說經理人的階級越高，要帶領的士兵或員工就越多。階級高，權力大，薪水也跟著多，低階軍官或員工自然敬重他。這些差距造就出上位者的孤單。因為大家都敬重老板，深怕說錯話。高階主管常被視為難以親近和不近人情。軍隊裡的高階軍官必須責令部隊上戰場，因此形象上要接近完美無缺。但在商業環境下，這種形象卻弊多於利。如果主管不容易被親近，領導工作會變得很困難。

卡蘿（Carol）便是如此，她是策略總監，任職的公司名列全球《財富》前五百大，身為該公司策略領導團隊成員的她，必須向全球策略長班恩（Ben）直接報告。卡蘿人很聰明，工作認真，充滿企圖心。但對很多人來說，她是一個令人畏懼的人物。可是她的工作若要成功執行，一定得和公司內部數千名經理人打交道，讓他們採用她所研發出來的新工具。但是要讓這些新工具各就其位地發揮功能，她勢必得出差全球各地，走訪各地區的辦公室，將方法傳授給當地團隊。培訓課程的成功也通常意謂作業調度的成功。但有一次出差經驗很特別，特別的地方不在於培訓課程，而在回程的路上。那次經驗對策略長的團隊以及整個團隊的領導能力有很大影響。

身為該公司一級主管，班恩享有企業世界裡最頂級的權力象徵——可以搭乘公司的私人飛機。這些主管以及被選上的隨行人員，都不必搭乘一般的商用客機，而是乘坐公司專用的Gulfstream G-4噴射機。這次他們前往海外出差，目的地是歐洲總部。起初他們很緊張，因為課程主題相當具有爭議性，但那天終了時，訓練課程空前地成功，迴響熱烈，學員們對講師們讚譽有加。

那天傍晚，卡蘿和三位同事決定晚上到城裡開慶功宴。他們在飯店賭場待到大半夜，享用最上乘的法國美酒。早上很快來臨。當他們上了噴射機，坐進舒適的座椅時，班恩竟要他們報告前一天的訓練成果。他沒注意到他們臉上宿醉的痕跡。「班恩，我們現在沒有辦法報告。我們好累，如果硬要報告的話，品質也不會好，可不可以明天到辦公室再報告？」對某些人來說，這種拒絕無疑是在抗命。但因為他的團隊成功達成任務，因此班恩欣然同意。

起飛後沒多久，這四個夜貓族開始呼呼大睡，老板卻醒著繼續工作。回程飛到一半，飛機停在新斯科舍（Nova Scotia）加油。第二次起飛後，班恩正準備打個盹兒，這四人卻剛醒來。在這裡，等級制度是很嚴謹的。公司飛機屬於公司資產，只供公司裡最位高權重的主管使用，以這個例子來說，就是策略長，所以飛機上的其他乘客都算是他的客人。如果老板想在他的飛機上睡覺，禮貌上，你應該讓他好好地睡一會兒。可是班恩的客人現在都醒了，而且昨晚在賭場的熱情顯然還沒退燒，他們決定打撲克牌繼續慶功，而且是很吵的那種。

雖然班恩因此睡不好，但也沒有抱怨，甚至這件事他連提都沒提。但四位屬下卻對這件事很有自己的看法。回公司後，話傳了開來，包括他們如何拒絕班恩，不願在飛機上做報告，而且還喧鬧地打牌局，可能因此吵了他睡覺。這則故事向組織傳遞出三個重要訊息。第一，它證明了這四位高階主管也是普通人，他們也跟一般人一樣有欲望和缺點，不是高高在上的商業之神。這故事人性化了他們。第二，這故事顯示出雖然他們很敬重老板，但和他的相處方法就和與一般人相處沒什麼兩樣。如果有四個人想玩撲克牌，他們就玩，因為少數服從多數。第三，班恩毫不在意他們與他平起平坐，也沒在事後找他們算帳。

簡而言之，這則故事將這那群平常望之令人生畏的策略大師轉變成一群有趣又容易親近、不拘小節的普通人。其他經理人不再害怕與他們共事，都願意接受他們的指導。因為這故事為他們塑造出親和的形象，而這是他們怎麼刻意經營都辦不到的。所以重點就在這裡。你不必刻意營造什麼場景，這是自然發生的，重點是，當它發生時，請記得告訴大家。那架飛機上只有五個人，班恩絕對不會向任何人提起這件事。別人會知道，一定是這四個人說的。但想像要是沒有人說呢？要是他們礙於禮貌而把那天傍晚集體出遊和飛機上呼呼大睡的事全隱而不宣，這故事就不會傳開來，他們的部門還是會被視為難以親近的精英單位，而不是一個講究合作、會在策略上予以親切指導的單位。

沒錯，企業裡的等級制度源自於僵化的軍中結構。但有了這樣的故事，你的等級制度便不再像軍中結構了。

摘要和練習

一、我們通常不會在工作場合裡談到自己的私事，因為我們是和一群不認識的人一起工作。就因為我們不談私事，所以永遠和他們不熟。你必須打破這種循環。

二、要大家圍坐下來，聊聊自己，越私人的事越好。當人們發現他們有共同的價值觀時，就會形成更好的合作關係。個人故事的分享可以看出個人的價值觀。

a. 下次到公司外面舉辦小組研習營時，請規劃故事分享時間。請參考新老板來自大都市的那則故事。

b. 另一個方法是分享彼此的弱點、缺乏安全感的原因，或者以前的慘痛經驗。讓自己在別人面前是脆弱的，就像傑米．強森在辛克公司的做法一樣。（原來傑米很有深度！）

三、工作故事的分享可以建立更好的合作關係，就像湯姆任職的全球性顧問公司一樣（譬如取消顧問費的那則例子）。請在貴公司舉辦類似的競賽，你的公司和客戶都會受益，而且還能建立起一個更懂合作的工作團隊。

四、此外也可以利用故事來說服組織外的人相信，組織內部的環境同樣很強調合作。此舉有助於你吸收和保留人才。你可以分享寶僑公司行銷經理在公司專屬飛機上所發生的故事，效果一定很好。

11 對多元化的包容

「從各種資料及我個人的經驗來看，我相信唯有多元化的組織才能每次在思想、創新，以及表現上贏過同質性高的組織。唯有充分利用我們的多元化，才能真正勝出。」

——寶僑公司前任執行長拉夫里（A. G. Lafley）

一九五五年，比芙莉．基昂（Beverly Keown）出生於阿肯色州西頓市（Seaton）的農場上，在八個孩子裡排行第四。她父親是佃農，母親在農場主人家裡幫佣。夏天的時候，比芙莉會和她的手足到棉花田裡幫忙。

比芙莉生長在一九六〇年代的美國南方，當時受過的屈辱，對現代人來說只有「震驚」二字可以形容。她進餐廳得走後門，絕對不准走前門。她必須在標示著「有色人種」的飲水機前喝水，而水源來自於旁邊另一台「白人專用」飲水機排放的水。她不能參加白人朋友的慶生或通宵派對。她不敢去城裡唯一一家戲院看電影。但這些規定在那個時代和那種地方實屬平常。所以這是比芙莉唯一知道的生活方式九年級的時候，她的黑人學校關門大吉，必須併入白人學校。四年後，也就是一九七三年，她以班上前幾名的好成績畢業，在襯衫工廠裡找了一份機器操作員的工作。沒多久，她被拔擢為辦公室秘書。在那家公司的受薪階級裡，只有兩名非裔美國人，她是其中之一。但廠房內卻有眾多非裔美國人。所以這是她生平第一次全天待在一個人種全然不同的地方。顯然她跟旁人不一樣，有時候甚至太不一樣了。「其他行政人員都會嘲笑我、談論我，彷彿我沒感覺似的。他們取笑我走路的樣子和我的長相。老是在提醒我膚色、髮質和他們不同。我心裡想：『要是我是白人，他們就會對我好一點。』」三年後，比芙莉離職，她的母親要她「去求他們，把工作再要回來。」比芙莉拒絕。

她的下一個雇主也差不多，在新東家那裡她一樣感到不自在。別人都用高人一等的語氣對她說話，對她的態度很不好。她在這家公司待了二十五年，她丈夫找到新工作，必須搬家。還好她的大老板在她老公上班的鎮上也開了一家工廠，於是把她調到新工廠，要她在那裡擔任行政人員，專門負責發放廠內一百三十一名生產操作員的薪水。可是在她前往新廠前，大老板把她叫進辦公室耳提面命：「你去的那地方，臉皮可得練得厚一點。」比芙莉不懂他的意思。他解釋道：「你是那家工廠唯一的黑人。可能有人會說你閒話，或故意針對你。」比芙莉還是不懂他的意思，因為她總覺得這應該和她過去二十五年來受到的待遇差不多。反正她還是去了。

她很快明白他的意思。她上班的第一天，她的老板就發現這位有二十五年年資的員工，竟然一年可以休五個禮拜的假，於是大發雷霆。「我是你老板欸，我的假都沒你多！」每次她休假，他便諷刺和抱怨，一再質疑她的工作。「我總覺得我必須一再向他證明我的工作能力。」

每個禮拜都得人工處理一百三十一筆薪水的比芙莉難免會出錯。她說每次一出錯，「就像天要塌下來一樣。」她的老板會衝進她的辦公室，門一甩，開始咆哮：「你搞什麼鬼啊！」她坐在那裡嚇得不敢動，只能聽他長篇大論地漫罵。但其實那只是區區一百美元的誤差，只要幾分鐘便能處理好。所以她不懂他為什麼那麼火大。「你聽到我說的話嗎？我說你在搞什麼鬼？」

比芙莉試圖尋求廠務經理的協助，但最後才明白一切只能靠自己。在經過兩年類似的待遇之後，她決定在平等就業機會委員會（ＥＥＯＣ）的陪同下提告。

工廠的反應很不恰當。地區經理遠從新澤西州前來告訴比芙莉的上司、員工，以及比芙莉本人，他不贊同眼前的官司。並提醒大家這部門的主管是誰——顯然這是刻意針對比芙莉，接著又說：「不管主管說什麼，都是他說了算。誰要是不高興，大可捲鋪蓋走人。」幾天後，比芙莉的一名同事提醒她，廠裡有幾個人是三Ｋ黨黨員。不管屬實與否，她都受到了嚴重驚嚇。

還好比芙莉夠幸運，這家公司幾個月後聲請破產，她終於不必再長期訴訟。有人提供她優渥的離職金，條件是同意撤消告訴。她接受了。工作了二十七年，比芙莉・基昂終於失業了。那年是二〇〇二年，不是一九五二年，也不是一九六二年。已經四十六歲的比芙莉，從來都是這樣被人對待。

二〇〇五年二月，比芙莉在阿肯色州費耶特維爾（Fayetteville）的寶僑公司找到一份行政工作。「我還以為我在另一個星球登陸。光看到這些人的臉，我就知道與眾不同對我來說不再是阻礙。我不再是保障名額裡的唯一非裔人士。在這裡，我遇到的人有來自中國、日本、烏克蘭、英格蘭，以及波士頓和辛辛那提等美國其他城市。他們對待我跟對待別人沒什麼兩樣，這讓我很驚訝！」

比芙莉形容這很像「把一個饑餓的人從貧窮國家帶出來，送他到美國，呼吸到新鮮的空氣。大家可以一起吃午餐、一起大笑、一起工作。我不再羞愧自己是黑人。沒錯，而且不只如此，他們也看到得我——我的技能、我的工作熱情、我的潛力，他們知道我希望有歸屬感。有時候，我簡直要喜極而泣了！」

這種更多元化和更包容的組織對比芙莉的工作表現有何影響？「我現在在工作崗位上會盡全力發揮自己的功能。我希望把這份工作做到最好。我熱愛我的工作，我以我的團隊為榮。這是我工作以來第一次以身為黑人為榮。」

如果你問比芙莉，二〇〇五年她第一天來這裡上班的感覺？她會告訴你：「我故意裝作一點都不驚訝，不過其實我相信我的表情一定很驚訝，到現在應該都還是吧。」在寶僑工作了六年之後，她已經漸漸習慣這種被人善待的感覺。若說她的團隊在這方面有什麼功勞，應該說是拜他們之賜，比芙莉從現在起將只熟悉這種生活方式。

比芙莉的故事提醒了我們工作環境對個人的自我價值和工作表現有很大的影響。是的，過去五十年來，美國企業變得更多元化和更有包容力。但誠如比芙莉的經驗所示，這種進步仍不普遍，也不夠全面。今天年紀輕一點的經理人，往往缺乏這種同理心，他們當中有許多人甚至不曾親身碰過類似例子。這也是為什麼比芙莉的故事值得分享。

誠如哲學家和詩人喬治・桑塔亞那（George Santayana）所言：「那些不懂得記取過去教訓的人，註定會再重蹈覆轍。」多瞭解同事的過去，你會很訝異，竟然有這麼多比芙莉的故事。

＊＊＊

不是所有多元化的故事都像比芙莉的例子一樣顯而易見。事實上，有些常見的加害行為是在加害者不知情的情況下進行的。請看下面這則來自矽谷羅技公司（Logitech）董事長布雷肯・達瑞爾（Bracken Darrell）的例子。

在進入羅技之前，布雷肯的直屬上司，我們叫他傑克。傑克跟布雷肯一樣是白人男性，大約三十幾歲，受過良好教育，經常旅行，世故老練，具有現代觀。換言之，你對他的印象是他對所有人都一視同仁，無分性別或種族。就布雷肯所知，傑克的確是如此。因為在布雷肯的工作團隊裡，除了他自己以外，還有一位我們稱之為東恩的非裔男性以及一位我們稱之為莎莉的白種女性。每次傑克來辦公室找他們，也都會找他們聊。

有一天午餐的時候，布雷肯和東恩聊到傑克的領導能力，前者讚美傑克對團隊成員很有包容力，卻發現東恩並不這麼認為。「你沒看到我所看到的，」他說道。「你只看見他來到我們這個樓層，對我們一視同仁。但我看到的卻是，他先走到你那裡，跟你插科打諢，拍拍你的背，聽你聊聊自己，臉上不是掛著微笑就是哈哈大笑。接著再走到莎莉那裡問她：『你家人最近好嗎？你老公好嗎？』或者『你小孩這禮拜要做什麼？』最後走到我這裡，笑著說：『哈囉，東恩。』」

他當然和每個員工都相處得很好，但他和莎莉及東恩打招呼的方式並不同於他與布雷肯的招呼方式。跟布雷肯在一起，他表現得好像他們是哥兒們似的。和莎莉在一起，他只把她視為人家的老婆和母親。「你老公好嗎？你小孩好嗎？」彷彿這是她唯一的價值。至於看到東恩，他根本不想與他有任何瓜葛。

想像你是東恩或莎莉。你覺得你在傑克這個部門裡的地位是什麼？如果你為了吸引老板的注意而必須與布雷肯一較長短，你認為你獲得加薪或升官的勝算有多少？布雷肯分享這故事的目的是要幫助大家瞭解，就算是細微和不經意的動作都可能對別人造成影響。將這故事分享出去，才有機會培養出更多有自覺性和包容力的經理人，或許，就從你自己本身先做起吧。

＊＊＊

這兩則故事有助大家瞭解問題的癥結所在。這是必要的第一步。不過故事本身也可以成為對策之一，就像以下兩則故事所示。

有些商學院的教授很清楚學生可以從當地企業領導人的實務經驗裡學到更多知識。薩維爾大學（Xavier University）的阿爾特．舒柏格教授（Dr. Art Shriberg）就是其中之一。他經常邀請當地企業的資深主管前來為他的學生們演說。薩維爾大學位在辛辛那提市，附近座落了九家《財富》前五百大企業總部，所以有很多知名度夠高的企業主管可供選擇。

二〇〇〇年代初期，《財富》前五百大企業之一的執行長被舒柏格教授找來擔任他領導課程的演講嘉賓。那堂課快結束前，一名年輕女學生舉手發問：「你對ＥＥＯＣ這種組織有什麼看法？」ＥＥＯＣ（平等就業機會委員會，The Equal Employment Opportunity Commission）是聯邦機構，專門負責貫徹職場歧視法。

「我討厭它！」他大聲說道。「政府沒有權利告訴我該雇用誰或不該雇用誰！這很不美國！」年輕女子的眼睛瞪得斗大，同學們也嚇得噤聲不語。就連阿爾特．舒柏格教授也緊張地等著看這位執行長如何化解尷尬。

但他沒有，他繼續發表高論：「大約四年前，我的律師告訴我，如果我們再不雇用更多的女性員工和少數種族，ＥＥＯＣ可能會找我們麻煩。我不喜歡被人管，但我也不想跟美國政府作對，於是我打電話給我的人資經理，告訴他照ＥＥＯＣ的話做。」

他說才一兩年光景，他公司的人事標準就達到ＥＥＯＣ的要求。可是後來執政團隊換了之後，ＥＥＯＣ的規定鬆了一點。「但我沒有做任何異動，」他說道。「因為那時候，我們的利潤前所未有的高！幾年前雇用的那群女性員工要我們把市場瞄準女性消費者，成果竟出奇的好。而且由於公司人才多元化，我們的產品開發小組變得比以前更有創意。」

「我還是不喜歡有人管我該雇用誰，」那位執行長承認道。「但我無法否認它的成效。」

有時候要提倡多元化和包容力，最好的方法是找個反方來推廣。如果是找和你同一陣營或立場相同的領導人來發聲支援這個理念，縱然是樁美事，卻並不令人意外。但如果這話是從一個懷疑論者口中吐出，就像舒柏格教授為班上找來的那位執行長一樣，就會很有說服力。舒伯特請他來傳授領導統御的經驗，對學生來說受益無窮。

舒柏格教授的故事告訴你，要讓人們相信多元化不只符合公平正義，也有利於事業營運。如果在你們當中有懷疑論者需要被說服，請將這故事與他們分享。

＊＊＊

還有別種故事可以用來描述包容力的好處，它是精心構思下的民間故事。透過巧妙的設計，民間故事也可以向大家證明尊重多元化是有智慧的，並鼓勵他們跟著做。基本上，這些故事並沒有特定指明誰，所以任何人都可能被影射到。大家很容易從這些虛構的角色看見自己的影子，將學到的經驗教訓運用在自己的生活裡。因為如果主題的張力太強，以真實人物來呈現故事，恐怕會遭人排拒，理由是「這不適合我，我不像故事裡那傢伙，我不會做那種事。」

下面是一則每個人都適用的民間故事。這是我從一篇名為「旅者」的古老西非故事改編而來，曾在我工作的場合對五百名聽眾演說過。我之所以分享這故事，是為了告訴大家，像這樣的民間故事也可以運用在現實生活上。

從前有一名很老的智者，經常坐在村外一處可遮蔭的大樹底下沉思。有一天，一名旅者走來問道：「老先生，我已經旅行很久，見識過很多人與事，你可不可以告訴我，如果我走進這座村子，會遇見什麼樣的人？」

智者回答：「我很樂意告訴你。但首先，你先告訴我到目前為止，你在旅程中遇過什麼樣的人。」

旅者回答：「哦，你不會相信的。我遇過很糟糕的人！有的人很自私、對陌生人毫不客氣；有的人不在乎自己，也不在乎別人。我也遇過愚蠢的年輕人，從他們身上什麼也學不到；更遇過對未來不抱任何希望的老人，只會抱怨，讓別人的心情也變得不好。」

旅者說話的同時，智者的眼裡出現悲傷的神情，並不時點頭表示理解。「是啊，」他說。

「你說的那幾種人我都很清楚。我很抱歉我必須告訴你，如果你走進我的村子，恐怕也會遇到你說的那幾種人。」

「我就知道，」旅者嘲諷道。「每次都一樣，」他用腳踢地上的石子，馬上走回大路，根本懶得停留。

一個小時過後，另一名旅者來到智者面前。「好心的先生，」他說道。「我已經旅行很久了，我見識過很多人和事，你可不可以告訴我，如果我走進這村子，會遇見什麼樣的人。」

智者回答：「我很樂意告訴你。但你得先告訴我，目前為止，你在旅程中遇過什麼樣的人。」

旅者回答：「哦，你不會相信的。我遇到的人都很棒！有的人很好心、有的人對陌生人很慷慨、有的人把別人當家人一樣照顧。我還遇見過很棒的年輕人，他們有超齡的智慧，我也遇見過對人生依舊熱情不減的老年人，他們把歡笑帶給身邊每一個人。我從他們身上學到很多東西。」

旅者說話的同時，智者臉上也漾開笑容，不時點頭表示理解。「是啊，」他說。「你說的那幾種人我都很清楚。我很樂意告訴你，如果你去我的村子，我相信你會遇到的就是這幾種人。」

「來吧，」旅者說道。「快介紹他們跟我認識。」

這則故事當然是在告訴我們，我們會看見什麼樣的人，多半是由我們的預期心理決定。所以當你明天回到自己的辦公室，和你的直屬上司、同儕、事業夥伴和老板共事時，請在他們身上尋找你最想看見的特質，相信你一定會找到。

我很確定這一點，因為我相信我們公司找來的人才都是最棒的。他們對新進員工都很友善和慷慨，像家人一樣關心彼此。這裡的年輕人都具有超齡的智慧。經驗老到的員工即便工作棘手，仍然充滿熱情，從而也鼓舞了其他人的士氣。我從他們身上學到很多，我相信你也一樣。等一下散會後，就是歡樂時光了，你們可以見見以前可能沒見過的同事。我建議你們留下來。如果願意留下來，記得來找我，我來幫你們引薦一些同事。

＊＊＊

本章的最後一個課題，是專門為負責在組織裡提升多元化和包容力的經理人所準備的。既要負責組織團隊，又要帶領他們，還得顧及這些重要的微妙元素，恐怕這會令很多人怯步。但正因為如此，才會有以下成語：「不先打破雞蛋，怎麼煎蛋捲？」換言之，你得等到有人開始談論痛苦或深刻的個人經驗，才能有所進展。當你想召集組織裡的人討論人才多元化的主題時，不妨利用一些方法讓他們褪去自己的保護殼。最好的辦法莫過於請他們聊聊自己的故事，他們曾經和與自己截然不同的人一起度過什麼危機或起過什麼衝突，然後再叫他們想一想眼前的主題。這有點像前一章傑米．強森做過的事，只是故事主題不太一樣。每個人都得先敞開心胸，才能夠有進展。身為領導者的你，更必須做表率。

摘要和練習

一、當人們覺得自己不受重視或無法融入團體時，便拿不出最好的表現。

二、雖然我們的社會在這五十年來有了長足的進步，但仍然不是一個人人平等的社會。剛加入職場的年輕人或許無法領會其他人曾經忍受過的不公對待，而這種對待到現在或許都仍然存在。試著從組織裡找出類似比芙莉．基昂的故事（佃農的女兒），你會很訝異原來有這麼多相似的故事。

三、今天常見的一些加害行為，恐怕連加害者本身都不知道自己正在傷害別人。分享布雷肯．達瑞爾的故事（「你沒看到我所看到的」），讓別人瞭解他們的行為可能會在無意中傷害別人。

四、多元化不只對組織裡的人來說是件應當做的事，對營運本身也有好處。請分享舒柏格的演講嘉賓故事（「我討厭EEOC！」），他們就會明白原因了。

五、民間故事是很好的故事來源，可以幫忙其他人領會職場多元化的智慧所在。請利用旅者的民間故事來協助人們看見他人的優點。

六、多元化和包容力是個棘手的話題。它涉及個人私事。下次開會想談論它時，請先設法讓與會者敞開心房。最好的方法是先說說自己的故事。一旦你說了自己的故事，他們也會坦然說出他們的故事。

12 訂出檯面下的政策

「沒有人……從來沒有人會去讀公司政策手冊，只有寫手冊的人會讀，因為他們拿錢辦事。不過員工一定會去讀好的故事。」

——《金玉良言》（*Once Told, They're Gold*）作者大衛．阿姆斯壯（David Armstrong）

想像你正在做這個實驗。把五隻猴子放進籠子裡，籠子頂端吊了一串香蕉。香蕉底下有梯子，高度剛好可以搆到香蕉。每次有猴子要爬梯子去拿香蕉，你就用冷水噴灑整座籠子。沒多久，猴子們學會避開梯子，放棄了拿香蕉的念頭。

現在從籠子裡抓出一隻猴子，關進另一隻（編號六號的猴子），然後把灑水器擱到旁邊。新來的猴子不知道梯子和水之間的關聯，馬上想去爬梯子。結果另外四隻猴子立刻攻擊它，因為它們不想被水噴。可是新來的猴子並不懂自己為何遭受攻擊。反正每次只要從原來那五隻猴子裡再抓出一隻，換別隻進去，同樣事情還是會發生，即便是編號六號的猴子也會參與攻擊。

重覆這樣的更換作業，直到籠子裡再也沒有原來那五隻猴子。但後來關進去的五隻猴子仍然不敢碰梯子，只要有新的猴子想去爬梯子，就會被攻擊。它們全遵循同一套行為標準，即便完全不懂為什麼。

這就是企業政策形成的方法。

前面這則故事曾在不同地方以不同形式轉述。原著作者不詳。但這故事顯然來自一九六七年史帝文森的彌猴實驗。當然這故事的用意是要告訴我們，規範手冊並無法規範組織裡的任何行為。行為是受獎懲左右，就算獎懲的最初理由早被遺忘或甚至不存在，也一樣會左右行為。不管這種獎懲是否有人親眼目睹，或只是口耳相傳，皆一律適用。以籠子裡的猴子來說，這當然屬於親眼目睹。至於身處在企業環境裡的人，則多半是靠故事來口耳相傳這類的訊息。以下就是明證。

在辛辛那提市城中區派克街和哥倫比亞大道的轉角，也就是寶僑公司全球總部的對面，聳立著一座有百年歷史、八層樓高的建物。今天，這棟建物是自住共管型大樓。但在一九八〇年代和一九九〇年代，它還是商業大樓，以最大的租戶波克行銷公司（R. L. Polk & Company）來命名，稱之為波克大樓。那時候，寶僑公司的新進員工都很熟悉波克大樓，因為其中一個樓層租給寶僑公司充當訓練中心。新進員工到任的第一年，起碼都得在那裡花一個禮拜的時間熟悉公司的內部作業和工作內容。那也是我在寶僑公司聽到的第一則故事。

波克大樓裡的培訓原則是，要發揮最大的學習效果，就得讓學員完全浸淫在教材裡，不受對街總部辦公室的干擾。因此該樓層設有自助餐廳，為所有學員提供免費午餐和零食，目的是把他們留在波克大樓裡專心上課。既然這層樓只有講師和學員，所以連收銀機也省了。

有一次在享用過第一頓免費午餐後，我們的講師開始向新學員說起這裡的故事。這故事非常有趣，是多年前兩名離職員工的故事。這兩位年輕人大學剛畢業就進入寶僑公司工作，一如往常地先在波克大樓上課受訓。過了幾個禮拜後，其中一個到了公司才發現忘了帶錢包。他不想餓一整個下午，又不好意思跟別人借錢，於是想起對街的免費午餐。他走進波克大樓，進入自助餐廳點午餐，享受了一頓免費餐點，很得意自己的機智，於是把他的招數告訴同事，還說服對方明天一起去吃免費午餐。第二天兩人走了進去，輕鬆享用免費餐點，完全沒有人質疑或投來不屑的目光。也沒有保全人員來趕人，更不需要簽名或名牌來證明他們是「學員」。

他們試了兩次都得逞，膽子變得更大了。那個禮拜他們又故技重施了兩回，然後那個月又去了幾次。當然老是看到同樣面孔來吃午餐，而且持續好一陣子，自助餐廳員工也不免起疑。畢竟連上課的講師都不曾連續一個多禮拜待在波克大樓，他們在對街總部還有正職得做。難道這兩個是寶僑公司首度聘用的全職講師嗎？自助餐廳的女性員工打了幾通電話查證，這才發現他們是從外面進來的，每次都來白吃白喝公司的免費餐點。

雖然事發後他們的藉口是不知道不能進去吃東西，但最後還是離職了事。這故事的細節很有趣，而且肯定被我們的講師誇大了許多地方。午餐桌上的同事們聽完後哈哈大笑，最後發明了一個新名詞——從此以後，舉凡有因為占公司便宜而被開除的人，就說他被波克了。

我們從來不清楚這故事究竟是真是假。但這不重要。它一再被流傳。雖然公司政策手冊上並沒有明文規定，如果沒受訓卻跑去波克大樓吃飯會被開除。可是在聽了這則故事之後，我們從來不敢去以身試法。更重要的是，這故事提醒了我們可能有許多不良行為會讓你在未被事先明白告知的情況下就被革職。這故事是要我們自己用是非觀念來判斷。而不是需要一本規範手冊。如果你做得對，好事就會降臨，如果你做得不對，後果便得自己承擔，甚至遭到開除。這則故事甚至產生了一個新名詞，成為我們同儕間自我規範的用語。如果有誰說了或做了什麼可疑的事，他們會很快地用一種質疑的目光告誡你：「天才，小心點，別再搞下去了，免得被波克了。」

誠如大衛．阿姆斯壯在本章一開始所指：鮮少有人會讀公司的政策手冊。手冊的主要用途是用在法律訴訟上。如果有家公司因員工違反規定而開除對方，被員工告上法院，該公司的律師就可以在陪審團面前援引政策手冊裡的章節和內文，說明該員工違反了什麼政策。但如果政策手冊的目的只是讓你用來防止員工違反規定，那麼這本手冊對你的用途並不大，因為沒有人會讀它。

所以員工要怎麼知道組織裡的規定呢？其中一個方法是透過他們本身的行為和經驗。如果他們因某件事而受懲罰，就會知道這事不能再做，因為它違反了公司規定，無論這規定成不成文。但如果因某件事而受到獎勵，自然會繼續做下去。但不可能有人什麼規定都打破過，所以要讓他們知道到底有哪些規定，最好的方法就是分享別人的故事：違反規定的人有什麼下場；遵守規定的人有什麼獎勵。所以除了法律用途的政策手冊之外，你還需要一些好故事。前一則故事是在告訴你違反規定必須付出代價。但正面強化的故事也很有效，就像下面這一則，它舉的例子是美國最老字號又最受尊崇的公司之一。

莎拉．馬修（Sara Mathew）在二〇〇一年八月正式加入鄧白氏財務徵信公司（Dun & Bradstreet，簡稱 D&B），擔任財務長才不到一年，該公司的業績預測就顯示下滑。可是自她上任以來，並無做過任何根本上的變動，業績怎麼會下滑呢？答案就藏在深奧的會計規則裡。

莎拉上任後的第一件事是成立新的財務團隊，以確保財務報告能照章行事地處理好。在這行業裡，複雜的交易其實有許多會計方法可以選用。要知道哪一個最適用，過程其實不太容易，而且得視情況而定，甚至得看政府機關的新公告來決定。但顯然莎拉的新團隊所採用的方法在收益數字的結算上比較慢，所以營收看起來有點下滑。這讓莎拉感到好奇。她確信她的方法是正確的，於是叫她的團隊檢討以前的辦法。結果發現有幾個案子是採用錯誤的方法。其中一些甚至可追溯到十年以前，這絕非是第一年上任的財務長會想去追究的事。

莎拉知道公司必須重申財報。但這表示你得推翻過去提報不當的營收和利潤——營利頓時會少了好幾百萬美元。好巧不巧，最近時機不好。就在幾個月前，在會計上作假的安隆公司（Enron）的破產才被報導是有史以來最大的破產事件。於是她直接去找執行長。

在執行長的辦公室裡，她清楚記得他聽見這消息時的臉上表情。「重申財報！就像安隆那樣重做財報？」

「是啊，」她告訴他。「就像安隆一樣。可是以我們的個案來說，我不認為是作假，只是犯了錯而已。我現在還不確定這錯誤事關多少金額，除非我們徹底精算。」

「需要多久時間？」他問道。

莎拉心裡想的是：「糟糕，我不知道欸，我以前從沒重申過財報。」但說出口的卻是：「我們下次的財報得在六週內發布。我可以在這之前完成。」那時候，她並不知道從來沒有人有辦法在六個月內完成這麼大規模的財報重申作業。

隨著作業的開展，莎拉不禁開始擔心這問題會越滾越大。她只希望問題不大，不會引起華爾街的反彈。當然她真正擔心的是如果這問題太嚴重，恐怕會造成股價滑落。

像這種情況，領導者通常有三種回應方式。第一種是別管先前的問題，畢竟他們現在採用的是正確的會計申報作業，或許不會有人注意到以前犯的錯誤。第二種是在財報重申作業上全力以赴，但一旦發現這問題嚴重到華爾街恐怕會注意到，就及時停止。對一家像D&B這樣規模的公司來說，會引起華爾街注意的金額底限應該是五千萬美元左右。第三種選擇是繼續進行重申作業，直到完成為止，別管問題的嚴重性和後果如何。莎拉選擇了第三種。

財務小組日夜趕工，終於在六週內如期完成。D&B除了發布下一季財報之外，也順便調整過去這十年來的收入數字。總數是一億五千萬美元，沒有發現任何作假問題。雖然這筆數字可觀，股價尚稱平穩。財報重申的規模和公告速度都讓華爾街放心相信D&B並未有任何不可告人之事。莎拉和她的團隊甚至因如期完成財報重申，以及在一定程度上建立了投資者對公司及其團隊的信心，獲得了嘉獎，甚至得到獎勵金。

莎拉及其團隊的行為為D&B的財務單位界定了行為標準。規範手冊上雖然有明確的會計政策，但那是由美國財務會計標準委員會（U. S. Financial Accounting Standards Board）所制訂的。可是這則故事就算她離職了還是會繼續流傳下去。

今天，莎拉．馬修已經是D&B的執行長兼董事長。她和其他人仍在繼續傳播這故事，希望能讓員工瞭解公司的會計政策是什麼，也瞭解行為規範何在。在D&B，做對的事情才會得到獎勵。莎拉相信這個政策無須她一再重申，大家都會明白。

＊＊＊

目前為止，本章的前提是你必須靠故事來訂定政策，因為不會有人去讀政策手冊。除此之外還有另一個理由，而且這理由可能更重要。真正檯面上的成文規定經常帶來意想不到的後果，有時候所造成的傷害，甚至可能超過當初訂定政策時所試圖防範的問題。但故事很少造成這樣的傷害。以下故事便說明了成文規定的可能反效果。

費爾·瑞蕭（Phil Renshaw）在英國白金漢郡（Buckinghamshire）的 Circulus 公司擔任指導財務主管的顧問和輔導師之前，曾在銀行業和企業財務管理業任職十七年之久。他曾親眼目睹因現行規範不當而另行明文規範所帶來的傷害。他最喜歡舉的一個例子是，公司規定所有支出都必須由高階主管親自批准，以利支出的減少。這方法或許真能成功地減少支出，但並不代表它就是一個好方法。

在費爾的經驗裡，通常會演變成這樣：有家公司剛進入會計年度的最後一季，營收目標嚴重落後。為了節省成本，臨時規定：所有支出都必須由高階主管親自核准，譬如副總。結果造成許多荒誕現象。最荒誕的兩個現象是，像副總這樣的高階主管，底下少說也有幾百名甚至數千名屬下。要親自批准所有支出恐怕得害他一天花上好幾個小時，因而無法處理其他公事。他照公司規定試圖做了幾天或幾個禮拜，結果嚴重延宕了自己分內的工作。最後只得將這份差事委託一名行政主管處理，而這是第二件荒謬的事。現在所有支出都改交給不完全符合資格的行政主管來批准，但問題是在新規定還沒發布之前，這位行政主管本來就有核定權。

第三荒謬也是最糟糕的事，這條規定剝奪了中階主管對公司生產力的貢獻。舉例來說，假設某緊急專案在最後一週已經讓三名員工接連幾天都得每日工作十五個小時，最後終於如期完工。當最後一天晚上十點左右，案子總算完成，交了出去，經理想帶他們去吃頓晚餐，表示謝意時，卻想起這條新規定。現在只有副總可以核准餐費，但這得需要冗長的解釋才能說明報公帳酬謝員工的正當性，而且也可能不被批准。於是她決定別冒險，改成口頭致謝，再開車送他們回家。錢雖然省了，但代價是什麼？員工士氣低落，經理威信不再。費爾的看法是，如果你不相信你的經理可以做出對的決定，當初又何必雇用他們呢？他提議將每季的成本或利潤條件放進紅利、期權，甚至額外休假等績效誘因裡，再由各經理自行決定什麼項目值得支出，什麼項目不該支出。你還是有機會達到營收目標，但不會製造出這麼多荒謬的現象。

如果你發現自己正在考慮訂定新規定，請先想想會不會出現什麼意想不到的後果。請反問自己，如果是費爾．瑞蕭會怎麼處理這個問題。或者你的上司訂了一條爛規定，你剛好是這條規定的無辜受害者，那就請把費爾的故事告訴他們，請他們重新考慮。

摘要和練習

一、規範手冊無法管控組織裡的任何行為。行為是受獎懲左右，即使最初的理由早被遺忘（譬如籠子裡的猴子）。

二、員工不可能自己打破所有規定。他們是透過口耳相傳的故事在學習哪些行為會受到獎勵，哪些行為會被懲處。請確保你的組織裡有你需要的故事來強化你想看見的行為。正面故事（D&B的財報重申）和負面故事（被波克了）都必須有。

三、檯面上的成文規定可能帶來意想不到的後果。下次當你考慮執行某條新規定時，請先想想費爾．瑞蕭那則批准支出的故事。請改用故事來取代成文的規定。

四、如果你的老板決定執行一個爛規定，請把費爾的故事告訴他，也許你的老板會重新考慮。

13 務實呈現

「我們說的話很多聽起來都很專業，很天花亂墜，但實際上離我們的聽眾很遙遠。」

——寶僑公司全球消費市場知識長（Global Consumer & Market Knowledge Officer）瓊恩．路易士（Joan Lewis）

在行銷市場上，眾所皆知的是如果你的產品或服務是針對所有人設計的，最後的結果會是大家都不喜歡你的東西。你對誰都妥協，反而誰也取悅不了。這理論是對的。你應該從廣大的顧客群裡挑出一個子群，再根據這個子群的喜好來設計。若是選得好，你會有一群規模小到需求很容易被找到和理解的顧客，而這群顧客會有很大的成長潛力。在行銷術語裡，它被稱為市場區隔（segmentation），這也是寶僑公司旗下品牌在市場的定位方式，以及用來告知零售夥伴如何取悅購物者的方法。

許多零售商都樂於擁抱市場區隔這個觀念，但也有零售商覺得它很怪，難以接受。寶僑公司知道在面對這些抱持懷疑態度的零售商時，最好先教育最簡單的區隔模式——也就是被稱之為高潛力購物者（high potential shopper）的一種概念。這是根據傳統的帕雷多原理（Pareto principle）來的。研究顯示，無論何種店鋪，百分之七十到八十的購買行為都來自百分之二十到三十的購物者。如果你想針對一群顧客設計你的店鋪，可以把這群顧客作為基礎顧客。許多零售客戶很快能領會這套區隔模式，因為它真的很管用，而且非常簡單。

但有的客戶雖然聽過寶僑公司多次說明，還是不肯買帳。可是加拿大的寶僑分公司仍然努力想要說服那些不肯妥協的客戶。就在團隊成員最後一次試圖說服其中一家最大的零售客戶時，雖然還是一如往常地與客戶爭辯，但這次卻做了點小小改變。消費者研究經理莫妮卡・珍布羅維（Monika Jambrovic）捨棄模糊的名稱「高潛力購物者」，改用一名叫做麗莎婦人的名字和照片。她把抽象的形容，改成了具體的人物。

她為麗莎設定的個人特徵和生活態度就跟他們所調查的高潛力購物者一樣。事實上，他們使用的提案素材也幾乎跟以前一樣，只是把高潛力購物者這個字眼一律換成麗莎這個名字。

結果提案空前成功！零售商的管理階層很快接受了這觀念，開始拿麗莎來當目標消費者進行店鋪設計。事實上，這件事情過後，每當寶僑公司帶著別的點子去找他們，或者更有趣的是，只要零售商在考慮一些點子，他們就會請教寶僑公司：「麗莎對這件事的看法如何？」

這證明他們已經完全接受以特定目標顧客群作為店鋪設計的概念。這全是因為莫妮卡以具體取代了抽象。

在商業世界裡，我們常被教導「我們的點子必須要能慢慢往上爬」，直到抵達擁有最廣大消費群的頂點。這會使我們想把點子變得「更大」，如此才能運用在更廣範圍的背景下。如果還在發想點子，這建議或許不錯，因為可以看見你的點子未來能延伸到多遠。但如果是在向別人溝通你的想法，這種做法恐怕會害它變成抽象的企業語言，聽眾恐怕會聽不懂。

以明確具體的語言來描述你的點子會比較有效，理由有二。第一，它有助人們更容易瞭解你的想法，因為如果他們聽不懂你花了好幾分鐘想要嘗試解釋的複雜點子，你想他們會怎麼做？他們會請你舉個例子。如果你舉得出來，他們會瞪大眼睛，像腦袋裡被點亮了燈一樣。你舉的例子所帶給對方的恍然大悟，還有你剛剛解釋的抽象名詞，突然間全變得有道理了起來。對聽眾來說，費心理解所有概念性的觀念，是很令人挫敗的。尤其如果到最後你才給他們那個「哦，原來如此」的例子，可能會引起一陣嘲弄式的反應，譬如「你怎麼不早說？」若能一開始就舉例，他們可以更早理解，因為例子是抽象點子的具體版。

第二，具體的例子可以幫忙人們將點子套用在自己身上。「如果誰誰誰就是這樣使用這個點子，那麼如果我也在這個小地方做點改變，對我可能也有效。」因為如果你不知道從何著手，就很難視情況運用抽象的點子。但具體的例子卻給了你一個起點。

＊＊＊

有一個更具說服力的故事足以說明「具體」是如何影響美國一家頂尖的零售商，這裡一樣涉及到顧客區隔化的問題。只不過這家零售商和加拿大客戶不一樣，它的管理階層對這產業的市場區隔化很有概念。二〇〇六年，這家美國零售商請寶僑公司幫忙調查其中一個重要的區隔市場：「事業有成的媽媽」。這是A型人格女性，會把家務當企業一樣經營。

就在要對零售商的管理團隊進行正式提案時，已經整合了所有資料的寶僑公司研究人員決定不採傳統的提案方式（沒有PowerPoint簡報軟體和事先規劃的順序）。團隊領導人麥克．羅素（Michael Russell）決定來點不一樣的。會議一開始，他就在會議室中央擺一張椅子，然後向與會者介紹一位「事業有成的媽媽」。坐在椅子上的是茱莉．渥克（Julie Walker）——寶僑公司的行銷總監。

茱莉的確是位事業有成的媽媽。她已經做好充分準備，可以接受和市場區隔有關的各種詢問，她的個人條件完全吻合基本資料。她甚至事先熟讀了和事業有成的媽媽有關的全套市調結果——也就是他們本來要利用投影片來告知與會者的那些資料。客戶知道她是寶僑公司的行銷總監茱莉．渥克。可是寶僑公司的團隊卻大膽地用以下問題刺激他們：「你們想問她什麼？」

一開始問題提問得很慢，後來漸漸熱絡。「你多久到我們店裡購物一次？你都在那裡買什麼東西？你還去哪些地方購物？你在那裡買什麼？你為什麼不在我們店裡買那東西？」諸如此類等。茱莉逐一回答每個問題。有些答案來自於市調結果，有些則是身為事業有成的媽媽的她自己給的答案。但隨著問題的逐一解答，與會者越來越專注，開始記下她說的每一件事。

等到會議結束，他們對事業有成的媽媽這個市場區隔的瞭解已經超出預期。麥克大膽使用罕見的提案手法，結果卻是格外有效。零售商的管理階層可以自己提出他們有興趣的問題，而不是寶僑公司想要他們問的問題。等於是零售商參與整個發現過程。最重要的是，他們可以直接面對目標顧客。事業有成的媽媽太抽象了，但茱莉．渥克卻是具體的。

這家零售商因為急著想抓住事業有成的媽媽和其它目標區隔市場，於是重組了整個管理結構，幫每個目標區隔市場都安排了一位資深副總，在每位資深副總底下還有直屬的行銷規畫人員負責各個市場裡的重要產品線。堪稱是自有顧客市場區隔策略以來最嚴謹的組織結構。

當他們要幫事業有成的媽媽這個區隔市場尋找資深副總時，你們猜他們想到誰？當然是茱莉．渥克。她已經成了高層心目中事業有成媽媽的化身。非茱莉不可。就算茱莉當時同時具備優秀行銷人員和完美策略思想家的身分，也沒關係。其實這不是她第一次提議離開寶僑去零售商那裡工作。只是以前零售商都只是禮貌性地聽聽她的想法就婉拒了她。但這一次不一樣。這份工作只有茱莉．渥克能勝任，其他人都不行。

經過幾次請託，這家零售商的執行長最後乾脆直接找上寶僑執行長，請他暫時「外借」茱莉，讓他們打造新部門，只不過這種借調的說法怎麼看都像是永久聘用。協商了幾次之後，寶僑終於不再反對。茱莉在那裡擔任了六個月的資深副總，負責事業有成的媽媽這個區隔市場。

麥克·羅素始終相信，唯有靠具體的例子才能說清楚重點，使它更易懂、更真實，讓聽眾可以完全投入。而對茱莉·渥克來說，它的好處顯然還包括可以幫你找份好工作。

前兩則故事給我們的教訓是，你可以把抽象變得具體。麗莎的故事則是在告訴你，你可以把抽象語言（「高潛力購物者」）變成一個具體的人物（「麗莎」）。茱莉·渥克的故事則證明你可以讓整個事件（譬如簡報說明）變得很具體（譬如訪問一位真實人物）。在你拿不定主意的時候，記得務實為上。

還好說故事向來都是具體的活動。因為如果說得模模糊糊，便成不了故事。你可以只用籠統的話來形容那個點子，但故事不行。故事必須有具體的人物和事件。在第二章裡，我拿來幫忙說明紙業公司願景的故事，並非只是籠統看法或對紙業歷史的大概說明，而是一則有關諾基亞如何從紙業發跡、成長、跨足產業，成為國際通訊巨人的故事。在第四章，塔藍·亞明的故事並非籠統地討論如何將壞消息轉換成有助於公司改革的觸媒，而是以具體故事說明他如何藉助那篇有損形象的雜誌報導來激勵團隊完成已經上路的變革。所以用故事來說明自己的點子，才是讓點子更具體真實的第一步。

＊＊＊

現在讓我們看看幾則例子，瞭解如何利用語言、譬喻，和你願意坦誠的程度，將那已經夠真實的故事再加以精煉。

我曾經和許多年輕的市調人員（也有一些年紀較大的市調人員）合作過，他們常會很興奮地告訴那些非市調領域的工作夥伴已經規劃了某種「人種調查」，或者剛完成「態度調查」，抑或上個月才做完「行為分析」。但要是沒先解釋這些術語，對方恐怕聽不太懂。

我們就像一般人一樣希望同事認為我們很聰明。我們以為只要丟出幾句專業用語或SAT測驗才用的字眼，就能讓聽眾認定你很聰明。如果你的目標僅止於此，那你就繼續使用那些莫測高深的字眼好了。

可是如果你的目標是要讓別人瞭解你在說什麼，請捨棄這些語言。你一定得找到更多容易讓人理解的字眼。與其說「人種調查」或「行為分析」，倒不如告訴對方，你正在「觀察旁人的行為」、「打聽他們買什麼」。與其說「態度調查」，倒不如說你在請教別人的「想法」。

利用故事裡的點子去加深聽眾的印象，而不是使用你的字彙。

至於事件的部分，下一頁的圖表比較了抽象和具體兩種狀況。如果你的溝通目標是在左邊，右邊是比較具體的方法。現在讓我們看看這些工具是如何被活用在兩則真實的故事裡。其中一則故事來自於一九九〇年代一家最常被談論的美國法務公司。另一則故事則牽涉到創業家在公司草創時常會遇到的棘手問題——製作薪資帳冊。請仔細觀察這兩則例子所使用的具體語

抽象	具體
希望你的聽眾理解摩洛哥鄉下消費者的居住狀況。	讓他們和貧窮的摩洛哥家庭同住一個禮拜。
告訴你的聽眾很多美國人的可支配收入一個禮拜不到一百美元。	請他們規劃預算，每週只有一百美元可用。
教他們看懂你公司的損益表。	要他們從自己的帳目記錄裡自行製作一份出來。
聽某人說明新的事證。	向其他人解釋這些事證。

言和抽象語言。

擔任陪審員，就像不知道籃球規則，卻擔任籃球比賽裡的記分員一樣。罰球進籃和十英尺外的跳投進籃得分都一樣嗎？那麼半場外的絕殺三分球呢？現在請想像自己是場上其中一支隊伍的教練。你要如何主導這場球賽，才能讓單純的記分員在終場宣布你得勝？

傑瑞．瓊斯（Jerry Jones）就是用這樣的說法形容陪審員的工作以及在陪審員面前進行辯護的那些律師。傑瑞在阿肯色州小岩城（Little Rock）的羅斯法律事務所（Rose Law Firm）當了二十年的律師，共事過的夥伴大多鼎鼎有名，包括希拉蕊．克林頓（Hillary Clinton）和文斯．弗斯特（Vince Foster，前白宮顧問）。他說法官通常會等所有證詞和最後陳述都說完了，才會給陪審團一些指示。即便如此，還是留下很大空間供陪審團自行斟酌判斷。然後陪審團就會回到密室加總分數。這也是為什麼傑瑞發現到，若能在開庭陳述時，先讓陪審團知道大概的記分方法，會很有幫助。

傑瑞跟其他一流的辯護律師一樣經驗豐富，善於說故事，尤其擅長譬喻和具體的例子，使訊息的傳達更清楚、更有說服力。舉例來說，傑瑞記得有個涉及合約問題的特殊案例，他擔任原告的律師。某家市價數百萬美元的公司違反了和客戶之間的經銷合約條款，客戶是一家小公司，因對方的違約而損失不少收入和利潤。他發現陪審團的態度倒向這個客戶，但仍必須決定大公司的賠償金額。除了實際損失之外，傑瑞也要求對方付出懲罰性質的損失賠償，因為這是帶有故意意圖的違約行為。而這也正是記分員要做的事。懲罰性的損失賠償究竟該付多少，多半是由陪審團決定。傑瑞必須提供一個方法給陪審團，讓他們知道要賠償多少才算公平，但又不會對被告造成太大損害。於是他說了一則他們都能理解的故事。

「你們記得我們幾年前遇到的暴風雪嗎？」傑瑞問道。「我想積雪大概深達五英寸吧。」陪審團全都點點頭。阿肯色州很少下雪，所以當他們遇到真正暴風雪時，印象都很深刻。「你們還記得那時候大概有五天左右，附近許多人都無法出門上班或上學。」更多人點頭了。「是啊。那陣子日子真難過，但我們後來學聰明了，知道以後怎麼應付這種狀況。等下次氣象人員又說暴風雪即將來臨時，你們會怎麼做？你們會先囤水、食物還有電池，或許再加個發電機，對不對？」

「我們對這家公司的做法也一樣。我們不希望他們因為懲罰性賠償金額過高而被迫離開這產業。我們只要他們記取教訓，以後別再出現同樣行為。從年度財報來看，他們每個工作天可賺進二十萬美元的利潤。所以如果他們必須像我們幾年前一樣在積雪五英寸的情況下被迫待在家裡五天，可能會少賺一百萬美元。如果積雪十英寸就是兩百萬美元。而你們的工作就是去決定這場雪下得有多大。我相信你們會找出一個合理的數字。」

傑瑞希望陪審團裁定的賠償數字大約相當於一到兩個禮拜的利潤，最後，果真如他所願。暴風雪和被關在家裡出不了門的天數，是絕佳的譬喻，可以幫助陪審團瞭解懲罰性損失賠償能讓被告記取教訓、改變行為。從每日利潤的角度去量化該公司的獲利，能使數字變得真實、容易理解，而且與他們日常生活有關，尤其是聯想到暴風雪這個譬喻。這些敘述性的工具全被包裹進故事裡，在傑瑞的巧妙結合運用下更顯得格外有效。他利用它們來教導陪審團如何記分，於是他的團隊贏得了這場比賽。

＊＊＊

第二個故事可以回溯到網路泡沫時代，當時有形形色色因網路致富以及因網路賠錢的創業家。安德魯・摩菲爾德（Andrew Moorfield）是其中之一。

一九九九年，安德魯已經在花旗銀行和洋酒集團帝亞吉歐（Diageo）的銀行業務及公司財務領域裡服務了十年。當年網路革命所帶來的機會浪潮一波又一波，令一些胸懷大志的人難以抗拒。安德魯也一樣。二〇〇〇年六月，安德魯離開實體的商業世界，一頭栽進網路，推出bfinance.co.uk，這是一家以倫敦為總部、專為小型企業提供融資的線上平台。「當時覺得既興奮又惶恐，」他承認道。就像許多草創期的小型公司一樣，有段時間他其實並不確定自己的新公司能不能成功。最重要的是現金流動，有幾次他根本沒有足夠的現金支付帳單。

「我第一次做不出薪資帳冊的時候最慘，」安德魯解釋道。「你得決定哪些員工先給薪水，哪些不給，你的情緒像被慢慢榨乾一樣。」大公司的領導人都是找自家律師利用一些手段來處理這種事。他們可能會先暗自決定各員工值得拿多少薪水，再私下找每位員工談，向對方解釋等資金寬裕時再補剩下的薪水給他們。但絕對不能告訴他們其他人拿到多少。不過老板的一個眨眼或點頭動作，都可能讓他們自以為領得比平均值高。只是這種保密做法難免啟人疑竇，懷疑自己領得比較少！最後謠言滿天飛，心生嫌隙，互不信任。

bfinance的員工算幸運了，因為這不是安德魯的作風。他反而是把二十五名員工全找進會議室，坦言公司目前的困境。他在白板上寫了一個數字，然後說：「這是我們月初銀行戶頭的餘額。」接著在下面又寫了幾個數字，並解釋道：「這些是我們希望這個月可以有的進帳，還有為了繼續經營下去所必須支付的費用。」他把它們全部加減之後，在底下又寫出一個數字：「這是我們月底剩下來可用來支付薪水的金額，」然後把那金額數字圈起來。接著又在那個數字右邊寫了另一個數字，也圈起來。「這是你們每月薪水的加總。」安德魯停頓一下，讓聽眾自行評估眼前的困境。右邊數字比左邊數字高很多。事實上，只夠付他們三分之一的薪水。如果這世上真有誰是用數字而不是文字說故事的話，那個人鐵定是安德魯。

然後他做了另一件大公司不會做的事。他請教全體二十五名員工該怎麼辦。他個人認為最公平的方法是每個人都拿三分之一的薪水。沒想到這群員工竟給了他另一個建議。他們認為最好的方法是三分之一的員工拿全薪，另外三分之二的員工先不給。安德魯非常訝異。他要怎麼決定哪些員工給全薪？哪些不給呢？這時他的員工們又投下了一個震撼彈，他們說這方面他們可以幫他來決定。他們的標準是看誰最缺錢？誰可以先撐上一兩個月，以後再補？於是安德魯交給團隊自行討論。等他們做出結論，安德魯收到了第三顆震撼彈。名單上需要全薪的人完全跟安德魯想得不一樣。他本來以為薪水較低的年輕員工可能最需要錢。其實不然，反而是年紀較長，譬如有家累、得付貸款的人才最需要薪水。至於年輕人不是還跟父母住在一起，就是租用的公寓並不昂貴，也無須撫養家人，所以自願先不拿薪水。

安德魯謝謝他們的體諒與合作。他尊重他們的決定，於是依照大家的決定方式支薪。

安德魯從這件事學到一個經驗，而且延用至今。當你面對艱難的決策，而且這個決策結果可能令大家失望時，請做兩件事。第一，務實，坦白，誠實以對。將事實攤在眼前。不要使用公司慣用的保密手法來矇騙，也不要用含糊的語言來搪塞，譬如：「很不幸，公司目前的財務狀況迫使我們必須對員工的薪資和福利做些調整，時間多久還不確定。管理階層會和員工個別討論，找出必要的臨時調整方案。等到資產負債表上的指標恢復正常，所有薪資報酬也會恢復正常。」這種說法太抽象，就像前述故事避用的那些法律用語一樣。所以我們的財務狀況究竟是怎麼回事？你們打算用什麼方法來「調整」我們的薪資？是加薪還是減薪？調整幅度是怎麼決定的？我有資格置評嗎？資產負債表的指標必須回復到什麼樣的正常水準，我們才拿得到薪水？

公司發言人常喜歡使用籠統的說法。因為這樣一來，要是沒有做到，也難以證明他們沒有遵照當初的約定而行，因為最初計畫的內容本來就模稜兩可。這樣一來他就不必負任何責任。不幸的是，這種模稜兩可的內容雖然在法律上可以保護自己，但聽在員工耳裡，卻格外令人生氣。還好bfinance的員工運氣不錯，安德魯．摩菲爾德也跟他們一樣不喜歡公司含糊其詞。

安德魯學到的第二個教訓是，勇於請教那些會受影響的當事者。如果由他們來決定，他們會怎麼做？在安德魯的例子裡，當事者提出一個他從沒想過的辦法。不過就算他們沒有提出自己的辦法，也會因為你曾經請他們發揮同理心，所以在瞭解了事情真相之後，十之八九還是可能站在你那邊。這樣一來，你就比較容易傳達自己的決策，他們也比較願意接受。

安德魯的新公司終於成功立足市場。那年過後，該公司的經營權就被轉手了兩次。安德魯則又回到較穩定的銀行業務領域裡，擔任倫敦勞埃德銀行（Lloyd's Bank）的總經理。但bfinance.co.uk還在繼續穩健運作。今天，它已成為全歐洲最大的資產管理服務商之一。每當他團隊裡有人面臨艱難的決策時，或者必須向客戶轉達壞消息時，他就把這故事拿出來分享。這世上很少有人得面臨這麼艱難的決策：決定誰可以領薪水，誰不可以。安德魯的故事等於讓聽眾第一手地體驗到他的處境，學到他所學到的教訓。對一名銀行業務人員來說，向客戶解釋貸款或信用額度申請不下來，是件困難的事。但如果能照他的方法做，客戶或許較能坦然接受事實，因為他們會體諒現實的難處，也感激銀行業務人員的坦白。因此還是很滿意勞埃德銀行。而安德魯也不必再自己決定哪些員工領不到薪水。

摘要和練習

一、具體的點子比抽象的點子容易記住。如果你的點子是抽象的，請用具體的故事說明。說故事一向是具體的活動。你不可能用故事說出一套模糊的觀念，模糊的觀念只能用籠統的語言來說，而故事必須要有明確的人物和事件。

a. 例子：在坦佩雷河的岸邊（第二章）；商業周刊對 Bounty 紙業單位的報導（第四章）；高潛力購物者「麗莎」、事業有成的媽媽茱莉．渥克。

二、避免使用聽眾可能聽不懂的專業用語。

三、你的事證、數字，或事件，都要與聽眾切身有關，可以與他們日常生活結合得起來。譬如法庭上提到的暴風雪。

四、對於棘手的問題要坦言不諱，誠實告之。避免學公司的管理階層那樣含糊其詞（薪資帳冊的製作）。

14 風格元素

「你是怎麼說故事？用你的熱情。」

——《小故事，妙管理》（*Managing by Storying Around*）作者大衛・阿姆斯壯（David Armstrong）

「這是八月的杜拜，正午的悶熱像蠟燭的熱蠟一樣從屋頂滴落。空氣沉重，幾乎如同當地人的失望心情一樣厚重。」如果你用的是典型十九世紀浪漫小說那種冗長的描述性語言，在場聽你講述的商業人士八成會翻白眼，巴不得快點離開。

同樣的散文，若是出現在晚上九點，他們會等不及地蜷坐在舒服的沙發裡讀，但如果是早上九點的會議室，或者寫在電子郵件及備忘錄裡，就不會有人想讀。「哦，拜託一下，可不可以直接說重點啊？」他們心裡這樣想，甚至會直接說出來。

這不表示忙碌的主管對故事沒興趣。這本書的前提是他們對故事有興趣，只是工作上的故事和閒暇時讀的故事不一樣。能在辦公室裡發揮功效的故事都是簡單易懂，以淺白語言點出其中智慧，而不是依靠文學造詣。我們會在這一章花很多時間界定什麼寫作風格才適用於商業環境，此外也會分享一些重要的文學技巧，保證可以讓你把一個好故事變成精采的故事。現在讓我們從頭開始吧，一個字一個字逐字開始！

精采的開始

你的故事應該怎麼開始？誠如那則拿十九世紀散文開玩笑的故事所言，答案並不在連串的華麗詞藻裡，反而得靠三個方法來盡早吸引商業聽眾的注意。第一個方法是驚訝元素。你會在第十九章學到，所以這裡不多著墨。

第二個方法是創造神祕感。有待解開的謎底是一條很有吸引力的故事線。聽眾之所以聽得專注，就是因為他們想解開謎底。舉例來說，第五章的紙尿布故事，一開始就提到營業額和利潤之間的古怪關係，為何它會在一九八三年突然改變。這答案直到故事後半段才揭曉。在第二章裡，你讀到的民間故事裡有個婦人來到一處工地，好奇工人們在建造什麼。身為讀者的你，一定也很好奇他們在建造什麼。但就像那位婦人一樣，除非故事快要讀完，否則無從知道答案。精采的故事就是從有待解開的謎底開始。

第三個方法最有效也最簡單。你已經在這本書裡看過很多類似例子。要吸引商業聽眾的注意，最好的方法就是盡快介紹一個可以和他們產生共鳴的主角，把這個人物放進挑戰或困境裡。其實這不過就是你在第七章學到的背景。逐一介紹重要人物（主體）、寶藏和阻礙。只是這部分要快點說，其他的則可以放到後面。

舉個例子。我在第一章的第一則故事裡就先聲明，我第一次對執行長提案，便學到了寶貴的經驗教訓，從此知道如何避免不當的提案方式。事實上，商場上的每個人，不是已經對執行長提過案，就是期待有一天能有這機會。所以這則故事裡的主角能和他們產生共鳴。而其中的挑戰就是我顯然犯了錯，不過聽眾可以從我的錯誤中學到經驗，未來就不會犯下類似的錯。

在第十章裡，你讀到一則顧問的故事，這位顧問叫湯姆。故事一開始就說他的客戶想取消他的顧問費，換言之，就是炒他魷魚。在職場上，擔心被開除，恐怕是最普遍的恐懼心理。所以從每則例子來看，你會發現故事一定是從商業人士普遍都能認同的主角開始說起，然後是他們可能面對和希望能夠過關的困境。這樣的開場方式會令聽眾急著想聽完故事，因為他們希望知道下次輪到他們遇上同樣情況時，該如何應對。所以他們會聽，而且專心地聽。

如果是你構思的故事，至少都要用到這些法寶的其中一個。

寫作風格

諷刺的是，即便是很有天分的演說者，在決心化自己的點子為文字時，也會神奇地搬出一堆複雜的文字。好像只要一有機會寫作，我們就會想鋪張一點。我們向來有個錯誤的觀念，以為句子越長，越咬文嚼字，越能表現我們的專業。其實不然。最後得到的結果會有點像以下的文字。而這段文字最初目的只是要描述兩位得獎的經理人在績效表現上堪稱楷模，成就不凡。（這不是我杜撰的。）

「艾希禮和達納的商業模式組合再造案，乃是靠著後援充沛的精品新上市活動帶動總數縮減——個別規模擴大的質優—均衡—整合式策略，並擴大行動的規模和本業推廣活動，取得平衡，從而達到市場業績上揚和投資報酬率極大化的目的。此再造組合策略為以下問題找到契機：原本每年推出十次以上的新品上市行動，平均分配的資源不夠充沛，次年媒體預算更無以為繼，造成本業缺少後援，無力推廣。但此再造案拜新品上市數量減少之賜，致使二〇〇七年的總營業額上升百分之二十九，利潤高達百分之一百零九。」

你以前一定也見過這種寫法，自己甚至也寫過一兩回。對作者來說，他在寫的時候，一定覺得這種寫法合情合理。但讀者卻必須一讀再讀，才能讀懂裡頭的意思。這不是有效的溝通。你能想像自己當著別人的面說出這些話嗎？當然沒辦法。你的聽眾不會饒過你的，他們會說你瘋了，要不就是被公司自動化了。唯有明白這一點，才能接受我們的建議，改掉文體鋪張的毛病，用白話的文字來寫。

當然，這說法有點太簡化了，但要寫得好，唯一的原則就是不要讓讀者看得很累。與其過於複雜和正式，倒不如簡單和口語一點。以下寫法就是把鋪張文字換成了簡單易懂的文字。

「過去我們每年要推出十到二十種新品，沒有充分的行銷活動做為後援，第二年的資源甚至更少。大家都以為新品的推出會促進市場成長。於是我們推出的數量多到自己無力支援，甚至忽略本業。但艾希禮和達納說服了管理階層改用新的商業模式，推出規模盛大的新品上市活動，但減少了新品的總數量，平均下來，每個活動便能分配到更多的行銷資源，連第二年也能繼續支援，並且可以重新推廣本業，維持母品牌的成長。這方法證實有效，出奇地有效！也因此二〇〇七年的營業額提高近百分之三一，利潤成長一倍，這全是因為減少了新品上市的數量。恭喜艾希禮和達納！」

現在你總算比較清楚艾希禮和達納究竟做了什麼才得獎。為什麼第二個版本比原始版本容易懂？第一，因為我把故事結構的背景、行動、結果重新更動。有沒有注意到第一個版本是先從行動開始——艾希禮和達納做了什麼。「艾希禮和達納的商業模式組合再造案……」然後才提到背景——在艾希禮和達納的行動之前所發生的事。「此再造組合策略為以下問題找出契機……」最後才分享結果。

而我的版本是先把背景放在適當的地方，也就是故事一開始的地方。「過去我們每年要推出十到二十個新品……」然後才提到艾希禮和達納的行動。「但艾希禮和達納說服了管理階層改用新的商業模式……」最後以結果收場。

第二，我把它寫得像是我正在和某人對話。如果我必須向某人簡短說明艾希禮和達納為什麼有資格得這個獎，這就是我會說的內容。想瞭解這其中的差別，可以先看一下一般人的寫作和說話方式有何不同。明確地說，我的意思是，當一般人在用得體的方式說話時，是怎麼談吐的，換言之，是自在又有深度的談吐。不是貿然開口、長篇大論式的獨白，也不是緊張兮兮、用一堆嗯嗯呃呃的語助詞推砌起來的語言。良好的口白會有以下特點：

一、**句子較短**。「艾希禮和達納」的英文原版第一段，每句平均二十七個字。改正後的版本不到十三個字。多數專家都建議有效的英文商業文件應落在每句平均十五到十八個字之間。如果你的句子長於這個數字，請把它們拆成短句。

二、**不要咬文嚼字**。基於某種理由，我們說話的時候不會像寫作那樣那麼愛咬文嚼字。所以寫作時，你必須讓自己忘記過去在學校學到的成語或艱深詞彙。把注意力引到自己身上的文字，或者會引到你自己（故事家）身上的文字都會阻礙好故事的形成。它們會把讀者的注意力從故事身上移開。上述那段艱澀難懂的文字，充滿許多「很咬文嚼字」的文字。改正後，「咬文嚼字」的情況獲得大幅改善。誠如政治民調專家法蘭克・藍茲（Frank Luntz）所言：「避免使用可能得靠查字典才能懂的詞語，因為多數人都不會去用那些字。」

三、**主動語態**。在對話裡，你絕對不會說「這份合約被紐頓企業取得。」你會說：「紐頓企業取得了這份合約。」但多數人倒是不介意在寫作裡使用第一種寫法。第一句是被動語態。第二句是主動語態。在主動語態裡，主體正在展開行動。「紐頓」是第二句的主體。「取得」是行動。在被動語態裡，主體接受了行動，「合約」成了被動句裡的主體，「被取得」的行動發生在它身上。

被動語態會使你的寫作看起來做作又不自然。舉例來說，以下這個句子，共有三個被動詞句。「這樁不獲高層支持的建議案已被董事會察覺，因此贊成票被予以保留。」現在比較一下改成主動語態後的句子：「董事會察覺到高層並不支持這樁建議案，因此全都反對。」主動語態的句子比較直接和自然，溝通訊息完全一樣，但字數少了一些。你起碼要有百分之九十以上的句子採用主動語態。在本書中，主動語態比例高達百分之九十五。

四、盡快亮出動詞。再回頭去看「艾希禮和達納」那篇咬文嚼字的例子。你必須先讀許多文字，讀到下巴都快掉下來了，才找到動詞！那段文字之所以笨重的原因是，你得先把那麼多個字存在短期記憶裡，才能知道它們接下來的動作是什麼。如果你的動詞陷在句子中間或尾端，請把它們往前移。你的聽眾會感激你的。

這些準則都不是原創，它們跟你在其它寫作指南上找到的準則很像。（譬如史創克和懷特〔Strunk & White〕合著的《風格的要素》〔*Elements of Style*〕，或者讀者文摘出版的《寫得更好，說得更優》〔*Write Better, Speak Better*〕。）那為什麼還要再重覆一遍呢？因為企業領導人大多沒讀過這些書，不然就是已經二十年沒碰了。無論是哪一種，都有必要在此重申一遍。如果你想要的是一本職場上專用的簡單現代風格寫作指南，我建議你看去湯姆・桑特（Tom Sant）的《成功的語言》（*The Language of Success*）。

最後一點建議就是盡量精簡。史創克和懷特曾用最簡潔的方式說過，盡可能「省略多餘的用語。」意思是說，可以利用簡單詞語的地方，就不要用句子，可以用單字的地方，就不要用詞語。

我最喜歡舉的例子是我大學時的一名室友，他叫艾德・譚桂（Ed Tanguay）。他在我們那座很小的大學城裡第一次收聽當地電台廣播時開始哈哈大笑。但他只是在聽氣象報告而已，於是我問他什麼事那麼好笑。

艾德回答：「你聽過那傢伙播報氣溫的方式嗎？他說：『現在在康威（Conway）市中心電台這裡測到的氣溫是華氏六十五度。』可是在丹佛市那些大型電台裡的傢伙也會報氣象啊，他們只會說：『氣溫是六十五度。』然後就回頭去播音樂。」換言之，大城市裡的電台主持人只用短短幾個字就取代一長串的字。想想看，你為什麼要說：「現在測到的溫度……」難道聽眾會搞混？以為你要說的是明天的溫度？還有為什麼要說「在康威市中心電台這裡……」這家電台廣播的半徑範圍是五英里左右，所以城裡這頭和那頭的溫差應該不大吧。所以根本沒必要說這麼一長串。只要說氣溫是六十五度就行了。

法國作家兼詩人安東尼・聖修伯里（Antoine de Saint-Exupery）曾說：「當作品多一分是畫蛇添足，少一分是美中不足時，設計師就知道自己的作品已經臻於完美。」請以同樣邏輯思考自己的文章。一次拿掉一點東西，直到再拿便看不出原意時，就表示你已經大功告成了。賈爾・雷諾茲（Garr Reynolds）曾在他的著作《簡報禪》（*PresentationZen*）裡提過以下這則印度的民間故事，正是最好的佐證。

威傑店開張的時候，放了一面招牌，上面寫：「我們這裡專售新鮮的魚」。他的父親順道來店裡拜訪，告訴他招牌上的「我們」這兩個字太強調賣方而不是消費者，沒必要放進去。於是招牌改成「這裡專售新鮮的魚。」

他的哥哥也經過店裡，提議不用放「這裡」兩個字，太多餘了。威傑同意了，於是招牌改成「專售新鮮的魚。」

後來他姊姊也來了，說這招牌應該改成「新鮮的魚。」因為你的行為顯然就是在販售，不然你在這裡做什麼？

接著他的鄰居過來恭喜他，提到經過的人都看得出來這兒的魚很新鮮，所以多加新鮮兩個字反而有點像在自我辯解，讓人有質疑新鮮度的空間，於是招牌上只剩「魚」一個字。

威傑休息了一會兒，走回店裡，這才注意到店裡的魚味從大老遠便聞得到，甚至遠到還沒看到招牌就聞到了，於是決定連「魚」這個字也不必放了。

就像人生中許多事情一樣，「凡事適可而止」才是上策。你大可爭辯威傑有無必要繞了這麼一大圈，最後連招牌都省了。不過常有人引用愛因斯坦的話：「凡事盡量簡單，但這並不會更簡單。」如果乖乖聽從聖修伯里和愛因斯坦的話，威傑在刪減到只剩「新鮮的魚」時，或許就該打住。因為多添一點，顯得不夠簡潔，再少一點，便失了原意。所以，你大可毫不留情地拿掉訊息裡的贅字，但必須知道何時該收手。

＊＊＊

簡潔的好處是，比較容易在短時間內解釋清楚你的想法。大家都看得出來，位階越高的經理，注意力的時間越短。原因並非資深主管的智商比較低，而是他們太忙。一家《財富》前五十大的的公司最近聘來一位執行長。他上任的第一個禮拜，便決定邀請副總們和他一對一開會，分享工作上的心得和要務。於是副總們開始整理簡報，打算向他報告部門裡重要的專案與點子。他們以為他至少會給一個小時的時間，還暗自希望要是執行長對他們的想法有興趣，或許會再延長時間。畢竟你怎麼可能在很短時間內將整個部門的工作成果全數介紹完畢。

結果令人訝異的是，當執行長的秘書擬出開會時程表時，竟然是一個人只有十五分鐘。

說故事應該花不了多少時間。這本書裡大部分的故事都只要花二到四分鐘就說完了。有些故事甚至不到一分鐘。一般來說，令人自在的說話速度是一分鐘一百五十到一百八十個英文字。所以五百字的故事三分鐘便可以說完。

文學技巧

對話是故事裡最吸引人的文學技巧，它對故事和說故事的人來說都有好處。因為第一，它提醒聽眾這是一則故事，不是演說。而這也是人類最自然的說故事方法，連小孩都會。你應該聽過幼稚園小朋友放學後童言童語地說園裡的事，通常你都會聽到：「強尼說……然後珍說……後來老師說……」

第二，它可以把一件無聊的事證說明轉化成一則故事，讓聽眾知道這些事證對現實生活裡的人們所造成的影響。常有人會說出自己的想法和感受。所以當你在故事裡引用別人的話時，就是在分享他們的想法與感受。於是故事裡的對話便有了感性的內容。

第三，對話可以抓住聽眾的注意。當你說「於是我的老板說……」這時停頓一下，聽眾一定會集中注意，想知道接下來發生什麼。

最後一點是，這會讓故事的構思變得簡單。如果你強調故事裡的人物對話，就不必費心陳述自己的看法。讓我們來看一則新故事，這故事源起於第十二章，主角是當時D&B的財務長莎拉・馬修。

在六個禮拜內就完成D&B財報重申作業的財務長莎拉，當時感覺自己的聲勢如日中天，但這種得意並沒有持續多久。每年D&B都要做一次員工滿意度調查報告。她才剛拿到她部門的調查報告。全公司裡滿意度最低的正是該部門。這代表她的屬下正用清楚的訊息告訴她，那份財報重申是怎麼辦到的——全力加班衝刺得來的。但如今出現了反效果。沒多久，她又被叫進執行長的辦公室。執行長這次很不高興。開口第一句話便是：「莎拉，你的領導能力有問題。」

莎拉當然對這份報告很失望，可是當初為了重申財報，這是不得不的手段。她以為最後的成果可以證明她的方法的正當性，於是直覺說出自己的想法：「你必須做出選擇，」她說道，「這得看你要的是什麼，是出色的成果還是快樂的員工？」

執行長只給了一個簡單但意義深遠的回答：「真正厲害的領導人兼顧兩者。」

這句話像一列特快車重重撞上莎拉，迫使她重新反省自己的手段以及為求趕工所帶給員工的影響。她像多數人一樣，向來清楚自己的缺點。她是個優秀的策略思想家，天生擅長解決問題，但也是一個很糟的傾聽者。她說話很直，毫不保留情面地直指重點。她態度強硬，要求很高，從不認輸。如果你坐在她對面，可能會感到害怕。但她認為這只是她的其中一面，也是她工作上必要的一面。

她的老板說服了她。她決定和員工來場圓桌會議，聽取他們的意見，改進自己的領導缺失。那是一種低聲下氣的痛苦過程。可是她不僅當場聽取和收集意見，還虛心接納，確實改進。兩年後，她的員工滿意度不管到哪兒都數一數二。

莎拉今天將這故事拿出來分享，宣揚學習型領導人的價值所在。就算身為老板，不管是財務長、執行長，還是董事會主席（這些職務莎拉都擔任過），都得虛心受教。如果當年她在擔任財務長時，沒有學會那個艱難的教訓，她就不會有機會接下後面更任重道遠的職務。

所以這則故事要是沒有對話，會變成什麼樣子？想像第一段的結尾只提到「執行長將她叫進辦公室，表達他很不滿她的員工滿意度竟然墊底。」這種結尾不如直接聽到他說：「莎拉，你的領導能力有問題。」來得令人震撼。因為當你聽見她老板當面指責她表現不佳時，你可以對她當時的心情感同身受。但如果少了這些對話，便貼近不了她的心，感覺事不關己。

她的回答也有異曲同工的效果：「這得看你要的是什麼，是出色的成果還是快樂的員工？」這是對執行長的反嗆。顯然莎拉不同意對方的看法，所以不肯退讓。這種對話遠比只單純描述「莎拉相信快樂的員工和出色的成果兩者無法並存，所以決定不退讓」來得更具震撼力。

最後執行長的回答簡單卻不失想像：「真正厲害的領導人兼顧兩者。」現在再比較一下這種寫法：「執行長不同意，堅持她若能試著改變，便能兼顧兩者。」現在你是不是覺得有了對話，整篇故事確實變得更引人入勝？

＊＊＊

還有一個有效的方法，那就是當故事裡的人物確有其人時，請直接使用真實姓名。除非你有正當理由不讓對方曝光，否則說出真實姓名可以讓故事更寫實、更可信，也更有趣。再加上你故事裡的人物可能就坐在觀眾席裡，當他們聽到自己的名字出現時，也會覺得很有面子。

最後一個值得一提的文學小技巧是不斷重覆，此舉可以提升故事的效果。試想第二章三名工人蓋大教堂的故事。每次婦人去問其中一位工人他在做什麼，同樣一段話便會重覆一遍：「……她請教其中一個工人他在做什麼……請教另一個人他在做什麼……請教第三個人他在做什麼。」當然那位婦人的問話方式也可以簡化成：「她請教這三個人在做什麼，他們的回答分別是：第一個人說……第二個人說……第三個人說……」但是重覆性有助於建立故事的節奏，為結尾的驚喜製造期待。你將會在第二十章三名市調研究員的故事裡看見同樣技巧的運用。

為人父母都知道，床邊故事和童謠押韻的不斷重覆，聽在孩子們耳裡是種慰藉。成人也因類似理由而喜歡聽。所以千萬別怕使用它。

＊＊＊

本章最後一個建議和說故事的人的態度有關。我見過太多企業經理、主管，甚或講師和主講人一開始就先致歉，或者請聽眾允許他們說個故事，這反而減損了故事的效果。你可能聽過有人這樣講：「希望你們不介意我說一個私人的故事……」我甚至看過一位付錢請來的專業演講人，在演講時不停地問：「我可以告訴你們一個故事嗎？」每次都等到觀眾禮貌性地點點頭才開始說。

這種語言只是向聽眾暗示，你不是很在乎這故事，要不然你一定不管三七二十一地說出來。若真是如此，還不如直接跳過故事，進到第七十二張幻燈片的逐點說明好了。要知道，你的故事對聽眾來說，是無比珍貴的禮物。他們何其有幸，你竟然為了他們花那麼多時間去構思故事，讓他們可以從中學到重要的經驗教訓，他們將牢記在心，甚至樂在其中。領導人在領導之前，並不需要開口請求許可，他們放手就做。所以說故事之前也不需要先致歉或請求許可。很有自信地說出你的故事，你的聽眾以後會謝謝你。

事實上，在你說故事之前不僅不用先致歉或請求許可，甚至不用事先告知他們你要說故事。有些人（包括我在內）一聽到演講人說他準備要說個故事，接著開始以第三人稱的角度切入，不時提到「這故事」這幾個字，就會覺得全身汗毛直豎。於是整篇故事聽下來有點像這樣：「我想告訴你們一個我在唸大學時發生的故事……所以這故事是這樣的……然後這故事之所以變得有趣是因為……最後這故事會結束是因為我……」

別再東一句「故事」、西一句「故事」，直接說吧！

相信你已經注意到，這本書的每個章節都是先從一則故事開始，它不會先聲明後面要說的故事是什麼，或者暗示故事出處在哪。甚至不事先告知接下來出現的是一則故事。身為領導人的你，只會突然發現自己正在看故事。這才是對的方法。當你發現自己需要說故事時，直接開口說吧！

摘要和練習

一、精采的開始。利用以下三種技巧展開你的故事：

a. 驚訝元素（請參考第十九章）。

b. 神祕事件（請參考第五章一九八三年發現之旅的故事；第二章蓋大教堂的故事；第二十章三名市調研究員的故事）。

c. 挑戰。介紹一個聽眾能認同的角色出場，讓這個人物面臨困境（譬如：第一章對執行長提案的故事；第十章取消顧問費的故事）。

二、**寫作風格**。以口語方式來寫作：

a. 句子要短。

b. 不要咬文嚼字。

c. 使用主動語態。

d. 動詞要盡快出現。

e. 省略不必要的字眼（譬如新鮮的魚）。大部分的故事都能在二到四分鐘說完。

三、**文學技巧**：

a. 把對話放進來。

b. 角色使用真實姓名。

c. 重覆使用同一個字眼或措詞（譬如第二章建造大教堂的故事；第二十章三名市調研究員的故事）。

d. 不要在說故事之前先宣告或致歉，直接說就行了。

PART 3

強化團隊

15 啟發與激勵

「明智、冷靜、缺乏新意的領導統御，不管方法有多正確，都激勵不了任何人。」

——太陽產品公司（Sun Products）執行副總傑夫・史壯恩（Jeff Strong）

對居住在東非國家坦桑尼亞（Tanzania）的約翰・史帝芬・阿瓦律（John Stephen Akhwari）來說，墨西哥是個遙遠的世界，不過一九六八年十月，他卻發現自己來到了墨西哥，以馬拉松選手的身分代表他的國家參加夏季奧林匹克運動會。不幸的是，阿瓦律在比賽時跌倒，而且不是絆倒在長滿草的小土堆上，而是跌在堅硬的混凝土上。他的右腿因此嚴重割傷，膝蓋脫臼。醫療人員迅速趕到，包紮傷口。但他們無法處理脫臼的膝蓋，決定將他送到醫院。可是阿瓦律不聽他們的勸告，反而站起來，跟在其他選手後面繼續跑。

由於傷勢嚴重，他無法跑步，只能蹣跚跛行，慢慢前進。衣索匹亞（Ethiopia）的馬莫・瓦爾帝（Mamo Walde）以兩小時二十分二十六秒的成績搶先衝入終點線。剩下的選手大多在幾分鐘後陸續越過終點。阿瓦律差他們很遠。

一個小時後，奧林匹克競技場上只剩下幾千人。馬拉松比賽是當天最後一場賽事，太陽已經下山。墨西哥市這個環境對馬拉松選手來說是殘酷的。因為它海拔高達七千四百英呎，空氣裡的氧氣比海平面的氧氣少了百分之二十三。因此七十四名選手裡頭，有十七名當天棄權。阿瓦律雖然流血又受傷，卻下定決心不肯棄權。

阿瓦律忍受極大的痛苦，在警察的護衛下，終於抵達賽場，一跛一跛地走上跑道，腳上垂著鬆脫的繃帶。逐漸散去的群眾以敬畏的眼神，不可置信地看著他，為他加油歡呼。約翰．史帝芬．阿瓦律循著跑道前進，總共花了三小時二十五分二十七秒的時間抵達終點線，想當然耳地是最後一名。現場僅剩的幾名記者衝進場內，問他為什麼受傷了仍執意完成比賽。他只簡單地回答：「我的國家千里迢迢地送我來，不是來參加比賽的開場，而是要我完成比賽。」

阿瓦律的執著激勵了數百萬人，為自己贏得「無冕王」的稱號。直到今天，他的故事仍在奧林匹克運動員和非運動員之間流傳。

「是啊，這是個很有啟發的故事，」你可能會抗議道。「但我又不跑馬拉松。我是經營事業的，這故事對我有什麼幫助？」

我也不跑馬拉松，但我常常說這故事。這裡有個例子。很多公司的經理人都希望自己的職務每幾年便能輪換一次。這有助於他們培養必要技能，以便未來肩負重責大任，同時也為公司的事業注入新的思維。通常經理人會在兩三個月前被告知下一個職務是什麼。無可避免的，一旦得知，情緒上和心理上便不會想再衝刺眼前的工作，只是一心想著下一份任務。老板常得費勁兒地勸他們在離開之前先專心完成眼前的工作。

我當老板時也常遇到類似情況，於是搬出阿瓦律的故事告誡那些等著換下一個職務、年資尚淺的經理人。我會向他們解釋，當你的下一份職務被宣布之後，別人便認為你的心已不在這裡。你就像帶傷跑步一樣。不過別人也很清楚起跑者和跑抵終點者這兩者的不同，所以如果你最後三個月懈怠工作，大部分的人都會出於同情而不怪罪你。但你若想真的令人刮目相看，讓人家忘不了你，就得堅持到底。他們也一定會注意到。

說這則故事的另一個好處是，以後你就可以不費吹灰之力地檢視自己的「傷兵」，心平氣和地提醒對方把心放在工作上，你只要輕描淡寫地問對方：「嘿，約翰，你的膝蓋怎麼樣了？」就行了。

＊＊＊

阿瓦律的故事可以激勵員工，要他們把心放在眼前平常的工作上。但要是你交付給他們的工作一點也不平常呢？是報酬不成比例的工作、偏離了正規的事業生涯或屬於「特殊任務」？這種工作常因充滿變數以及缺少共通經驗而找不到人接手，更遑論要他們留下來。如果這是你遇到的難題，你需要以下這則故事。

德蘭・漢普敦（Delaine Hampton）一向領先時代。更精準地說，應該是領先其他人的時代好幾年。一九八〇年代，寶僑公司的新品上市大多是根據耗時甚長和耗資甚大的試銷市場結果來決定。到了一九九〇年，該公司為了在全球推廣模擬試銷，特別成立一個小組。這套方法只需要幾百人和產品樣本而已，花的成本和時間僅是實體市場試銷的零頭而已。德蘭被相中去帶領這個團隊。

十年後，這種作業已經普及。德蘭改接手其他工作。如今的她，正在調查虛擬試銷的可能，等於是模擬試銷的進階版。不過它不能經常取代傳統的試銷，但只要它被派上用場，不僅能用來評估新產品的上市，也能估算競爭市場的反應。

德蘭說服她的管理階層給她一個小組，將這願景化為真實。她找來十年前曾幫她推廣模擬試銷的其中幾人，再注入一些新血，正式展開作業。但德蘭知道要維持成員們的衝勁很難。研發得花很長的時間，而且因為需要保密，在工作上格外顯得孤單。相形之下，其他團隊都是利用自身技術推出新產品，很容易在市場上看見具體成果，不僅感覺很值得，也經常舉辦慶功宴，得到的報酬再真實不過。

有鑑於此，德蘭每六個月都會特地帶她的團隊去慶祝這一路上所完成的里程碑。每逢這類慶功宴時。她都喜歡分享故事，並善用類比。他們最喜歡聽的故事是這個：

十九世紀初，美國的中部和西部開始有人前往定居，當時只有兩種人膽子大到敢離開舒適的東部沿海地區：拓荒者和殖民者。第一批前往那片新領地的是拓荒者。那裡地形陌生，處處潛藏危機。他們的工作就是去尋找可以居住的地方，那裡必須有可耕種的土地、水源，還要有木材可以搭建遮風蔽雨的住所。雖然沒有橋梁，他們也能俐落地渡河，在濃密的林子裡開路挺進。他們最重要的資產就是勇氣和對付饑餓豺狼的本領。

等到建立好新據點之後，就輪到殖民者進駐。殖民者不是騎馬前來，而是駕著有篷馬車——這在當時算是豪華的運輸工具。他們的工作是勘測土地、擴建拓荒者的簡陋建物、和東部商人搭起貿易橋梁。他們的技術比拓荒者精良。他們是工匠、鐵匠、農夫和銀行家。

一旦殖民者到來，拓荒者的生活便發生了變化。市場對他們的技術需求變少了。他們覺得街上擁擠，感覺度日如年，缺乏挑戰。最後，他們決定自己應該重新出發。他們終究比較喜歡以星空為幕，樂於勘查下一座邊疆城市的座落地點，為後人打造出可以繼承的遺產。

「你們……」德蘭會以最誠懇的語調告訴她的團隊，「就是拓荒者。我們去的地方，從來沒有人去過。所以我們的工作是去那裡開疆闢土，為後人找出一條路。」

聽過這故事後，鮮少有人不以拓荒者的身分自豪，不管聽過多少遍都一樣。多數企業人士都會在事業生涯的某個時間點上，發現自己像德蘭一樣得帶領團隊執行類似的任務——創造某種全新的商品，或者嘗試以前從未嘗試的方法。當你遇到這種情況時，請搬出這個故事，你會需要它的。

＊＊＊

前兩則故事都可以激勵團隊，鼓舞他們做好分內工作。平常時，這類工作就不是很簡單了，所以才需要搬出這些故事。若遇到非常時期，又該怎麼辦？若是你的組織受到很大的挫敗或有重大損失，你該如何鼓舞團隊成員？上述故事似乎不太適用，但下面這則很適合。

一九九三年一月，美國第九上訴巡迴法院（the U.S. Ninth Circuit Court of Appeals）開始審理**凱爾杏仁公司對農業部**一案（Cal-Almond, Inc. v. the Department of Agriculture）（農業部必須負責監督加州杏仁商會）。當時身為杏仁商會執行長的羅傑．瓦森（Rodger Wasson）很勤於追蹤聽證會的內容。因為這關係到他的組織長久以來所肩負的重大功能是否合乎憲法。

杏仁商會代表的是廣大的杏仁栽種者和處理者。由於每家農戶的杏仁基本上都一樣，因此農戶們將市調、作物預測、一般性廣告和公關等這類事情集中處理，整個過程也算合情合理。但在這個案子裡，爭議點就出在廣告和公關上。

杏仁商會的運作就像其它多數商會一樣，會員們繳錢給共同基金，再由基金支付他們的廣告和公關製作費用。這種作業就像牛奶製造商會共同創作「喝牛奶了嗎？」廣告，或者牛肉製造商會共同推出「牛肉——晚餐的主角」廣告一樣。但萬一有一家杏仁栽種戶或牛奶製造商說他不想出錢，想退出，那該怎麼辦？這對其他會員不公平。因為退出的會員還是能像其他會員一樣享受到行銷的好處，卻一毛錢也不必付。因此，這種商會的會員身分和會費不是自由參加的，而是強制性的。這也是加州幾家杏仁栽種戶最不滿的地方。他們的律師提出的理由是，這種強制性的會員身分和強制付費制所從事的行銷活動（也算是某種言論形式），根本違反了第一條修正案（First Amendment）自由所屬團體、自由言論的權利，所以違憲。

法庭在一九九三年十二月作成決議，不過那一天顯然不是羅傑．瓦森的幸運日。法院的立場偏袒退出戶。杏仁商會被下令停止所有行銷活動，將一九八〇年以來所收的會費悉數退還給所有杏仁栽種戶。羅傑被迫取消所有行銷和公關作業。這個判決結果不只令杏仁商會失望，也令多數杏仁栽種戶和處理戶失望。一九九〇年代初期，市場的杏仁價格很高，栽種者紛紛擴大杏仁樹的種植面積。所以現在杏仁的供應面大過於需求面。為了不讓栽種戶陷入財務危機，他們需要擴大市場需求，可是杏仁的廣告和公關活動都於法不容，這似乎成了一項不可能的任務。

對羅傑來說，這還不算是最後一個壞消息。新選出的商會理事們都認為他和他的幕僚們最好從沙加緬都搬到莫德斯都（Modesto）。前者是加州首都，最重要的會員老家就在沙加緬都，至於後者則位於舊金山東邊九十英里處，有點遺世獨立。羅傑的幕僚都不願離開沙加緬都。於是他幾乎失去了所有員工，只剩兩名員工隨行。

所以羅傑怎麼辦？幾乎所有人都走了。而他組織的最大存在功能之一才剛剛被判違憲。對多數人來說，這應該是更新履歷的最好時機吧。但羅傑沒這麼做。這件事只是更堅定他的決心。他把辦公室搬到莫德斯都，馬上開始雇用新員工。甚至還聘來一位新的行銷和公關專家！當然，他們仍不被允許從事任何行銷活動。但羅傑幫他們找到了可以做的事。商會改把大半重心放在杏仁對健康的好處上。而且他始終很有信心這項裁決一定會在上訴時被逆轉。至少他是這樣告訴自己和其他人。對羅傑來說，沒有別的工作方法，只能大膽繼續前進，不然就是離開這裡，換別人來做。所以羅傑義無反顧地投入。他在莫德斯都的幕僚也一樣，他們在接受這個職務時就知道自己目前的工作於法不容。

一九九五年五月，這案子移交上級法院審理，最初判決有部分被逆轉，其他部分則維持原判決。最後上訴到美國最高法院（the United States Supreme Court）。一九九七年六月二十五日，羅傑終於賭贏了。最高法院以五比四票的裁決結果宣告杏仁商會獲勝，它又可以全力輔導促銷杏仁了。他的團隊在人員齊備，一切準備就緒的情況下，開始動員，落實他們過去幾個月來籌備的各種計畫。他們為了讓計畫開花結果，特定核准動用五倍資金。最後的成果證明了一切。從一九九五年到二〇〇二年的短短七年間（羅傑於二〇〇二年離開杏仁商會），加州杏仁的年銷量就從三億六千七百萬磅暴增三倍，達到十一億磅。

鮮少有人可以像羅傑和杏仁商會的幕僚們能在短短幾年內就得到這麼好的成果，一般組織泰半得花幾十年的時間才能達到相同效果。杏仁栽種戶和處理戶因此都發了財。數以百萬計的美國人開始在他們的飲食計畫裡添加健康的杏仁。

企業遇上法律問題，這種事其實很平常。競爭對手可以質疑你廣告的真實性，要求你撤掉它。監督機關可以罰你錢。安全委員會（The Safety Commission）可以暫時關閉你的製造廠房。這類結果常令當事人和相關人等感到挫敗和筋疲力竭。這時領導人的工作就是鼓舞員工，保持他們對工作的專注與熱情。像這樣的故事會很有幫助，因為它告訴人們，別人是如何成功地涉水而過，甚至是驚濤駭浪的水域。我不是律師，但對我而言，所謂的法律問題範疇，小到只是接到一張停車罰單，大到你的工作被宣判違憲都有可能。如果羅傑·瓦森和他的團隊能堅持下去，無視眼前的阻礙，你的團隊更沒有理由不能成功熬過法律上的下一個挑戰（或任何挑戰）。

＊＊＊

遇到倒楣事的時候，杏仁商會的故事可以用來激勵團隊。但如果想要一開始就避免誤入困境，有沒有什麼方法可以提醒團隊？有沒有什麼故事可以啟發他們，要他們把每次機會都當成最後一次來奮力一搏，而不要以為失敗只是一時的？還好真的有這種故事，事實上，我相信有很多。以下這一則是我最喜歡的。

二〇〇四年到二〇〇五年的球季，對阿肯色州費耶特維爾高中的男子籃球隊來說，註定是重組再造的一年。在先發陣容裡，低年級生占了多數。事實上，整支籃球隊只有一名重新回鍋的高年級生。這是一支大家都不抱太大希望的隊伍。果不期然，球季前半季，費耶特維爾鬥牛犬隊（Bulldogs）的賽績有輸有贏，但到了後半季，卻幾乎場場皆贏，僥倖得到了季後賽的參賽權。這對一群始料未及可以進入季後賽的孩子們來說，自然非常亢奮。

第一場的獲勝，令人感覺到這支隊伍的存在不再只是僥倖，而是理所當然。接著鬥牛犬隊以兩位數的差距贏得第二和第三場比賽後，他們開始相信自己真的有機會進入州決賽。而當他們打贏了半決賽，終於取得決賽資格時，那場景彷若電影《火爆教頭草地兵》（*Hoosiers*）重現。這群年輕又經驗不足的低年級生即將對上一群準大學體保生所組成的衛冕冠軍隊伍。這是一場真實的大衛對歌亞力之戰（David versus Goliath）。

這場比賽打得難分難解，比賽甚至二度延長。剩下最後十五秒的時候，鬥牛犬隊獲得球權，教練喊暫停，向球員說明戰術，要求先把球傳給他們的明星球員中控後衛，這名後衛球技出色，很少出錯。他的任務是先拖延幾秒鐘，再出手投出最後一球。可是在全場亢奮的過程中，他犯了一個錯。他讓敵隊的防守員靠他太近，傳球前多耗了五秒。西孟斐斯隊（West Memphis）在離終場不到十秒的情況下搶到球，該隊明星球員欲往籃框射球，卻被打手犯規，於是靠兩次罰球進籃得分取勝。

鬥牛犬隊曾打贏多場不可能致勝的球賽，離最後勝利曾如此之近，但最後功虧一簣，這對球員和支持者來說打擊很大。傑夫．史壯恩也是支持者之一。他女兒是其中一名球員的好友，所以傑夫每場都去加油。事後傑夫問那位球員：「你對這場比賽有何感想？」

年輕人的回答倒是意外地淡然。「沒關係啊，我們都是低年級生，明年還有機會捲土重來，一定能抱回冠軍。」

這絕對是父母因心疼孩子可能挫敗所講的一句安慰話。毫無疑問，隊上的每位球員在賽程中都把這句話當成了座右銘。傑夫同意這男孩的說法，於是好言鼓勵他們明年再來，但心裡又不免會想，這支隊伍本來是得天獨厚，不過或許已經失去了機會。因為再強的隊伍，想打進州冠軍賽的機會其實少之又少。

第二年，所有先發球員再度回籠。現在他們是高年級生了。今年，他們成了別人眼中一支難以擊敗、最具冠軍相的隊伍。球季一開始，如同大家預料，整季連戰皆捷，贏得了州冠軍賽的第一種子隊伍的美名。通常主辦單位會為了讓最具冠軍相的幾支隊伍有機會進入最後決賽，因此淘汰賽之初，都會安排前幾名的種子隊伍對上排名墊底的種子隊伍。不幸的是，第一場比賽，本來被看好勝算最大的鬥牛犬隊竟然輸了。這些球員再也沒有第二次機會重回他們原先以為回得去的州冠軍賽。

這個令人錯愕的結果是否意謂一年前父母用來安慰孩子的那句話是錯的？當然不是。畢竟一旦機會真的沒了，再怎麼悶悶不樂也無濟於事。但如果你是在機會還沒消失之前，便先有這種態度，會有什麼下場？如果他們一心認定「下次還會有機會」，又會如何影響他們的行為。答案是，他們不會全力以赴。因為如果一直都有下次機會，就算這次機會溜掉，也沒什麼好損失的。這就是在那場令人扼腕的州冠軍賽之後，傑夫心裡始終在思考的問題。在商場上，他見過太多這種態度——人們不適時抓住機會，因為他們認定「下次還會有機會」。但這個經驗告訴傑夫，下次不見得還有機會。

今天身為鹽湖市太陽產品公司執行副總的傑夫，每當看見有人應該積極而不積極時，便會搬出這則故事。失去了一筆交易，就是真的失去了一筆交易。你明年或許可以贏回這筆交易，但永遠贏不回你今年失去的。傑夫的故事幫助大家瞭解機會難逢的道理，鼓勵他們將每次機會視為最後的決賽機會，因為沒有「明年」捲土重來這回事。

摘要和練習

一、這世上有很多事情會害我們在工作上分心，所以需要靠啟發性的領導來不斷鼓勵他們專注於自己的目標。下次你的員工嚴重分心時，請分享約翰・史帝芬・阿瓦律的故事（完成比賽）。他們就會瞭解起跑者和跑完終點者之間的不同，因而願意繼續堅持下去。

二、要人們對正規事業以外的特殊任務認同，是很難的。你需要德蘭的拓荒者和殖民者故事。

三、時機好的時候就很難激勵員工了，時機不好的時候更是難上加難。要是你的事業被宣布違憲，那就更棘手了。所以如果羅傑・瓦森和杏仁商會可以熬得過去，你的公司當然也可以。請分享羅傑的故事（美國政府機構對上加州杏仁商會），再回去工作。

四、你甚至可以利用故事來提醒團隊可以在一開始的時候就避免誤入困境。傑夫・史壯恩的鬥牛犬球隊故事激勵他的組織專注當下，把每次機會都當成最後一次機會全力以赴。

16 建立勇氣

「你可能得打不只一場的仗才能得勝。」

——英國前首相柴契爾夫人（Margaret Thatcher）

他七歲的時候，全家被趕出屋子，農地也被收回。家人希望他像其他同年孩子一樣幫忙維持家裡生計。

他九歲時，母親過世。

二十二歲時，他服務的公司破產，因此失業。

二十三歲時，他競選州議會議員，候選人共有十三名，他以排名第八的得票數落敗。

二十四歲時，他借錢跟朋友一起做生意。年底，生意失敗。當地警長扣留他的財產償還債務。沒多久，他的合夥人身無分文地過世，他繼承合夥人的債務，之後幾年，都在努力還債。

二十五歲時，他再度競選州議會議員，這次成功了。

二十六歲時，他訂了婚，準備結婚，未婚妻卻在婚禮前過世。

第二年，他突然憂鬱症上身，變得很神經質。

二十九歲時，他想擔任州議會發言人，卻希望落空。
三十四歲時，他代表他那一區競選美國國會席位，鎩羽而歸。
三十五歲時，他再度競選國會議員，這次獲勝了。他去了華盛頓，做得有聲有色。
三十九歲時，他任期屆滿，再度失業。他的政黨規定每人只能擔任一屆國會議員。
四十歲時，他試圖爭取國土辦公室（General Land Office）委員一職，結果被拒。
四十五歲時，他代表自己那州競選參議員，但以選舉人票六票之差落敗。
四十七歲時，他在他政黨的全國代表大會角逐副總統提名人選，不幸落敗。
四十九歲時，他第二次競選美國參議院的席位，再度落敗。

兩年後，他五十一歲了。一生經歷了多次失敗和打擊之後（在他家鄉伊利諾州以外的地方仍然默默無名），亞伯拉罕．林肯（Abraham Lincoln）選上美國第十六屆總統。

他連任成功，可是當了四年總統之後，卻在一八六五年四月死於刺客之手。林肯總統在任的短短四年間，成功帶領這個國家熬過國內最大危機（美國內戰），確保這個國家的完整，終止奴隸制度，重申平等、自由、民主的理想。

所以下次當你因一再嘗試和失敗而想放棄的時候，請反問自己這個問題：如果亞伯拉罕．林肯在第一次、第五次，或第十次失敗時便放棄，你想美國這個國家會變成什麼樣子？

失敗後仍願意繼續嘗試，需要很大的勇氣。這則流傳了幾十年的林肯故事，必定幫助過數百萬人重新鼓起勇氣面對自己的困境和挫敗。雖然原始作者不詳，但這則故事曾以無數種形式出現在報章雜誌和書籍上。每當團隊一再遭受挫敗，需要鼓起勇氣再試一次時，我就拿它來鼓舞大家。它和第二章砌磚蓋大教堂的故事一樣眾所皆知，都被我拿來根據個人用途加以修改。而我們將在後面的第十九章討論到修改故事的技巧。

＊＊＊

面對挫敗仍願意堅持下去，顯然是政壇人物必備的性格特徵。在前進華盛頓的路上，勢必得失敗過幾次。但這在商場上管用嗎？當然管用。最好的例子，是品客洋芋片的故事。

一九六八年九月，寶僑公司在印第安納州埃文斯維爾（Evansville）首度試銷品客洋芋片，一九七一年開始運送至全美各地雜貨店販售。它是一個瞬間成功的品牌。一九七五年，品客成為家喻戶曉的商品名，擁有百分之十五的市場占有率，一年銷售量超過一千萬箱。但一年後，銷售額掉了百分之二十，幅度之大，足以令任何品牌經理抓狂。第二年，又掉了百分之十。那時候，公司高層可能就在考慮脫手出售這個品牌。

一年過去了，業績又掉了百分之十。你能想像，在業績直落谷底、脫手出售的謠言滿天飛之際，招募員工來品客工作這件事有多難嗎？一九七九年，品客的銷售量像自由落體一樣掉了百分之三十以上，現在一年只售出四百萬箱，等於四年來銷售量掉了百分之六十！這時寶僑公司不得不畫出一條底線。執行長正式宣布，這個品牌必須在五年內起死回生，否則對外求售。

接下來那十八個月，管理階層做了幾項重大改革。他們找人進行新的市場調查，徹底瞭解消費者的需要。至於在產品改良上，則是改善品客風格，增加更多口味。新的廣告更以獨特的馬鞍狀洋芋片來招徠顧客。同時降低價格，使品客在市場上可以和傳統洋芋片一較高下。並利用成本節流計畫讓這個品牌可以負擔得起產品的降價與改良。

銷售量持續滑落，但速度變緩。一九八〇年，銷售量少了約五十萬箱，只剩三百四十萬箱。一九八一年，探底到三百萬箱。隔年，銷售量開始成長，一開始很慢，之後慢慢加快。到了一九八四年，品客的銷售量達到五百萬箱。一九八六年，成長到七百萬箱。一九八九年，營業量回到一九七五年的高峰水準。一九九〇年代末，品客的銷售量已超過五千萬箱。

一九八四年十二月，銷售量開始回溫之際，寶僑公司掌管銷售量的大老板麥克．密里根（Mike Milligan）對一群員工、股東和新聞記者發表談話，分享寶僑公司從這次經驗學到的五個重要教訓。事後分析，前三個教訓並不令人意外：（一）要知道你的消費者想要什麼；（二）研發出可符合這些期待的產品和行銷訊息；（三）組成很強的團隊落實計畫。第四個教訓很有趣：訂定務實的目標。他們將一年的營運計畫改成五年，因為他們終於明白改革範圍大到非十二個月的時間可以完成。話雖如此，他們還是提前兩年完成了這個計畫。

不過麥克說最後一個教訓最有意義，而那也是我想傳達的重點。他用四個字來總結：「不要放棄。」不要太早放棄。想像管理階層本來可以輕易放棄品客這個品牌。一九七〇年代晚期，或許他們曾經多次考慮放棄它，但還是堅持下來。他們歷經了六年令人頭痛的銷量滑落問題，最後終於解決。相形之下，今天有許多過度在乎每季利潤的執行長，總是在警訊剛出現時便縮手，向華爾街卑躬屈膝，承諾快速退場。

因為肯堅持，品客成了寶僑公司代表性品牌裡的明星，在產品史上留下了堅毅和勇氣的美名。

湯瑪斯．愛迪生（Thomas Edison）在聽聞亞伯拉罕．林肯及品客這兩個故事所傳遞的堅毅精神意義之後，做了一個總結：「生活中有太多的失敗是人們不知道自己在放棄時，其實已經離成功很近。」而我的建議是：千萬別跟他們一樣。

＊＊＊

一再面對失敗，當然需要勇氣才能堅持下去，這並非商場上的專利。更常見的情況是，我們戰戰兢兢，就怕未來失敗。我們擔心得面對處理不可能的任務，於是不願踏出第一步。要是你的組織有誰面臨同樣處境，請分享以下這則故事。

從前在很遙遠的地方，住了一個聰明可靠的年輕女子。她把村子裡能學到的知識都學會了，於是出外探險。不久，她來到一座很大的城市，四周是城牆。「我應該可以從城裡的人身上學到一些新東西吧，」她心裡想。可是進了城之後，卻發現每個人都面有懼色，心情沮喪，不願分享任何智慧。「為什麼這裡的人心情都這麼不好？」她問道。

一位市民渾身發抖地說：「今天是巨人回來的日子。」

「巨人？」她不可置信地嘲笑道。「這世上沒有巨人！」

「哦，這裡有，」有人回答她。「他身高超過十尺，高大到根本不像人。」

這女子一方面懷疑，一方面又很好奇，於是懇求道：「請告訴我更多有關巨人的事。」

市民一臉驚慌地向她解釋：「每年的同一天和同一時間，巨人都會從他住的山上下來，站在空地邊緣大聲喊道：「把你們當中最勇敢的人送上來和我決鬥，不然我就毀掉城牆，殺光裡面所有的人！」每次都有勇者挺身而出，面對巨人。但一站上去，就會被巨人魁梧的身材和眼前艱鉅的任務嚇到腿軟。每年前去挑戰巨人的戰士都是來不及拔劍就被巨人殺死。甚至連腳根都還沒移動，彷彿被催眠了一樣。

女子像著了魔似地瞪大眼睛，懇求道：「我可以見那位巨人嗎？」

「要見那位巨人的唯一方法就是，」市民說道：「上戰場迎戰他。」

女子還是滿腹疑問，但她急著想學習新知，於是答道：「那就讓我上戰場吧。」

過了沒多久，時間到了，巨人遙遠又宏亮的聲音從城牆外傳來。「快派你們最勇敢的戰士前來和我決鬥，不然我就撞毀城牆，殺光裡面所有的人！」年輕女子毫不畏懼地走出城門，面對敵手。

她的目光掃過空地，看向山腳下的林子邊緣，那裡的確站了一個龐然的巨人！她從遠處盯著他看了好一會兒。兩人中間隔著微微隆起的地面，所以她只能看到腰部以上的他。很難確定他到底有多魁梧，可是他顯然比她見過的任何男子都來得高大。她像其他人一樣在見到他的那一剎那，只覺得敬畏和害怕。那巨人是真實的。今天她必死無疑。她本來想逃回城裡，可是她已經答應城裡的人會迎戰巨人，於是她鼓起勇氣，朝巨人走去。巨人也朝她走來。

等到往上爬了幾步之後，這才有了完整的視角可以看見巨人的整個身影。從這角度來看，她發現巨人的高度並不像她當初以為的近乎十尺，可能只有七尺吧。他還是很魁梧，但至少身高比例比較貼近常人了。不過她一樣不是他的對手，但她起碼知道是誰會打敗她。

去除了未知元素後，她又向前踏了一步。等她再往前走幾步，感覺巨人似乎變小了。難不成是幻覺？巨人現在不比她高大了，也許她有反擊的機會！新的一線希望使她加快腳步。隨著每一步的踏出，她越發清楚這不是幻覺。巨人真的在她眼前縮小，她跑得越快，巨人縮小得越快。

她的恐懼轉變成希望，希望轉變成自信。她確信她能得勝，於是全力朝他衝過去。當她抵達空地中央時，她停下來，和巨人面對面，現在他身高只剩十二英吋，而且還在快速縮小中。她彎下身子，拾起他，放進掌心。她才問了他一句話，他就急縮成沙粒大小，隨風而去。

「你是誰？」她急忙問他。

巨人用微弱的聲音回答：「我有很多名字，中國人叫我恐懼，希臘人叫我 phobos（害怕）。但對你城裡的朋友來說，我叫做 fear（畏懼）。」

她來城裡的目的是想學點東西，她真的學到了。在面對自己的恐懼時，如果是帶著自信的態度，它就會在你眼前急速縮小。

不管是面對戰場上的巨人，還是使用公司全新的應收款系統，恐懼失敗的心理都如影隨形。它可能癱瘓我們，害我們連試都不敢試。但一旦踏出第一步，挑戰會開始變小。然後隨著每次進展（不管進展有多小），你將一點又一點地掙回自信，難題也會越來越少，你會越來越不害怕踏出去的每一步。

今天這個世界裡，仍有巨人存在，只是形式不同而已。不管你的組織裡的人害怕或畏懼的是什麼挑戰，都請利用這故事來幫助他們打破恐懼的桎梏，勇敢踏出第一步。

＊＊＊

最後一種情況也是一樣需要在職場上鼓起勇氣，但不是害怕過去或未來的失敗，而是和我們孩提以來普遍存在的人性弱點有關——我們總是擔心別人怎麼看待我們。對十歲的孩子來說，她擔心的是別的孩子覺得她的新網球鞋好不好看？酷不酷？對十幾歲的男孩來說，他在乎的是女孩們覺得他在舞池上的舞技如何。對成年人來說，則可能擔心同儕們如何看待他的工作，或者她的老板如何看待她的領導能力。無論何種年紀，擔心別人如何看待自己的這種不健康心理，往往會扼殺掉你的創造力，也損耗你的元氣，害你無法把真正重要的事情辦好。這是李察·費曼（Richard Feynman）在他妻子病床前學到的一課。

費曼是科學界有名的諾貝爾物理學家，除此之外，他挖苦人的功力和邦戈鼓（Bongo）鼓技也是赫赫有名。最為人津津樂道的是他在一九八六年太空梭挑戰者號（Challenger）失事調查裡所扮演的決定性角色。當初他和國會指定的十一位調查員負責調查整起事故，但依費曼的個性，雖然調查模式已經預先安排好，但他怎麼可能照章行事。他在未經許可的情況下找太空總署的工程師討論，這才找出失事原因——太空梭的失事，肇因於燃料管路內那一小條O形橡皮密封圈。費曼更是趁國會小組調查期間，在未預先告知的情況下，誇張地示範了自己的理論，他從他的冰水杯裡撈出類似的橡皮筋，丟在講台上，在數百名記者和電視攝影機面前當場砸得粉碎。顯然那天早上太空梭起飛時的溫度比先前任何一次起飛的溫度都來得低，事實上是橡皮圈冷到失去彈性，才造成它在壓力下碎裂。

費曼天生膽子就這麼大嗎？或許吧。不過一定是曾經歷過什麼，才會在一個已經夠有膽識的靈魂身上打造出這樣的人生與科學成就。一九四〇年代初期，費曼負責曼哈頓專案計畫（Manhattan Project），這是最高機密的政府專案計畫，目標是製造原子彈。當時費曼的年輕妻子艾琳（Arlene）正在新墨西哥州阿爾伯克基（Alburquerque）附近接受肺結核治療。費曼會趁周末時搭便車去探望她。

艾琳知道費曼很難過於自己找不到話安慰她，也無力治癒她的末期惡疾。於是有次週末，趁他來探望時，給他看她郵購的十八吋木炭烤架。她希望吃一頓家裡的大餐，而不是醫院裡的食物，她想請費曼幫忙烤個牛排。

費曼是個實用主義者，他質疑道：「我們怎麼可能在病房裡烤牛排？會把醫院弄得烏煙瘴氣。」

艾琳提議他到醫院外面的草地上烤。可是醫院座落在六十六號公路旁，那是美國境內最繁忙的高速公路。費曼再度質疑，他說那裡那麼多車子和行人，他不可能在那生火烤牛排。別人會以為他瘋了。

「你管別人怎麼想？」艾琳反問道。

這話觸動了費曼的心。於是他真的應艾琳的要求去烤牛排，而且每週末都來烤。

費曼一定是頓悟了她話裡的智慧。他幹嘛管別人怎麼想？他在乎的是艾琳！帶給她安慰和快樂比什麼都重要。

太在乎別人的想法，會害你無法專心在重要目標上，因而變得優柔寡斷。妻子的話使他頓悟了這一點。分享費曼的故事可以幫助你和你的聽眾不再掛礙於別人的想法。

摘要和練習

一、面對一再挫敗，仍然堅持不懈，這是偉大的特質之一。可惜的是，這種特質對多數生物來說，是很罕見和不尋常的。林肯總統的故事（一生失敗的故事）帶給我們勇氣，它的寓意一百多年來仍歷久彌新。好好利用它吧。

二、品客的故事告訴我們，堅持不懈的精神也能適用於企業的挑戰。對企業界的聽眾來說，它和林肯的故事堪稱絕配，就算你不是品客員工也無妨。相信你的公司裡也有類似故事。請把它找出來。

三、「生活中有太多失敗是人們不知道自己在放棄時，其實已經離成功很近。」別跟他們一樣。

四、更常阻礙行動的其實是擔心第一次就失敗的心理。但只要跨出一小步，挑戰就會自動縮小。請利用巨人縮小的故事來激勵大家勇敢踏出第一步。

五、擔心別人對你的看法如何，這樣的心態會扼制你的勇氣和創造力。當你看見有人因擔心受窘或難堪而不敢大膽嘗試時，請告訴他們李察．費曼的故事。再告訴對方：「你管別人怎麼想？」

17 幫別人找到對自身工作的熱情

「如果有個人被稱為街上清道夫，那麼他掃街的功力應該就像米開朗基羅在作畫、貝多芬在作曲，或莎士比亞在寫詩一樣。他的掃街技術必定好到驚天地泣鬼神，令人不禁豎起大姆指地說，這裡有位偉大的清道夫，他的掃街功夫棒極了。」

——馬丁．路德．金恩（Martin Luther King Jr.）

有沒有聽過這句話？「你必須熱愛自己的工作！」這通常是過度自信的老板說的話，他以為他的員工聽了一定會受到激勵，從此不再視工作為苦差事，而是當成值得投入的經驗。這句話有效嗎？當然沒效。你不可能命令別人去熱愛自己的工作。這只會變相鼓勵他們離職去找更刺激有趣的事情做。所以最好還是先幫忙他們找回工作熱情吧。

二〇〇九年春天，我必須靠自己找回熱情。我才剛接下新職，擔任寶僑公司紙業部門的消費研究總監。意思是除了其他事以外，我還得負責衛生紙的消費研究工作。這差事聽起來並不令人嚮往，甚至不有趣。說到衛生紙部門，我立刻產生先入為主的觀念，認為這種產品微不足道到影響不了任何人的生活。更何況，在我這個行銷研究專家的眼裡，總覺得除了說衛生紙很柔軟很吸水之外，根本沒有其他形容詞可以探究。還好我接到新職消息後的第一件事，是先去看我的好友兼同事，也就是寶僑人傑夫．布魯克斯（Jeff Brooks）。在說了幾個無聊的笑話之後，他告訴我以下這則故事，從此我開始懂得從不同角度去欣賞這份新的工作，這也是我們倆當時始料未及的。

傑夫到匈牙利布達佩斯出差了一整個星期後，總算可以搭短途火車到機場準備回家。他坐在現居布達佩斯的美國同事旁邊，兩人聊了起來。他的同事發現這是他第一次到匈牙利出差，於是請教了他對於匈牙利的印象。他誠懇地回答，說他很喜歡匈牙利，布達佩斯的潛力很大。不過在禮貌性寒喧之後，他開始告訴對方他真正的想法。

「這裡的人很好，」他說，「可是他們好像都有點悶悶不樂，甚至沮喪。天氣很美，所以應該不是天氣問題。只是大部分的人似乎有點急躁，不太開心。」他詳述有哪些行為導致他出現這種看法。說話的同時，這位女士會心地微笑點頭附和。等他說完故事，那女的不發一語地轉過頭去，若有所思地望著窗外。對方沉默了好一會兒，完全沒有回頭看他，最後嘆了口氣，就事論事地說：「我想是衛生紙的問題。」

如果是你自己親耳聽見她這麼說，一定會覺得更好笑。但那女的表情非常嚴肅。所以重點來了。衛生紙看起來也許平淡無奇，在人們的日常生活中稱不上是要角。但試想如果從今以後，你只能使用十五年前布達佩斯常用的那種又薄又粗糙的便宜衛生紙，日子會變成什麼樣子呢？如果你永遠只能使用這種衛生紙，你的下身可能常被擦傷，感到疼痛。或許你不會經常感到不適，但也足以害你日子過得不夠舒坦了。這也是為什麼當你遇到美國來訪的生意人，或路上遇到任何人時，你的脾氣有點不好。

對我的新工作來說，這故事的意涵就在這裡。我們也許不是在治癒癌症，但或許對於人類的貢獻遠比我們所能理解的來得多，也遠比人類所能理解的來得多。我原先的偏見頓時消失。雖然衛生紙還是不會變得有趣，但至少給人的感覺有意義多了。

當初我去傑夫辦公室的目的是找人訴苦，希望有人同情我的處境。可是當我離開他的辦公室時，我竟然對那份尚未接手的工作充滿了熱情，心情充滿雀躍。後來，我把這故事告訴紙業部門十幾名新進員工。結果才知道他們當中大多數人也都跟我一樣有先入為主的觀念。結論是，如果故事可以提振別人對衛生紙事業的興趣，那麼若能找到一則好故事，相信對你所在的行業也有同樣的幫助。

＊＊＊

所以，要是你的行業比衛生紙更無趣，怎麼辦？（是啊，連我都想像不出來會有什麼行業比衛生紙更無趣。不過假設真的有這種行業，而你又剛好在那裡工作。）再假設你找不到任何故事可以幫助你的同事找回工作的熱情，推廣你所製作的產品，或是提供的服務，那該怎麼辦？也許你可以說說以下這則故事，故事裡的主人翁也有同樣經驗。

二〇〇九年，丹尼爾・多爾（Daniel Dorr）參加了印第安納州布魯明頓（Bloomington）的一場行銷會議。身為行銷領導人的他，經常在這些會議裡學到可活用於工作裡的經驗與知識。就算沒有，也至少能從這裡重新找到他對這份工作的熱情。但有一次很特別，他在會議裡什麼收穫也沒有。就在他自覺無趣的時候，他聽到一元商店（Dollar General）的執行長大衛・比爾（David Bere）的演講，這家商店所有的商品都賣一美元，不然也是以一美元起跳。丹尼爾沒做過零售商的工作，所以認為自己無法從那傢伙身上學到什麼。他總覺得最無趣的工作莫過於賣一美元商品，但他還是很仔細地聽完比爾先生描述他最近一次探訪其中一家分店的經驗。

零售商的執行長到店裡巡視，是很常見的。他們來訪時，多半會去巡視賣場通道，檢查商品和貨架上的情況，看看有無現貨，順道跟店員聊聊哪些產品賣得好，哪些賣得不好。如果你曾在店裡看過一群穿西裝打領帶、別著企業徽章、狀似主管的人聚在走道上，八成就是他們這種人。分店員工早在幾個禮拜前就得為這類來訪預做準備，還得把要說明的重點幫大老板先準備好。

可是比爾的故事很不一樣。他說他進入店裡，看到第一名顧客，就走上前去，問她可不可以陪她購物，順道問她一些問題，他願意幫她提購物籃。她同意了。於是他邊走邊問她，覺得這家店怎麼樣？價格如何？商品種類多不多等等。當她購物完，準備離去時，她停下腳步，轉身過來。「我想讓你看樣東西，」她說道。「你有興趣嗎？」

「當然有，」他回答道。

「那就上我的車，我載你去。」

這是個不尋常的要求，一般執行長都會拒絕。可是他很好奇，於是跟她去了。她載著他在路上開了好幾英里，終於停在另一家分店的停車場，前門掛著一模一樣的廣告布條。他們下了車，走進店裡。所謂的「一模一樣」就此結束。第一家店乾淨整潔。這一家卻骯髒雜亂。第一家店照明良好，這家店卻燈光幽暗又不友善。第一家店貨物充足，收銀員很多。這家店的貨架有些是空的，很多收銀機空著不用，收銀台前排了很長的隊伍。兩家店的差別十分明顯。

「這家店離我只有幾條街，」她告訴他。「可是我都多開十分鐘的車子到另一家店購買，因為我不喜歡在這裡購物。我是個單親媽媽，賺的錢不多。我必須在你的店裡買，因為別地方的東西我買不起。不過我也沒有多餘的十分鐘，我是從我孩子那裡擠出來的，而我陪他們的時間已經夠少了。」

比爾為這家店的問題向她致歉，承諾改善。

會議裡的比爾，可能繼續說明零售行銷或其他策略元素，但丹尼爾不記得其他細節，只記得這位執行長對顧客所展現的熱情與興趣。丹尼爾終於明白一元商店不只賣廉價商品而已，也要為那些被服務不周的人提供服務——這些人需要這個價位的產品，他們無力負擔其他地方價位的產品。重點不在於一元商店賣的是什麼，而是它要賣給誰。

丹尼爾終於明白對工作的熱情不是由你從事的行業或你賣的產品來決定，而是由你販售的對象來決定。所以如果你或你的組織裡的人不知道如何燃起工作的熱情，請試著為你所服務的顧客找出熱情。創造你和他們之間的故事，如此也能點燃聽眾的熱情。

至於那一間離單親媽媽的家只有幾條街距離的一元商店，相信比爾一定會好好整頓。

＊＊＊

前幾則故事都是在幫人們找到工作上的某種因子，點燃他們對工作的熱情。但另一個幫忙點燃工作熱情的方法是剔除會澆熄熱情的元素。以下故事說明了其中一個方法。

梅麗莎．穆迪（Melissa Moody）是小型企業的老板，也是四個孩子的母親。小孩也是她的員工，此事並不足為奇，只是有時候會出現奇怪的開會方式。例如，有天下午，他們在開例行的員工會議，梅麗莎正在討論一件和某員工有關的事情，因此注意力都放在那名員工身上，但眼角餘光瞄到她那三十歲的女兒布魯克．穆迪（Brooke Moody）刻意在椅子上越坐越低。但梅麗莎就像其他媽媽一樣，看見自己小孩不乖，故意視而不見，以免鼓勵她變本加厲。

他們中間隔著一張桌子，沒想到布魯克最後竟完全消失在桌子後方。梅麗莎繼續開會，一句話也沒吭，甚至沒朝布魯克的方向看。「我只要不理她，她等一下就會坐起來，好好開會。」她心裡這樣想。

幾秒鐘後，她的眼角察覺到不尋常的動靜，但絕對不是布魯克在椅子上坐直身子。她索性轉頭去看，發現就在桌沿和門口間，她女兒正四肢著地，慢慢地往外面走廊爬！

布魯克無聊到快瘋了。這種誇張的離席方法是她獨有的抗議手法。因為老板是她老媽，所以她知道再怎麼樣也不會被炒魷魚，可能連申斥也不會。她猜對了。事實上，每次重提此事時，家人們都只是放聲大笑。

重點來了。有多少員工恨不得從你的會議室裡溜出去，卻不敢為之？因為這太違反職業道德。也許人數比你想像得還多。他們的理由和布魯克．穆迪的沒兩樣，都是覺得太無聊了。會議裡大部分的討論都與他們無關或對他們毫無影響。他們待在會議室裡兩個小時，其中只有三十分鐘的話題與他們有關。

怎麼會這樣？因為員工會議是為了方便老板才安排的，不是為了方便員工。對老板來說，最簡單的方法是當場聽每個人現場報告，再對大家下達指示。但老板不明白的是，她這麼做所省下的時間（她的時間）根本抵消不了員工們集體浪費掉的時間。更重要的是，士氣的成本難以計算。

這就是梅麗莎・穆迪那天學到的教訓。自那件事以後，她徹底改變員工會議的方式。現在會議時間很短，只是概述一下對全體員工來說都很重要的事情。以後再以一對一的方式與個別員工討論。沒錯，這種開會方式會多耗掉她一點時間，但她的員工很開心，對工作更投入，願意把更多時間花在他們熱愛的工作上。

從此以後，布魯克・穆迪再也不曾偷偷爬出會議室。

聽完這則故事，你很難不重新思考員工會議要怎麼開。事實上，如果你是老板，請在下次的會議裡反問自己：「如果我女兒也在這裡工作，她現在會不會正偷偷地往門口爬？」如果答案是會，或可能會，請聽從梅麗莎的建議，改變開會方式。但如果你不是老板，想溜出會議室的人是你，請把這篇故事讀給你的老板聽吧。

摘要和練習

一、你不能命令別人必須熱愛自己的工作。但你可以選一則好故事來幫助他們找到對工作的熱情，譬如布達佩斯的火車之旅故事。你是基於什麼樣的熱情才會每天想來上班？把你的理由告訴別人，也請教他們的理由是什麼。從中找到最好的故事，拿出來分享。

二、如果無法從自己的產品或服務身上找到熱情，就從你服務的顧客身上去找。學一元商店的執行長那樣直接面對顧客，瞭解他或她的生活。再把故事分享出來。

三、利用布魯克・穆迪爬出會議室的故事，來提醒老板將那些會抑制工作熱情的元素從組織裡剔除。點燃員工的熱情，讓他們全力以赴。

18 訴諸感性

「對一個講不通道理的人講道理，根本無濟於事。」

——強納森．史威夫特（Jonathan Swift）

如果你曾在你的工作生涯裡管理過別人，你肯定有過一兩回這樣的遭遇。有個屬下跑來找你要求升官。他工作認真，做得還算不錯。但若想要更上層樓，能力恐怕不夠。重點是，你預料得到，他不可能也不願意接受升官後必須付出的代價：工時更長；出差旅行；得彈性外調到其他城市的分公司。

你向他解釋升遷所需要的技能和條件，但對方還是不肯放棄。於是你問他為什麼這麼想爬上那位置，你得到的答案是：「如果我爬不上去，我會覺得自己很失敗。」「我的朋友大多已經爬上去了。」「每個人都告訴我，我應該升官了。」

這種回答似曾相識吧？

這些員工本來在現有的工作崗位上很快樂，很有生產力，卻因聽信別人的話，而不滿自己的現況。更糟的是，如果得不到想要的，便會覺得挫敗和失落。

以前我會照章行事地試著開導對方，但現在我只告訴他們凱倫・阿米塔吉（Karen Armirage）說的一則故事。阿米塔吉是迪士尼的幻想工程師（Disney Imagineer），這職銜來自於一本很有啟發性又很小巧可愛的書，書名是《幻想工程法》（*The Imagineering Way*）。凱倫說的故事如下。

我在報上看見在洛杉磯體育館舉辦的特殊奧運會（Special Olympics）正在招募志工，於是我去了。他們要我立刻上工。結果我的第一份工作是在一百碼的短跑賽裡看好一名小女孩。「潘妮」就像那天的其他參賽者一樣，是個唐氏症小孩，實際年齡十二歲，但事實上，心智年齡仍很年幼。而這也是我從她身上學到的一課——對事實的認定。

有五名女孩參加比賽。她們很緊張。每個女孩都被指派了一位像我這樣的大人來幫忙帶她們到起跑點，負責在起跑槍聲響起之前安撫她們的情緒。現場看台上大約有三到四千名觀眾——全是家人和粉絲。

負責鳴槍的傢伙是個標準的南加州帥哥，很有模特兒架勢。這傢伙的笑容和聲音足以安撫受驚的老虎。女孩們都被他迷住了，很難專心，畢竟連我們這種普通人都抵擋不了了，更何況是特奧人士。

結果起跑的時候出了幾次岔，緊張情緒開始升高。最後「帥哥裁判」好不容易安撫好五名跑者，比賽才在鳴槍後順利展開。女孩們衝了出去。但我的小不點兒才跑了二十五碼左右，就停在跑道上，蹲下來做出起跑的姿勢。

這時候的觀眾們都在吶喊和加油。我只好衝進跑道，朝她大喊：「跑啊，快跑啊！」她呆掉了，動也不動，還是蹲在地上就起跑姿勢。其他跑者已經衝過終點。觀眾們現在都看到了那小女孩，也開始齊聲大喊：「跑啊，跑啊，跑啊！」帥哥裁判發現情況不對，狐疑地看了我一眼。我跑向那小女孩，對她說：「甜心，跑啊，」她用燦爛的笑容看著我說：「要等槍響！」

我衝向帥哥裁判，大聲喊道：「快鳴槍！快鳴槍！」我朝那可愛的小運動員跑回去，看見帥哥裁判也跑進場內，來到她身邊。我們三個人齊聲大喊：「各就各位，預備，跑！」帥哥裁判鳴槍要她起跑，她再度衝了出去，可是跑了二十五碼，又蹲下來。這下我們終於懂了。

我和帥哥裁判趕緊跑到她前面，群眾不斷喊道：「跑啊，跑啊，跑啊！」我們則喊道：「各就各位，預備，跑！」槍聲又響一次，她又往前跑，二十五碼後，她又蹲下來。現在場上每個人都知道她的遊戲規則是什麼了。帥哥裁判示意要我把槍接過去，留在場內，自己則跑到終點線，拉起另一條彩帶，然後在跑道終點的中央跪下來，展開雙臂，笑容燦爛地看著她。我高高舉起手。

群眾現在都齊聲大喊：「各就各位，預備，跑！」我在大家喊出「跑」的那一瞬間鳴槍，她衝了出去，以最快的速度不停向前跑，穿過彩帶，衝進尖聲大叫的群眾裡，帥哥裁判在另一頭接住她，將她拋向空中。我永遠忘不了她的笑容，既開心又得意，仰天開懷大喊：「我贏了！」

現場每個人的眼睛都濕了。因為她說出了無法否認的事實，四千名觀眾沒有一個人可以反駁她。

這就是她厲害的地方。她在沒有任何惡意、強迫或暗示「受害」的情況下，隻手改變了大家的觀念——要他們認同她的想法。以前別人認定的失敗，現在被定義為成功，只因我那可愛的小運動員就是這麼認定。

說完這故事之後，我才把重點拉回到那位還沒做好準備就來我辦公室裡要求升官的員工身上。我用一句話總結：「絕對不要……」我堅定地說道，「讓別人來幫你界定成功是什麼。」最後他決定自己不從理智和邏輯面來推論自己的成功與否，他要從感性面去看它。他需要一個感性的「出口」。凱倫的故事給了他一個出口。

***

感性因素對故事來說很重要，有些故事家甚至認為它才是決定性元素，沒有它，你的故事就不成形。在李察・馬士威（Richard Maxwell）和羅伯・狄克曼（Robert Dickman）合著的《好故事無往不利》（*The Elements of Persuasion*）裡，將故事定義為「用感性加以包裹、迫使我們行動的一件事實」。所以公式在這裡！事實＋感性＋行動＝故事。小說家E. M.福斯特（E. M. Foster）將故事界定得更狹隘——只有事實加上感性。他用了一個簡潔的例子來說明：「如果你說『國王死了，皇后也死了』，這不是一個故事。你要說『國王死了，皇后也悲傷過度地死了』，這才是故事。」你會在後面的第二十四章學到譬喻。而「悲傷過度」這四個字帶出了情緒，在聽眾的腦袋裡編造出一個完全可信的故事來解釋既定的事實。重點是，如果你不能在聽眾裡激出某種情緒反應，你就說不成故事。頂多只是一篇還不錯的備忘錄或個案研究。但絕對不是故事。

有些領導人認為，現代職場應該是零感性場所，只能有理性思考和邏輯決策。如果你的工作只侷限在機器和流程的管理上，那或許可以適用。但若要帶人，就需要加入更多元素。人會做出感性的決策。好的領導人可以體認到這一點，不會害怕理性與感性兼顧。

感性是前一則故事的首要元素，但也只是等式裡的一部分。然而不管如何，有一點很重要，那就是你得挑出正確的感性因子，這個因子既能引起聽眾共鳴，也能推動你的目標。可愛小狗的故事或許能夠扣動多數人的心弦，但除非你是在設法幫無家可歸的小狗找個家，否則這故事只是在聽眾身上浪費感性元素，根本達不到你要的目的。下一則故事是為了配合聽眾設計的。聽眾聽到這則故事時，會因為它喚起了他們生命中的一些嚮往而受到感動，因而對這則故事的目的產生直接的幫助。

十五年前，一名十六歲的女孩和她母親出現在阿肯色州小岩城的卓越名模學校（Excel Models & Talent）。做母親的希望能幫她女兒艾莉莎（Elissa）報名參加為期四天的模特兒和個人開發訓練營。艾莉莎是個個子很高、手腳笨拙的女孩，看在她母親眼裡，顯然缺乏傳統女性特質。這位母親並不真的想讓她女兒當模特兒，只是覺得四天的訓練營或許可以幫忙她女兒培養女性化的特質。艾莉莎也同意參加。

結果艾莉莎非常喜歡這課程，於是幾週後又報名參加進階課程。受訓期間，她和其他三名女孩獲選前往紐約參加國際模特兒秀，結果在紐約表現出色，隔週立刻接到三十幾通模特兒經紀公司的邀約電話，甚至有遠在日本的經紀公司送上合約。雖然艾莉莎在紐約有很棒的經驗，但她志不在模特兒這一行。她說「我從來沒去過日本。我不知道我這輩子是不是還會有這樣的機會。」於是她去了日本，從此改變她的人生。

在日本的那段期間，她對國際研究產生了莫大的興趣。回國後，高中一畢業，立刻選擇一家剛好有國際研究科系的大學就讀。這讓她有機會進入自己真正有興趣的事業領域。那裡也是她遇見真命天子的地方。他們陷入熱戀，最後步入禮堂。直到今天，她都還無法想像要是沒有他，日子該怎麼過。

她繼續靠當模特兒賺錢支付大學學費。有一次到倫敦走秀，她的父母決定同行。他們在那裡遇見一位服裝設計師和他的養女。艾莉莎和她父母與那孩子很投緣，決定收養她。從此她的父母多了一個女兒，艾莉莎從以前便一直想要有個妹妹，如今也如願以償。

在卓越名模學校與有意就讀的學員會面，這種典型場面通常都是由梅麗莎·穆迪坐下來與十四歲的女孩及對方的母親商談。顯然她們都是很有興趣，否則不會來這裡。不過訓練和拍照都得花錢。所以梅莉莎必須讓她們瞭解為何值得投資。她會趁這個機會告訴她們艾莉莎的故事，理由有二。第一，她希望他們瞭解，她的模特兒學校的確可以改變學員們的人生，為她們打開全新的視野。她們將有機會出國旅遊，學習新的語言，體驗少數人才能體驗的工作與文化。

不過她說這故事的另一個原因是，它可以用感性的方法將學員和她們的母親連結起來。這樣說好了。十四歲的女孩最想要的是什麼？遇見白馬王子，與他墜入愛河。而吾家有女初長成的母親最想要的又是什麼？兩樣東西。第一，希望她們的女兒快點長大，也許上大學唸書，找份好工作，以後可以自給自足。（若能嫁個好人家，更是再好不過。）第二，希望看見自己的小女兒慢慢蛻變成成熟的女人。而在這個故事裡，母女都完成了她們最大的心願。每當梅麗莎說這故事時，幾乎到最後，至少都會有兩人留下欣喜的淚水，有時甚至是三個。

＊＊＊

以梅麗莎的例子來說，她旗下多數學員都想成為有名的模特兒或演員。而她的故事為她們和學校之間製造了感性的連結。可是要是你的聽眾根本不在乎你的產品或點子，那該怎麼辦？答案是：找到他們在乎的東西，再與你的點子連結。在《創意黏力學》（*Made to Stick*）這本創新的著作裡，奇普．希思和丹．希思用了一個經典的例子來說明。

一九八〇年代，反亂丟垃圾活動在德州起不了任何作用。就連那支很成功的全國聯播廣告（美國原住民含淚看著滿是垃圾的公路）也沒效。原因何在？丹恩．史瑞克（Dan Syrek）的實用研究機構（Institute for Applied Research）所做的研究發現，會隨地丟垃圾的人都是十八到三十五歲、開著小卡車的男性，他們喜歡聽鄉村音樂，討厭權威，根本不在乎美國原住民是不是在哭泣。這群人才是他們的目標市場，這個目標市場裡的人口被統稱為「大老粗」（Bubba）。

大老粗在乎什麼？大老粗在乎德州。在德州，什麼都大、什麼都好。大老粗就像我們一樣在乎自己。所以解決的辦法是——訴諸大老粗對家鄉的熱愛，以及他天生就有的自尊。於是誕生了「別惹德州」（Don't mess with Texas）的廣告。廣告裡有大老粗最在乎和最敬重的名人背書（譬如達拉斯牛仔隊〔Dallas Cowboys〕裡的橄欖球選手、休士頓太空人隊〔Houston Astros〕裡的棒球選手，甚至有鄉村西部歌手威利．尼爾森〔Willie Nelson〕）。所有廣告訊息都一樣。如果你在這裡亂丟垃圾，你就惹到了最在乎德州的人。「嘿，那是我啊！」這種聯想會把愛亂丟垃圾的人轉變成最反對亂丟垃圾的擁護者。大老粗從此不再亂丟垃圾，看到別人亂丟，也會挺身而出地制止！

接下來那五年，隨地亂丟的垃圾少了百分之七十二。

同樣的教訓又在這裡出現了——如果你的聽眾根本不在乎你的點子，那就去找出他們在乎的是什麼，然後把你的訊息連結上去。這一章後面會教你方法，幫助你去找到聽眾在乎的事情。但現在我們先來討論，哪種情緒對企業故事來說最管用。

＊＊＊

你當然可以在你的故事裡放進很多情緒：愛、罪惡感、恐懼、驕傲、貪婪等等。但有一種強而有力的情緒並未在職場上被充分運用，但絕對適合用故事來傳達，那就是同理心——用心去體會別人的想法、感受或態度，產生共鳴。同理心很有效，原因是，幾乎所有企業決策都會影響到他人，也會影響他們的想法和感受。領導統御的故事多半是為了左右這些決策。所以越能讓決策者瞭解那些受影響的人們處境為何，便越有辦法影響決策。如果你因為部分顧客買不起你的產品而希望執行長能落實降價政策，最好的方法就是先證明售價如果太高，你會失去多少生意。簡而言之，你最大的武器是設法讓執行長瞭解顧客的困境，使他對他們產生同理心。又如果你希望工廠經理能對工會讓步，就要設法讓他明白一般勞工的處境，讓他產生同理心。

現在讓我們再多探索一點同理心這種東西，同時也比較一下常被混淆的另一種情緒——同情心。同情心和同理心都是情緒感受。但同情心指的是你對當事人的感受，至於同理心則是你和當事人都有同樣感受。舉例來說，你因別人受傷而感到難過，於是同情他們，即便你不知道他們為何受傷。任何陌生人都可以同情醫院裡的病人。但同理心得再多耗一點精神。你必須先去瞭解為何對方會出現那種感受或想法。要對醫院裡患憂鬱症的陌生人產生同理心，得先去探訪對方，找出他罹患憂鬱症的背後原因，這才發現原來他唯一的孩子在一場他自認有責任的車禍中喪生，於是你產生同理心，因為你可以想像如果你是他，會有什麼心情，會有什麼樣的罪惡感，又會如何羞愧與懊悔。

以下故事是透過一名企業主管和她五歲孩子的眼睛所呈現出來的同理心，他們居住在全世界最危險的城市之一。而這故事和書中其他故事一樣可以教會我們寶貴的一課。

一九九〇年代初，金恩．迪戴克（Kim Dedeker）和她丈夫及五歲的兒子布萊恩住在委內瑞拉的卡拉卡斯（Caracas）。金恩是美國公司外派的主管，和當地生活比起來，他們過得相當富裕。委內瑞拉的國民平均所得是一萬三千美元，其中有百分之三十的人一天只靠兩塊美元過活。這國家除了貧窮之外，治安也不太好。卡拉卡斯是全球兇殺率最高的城市之一。對金恩來說，接下那裡的工作，其實是艱難的決定，但也是個謹慎的決定。因為金恩相信唯有承擔這樣的風險，才有可能獲得生命中某些更美好的報酬。而其中一件最令她感動的美好報酬就發生在她前往玩具店的路上。

布萊恩為了收藏當時流行的忍者龜玩具，已經存了好幾個月的零用錢。他終於存到八百委內瑞拉幣（相當於二十塊美金）。於是金恩決定開車載他去玩具店買，她讓他坐在後座，幫他綁好安全帶。但這裡不像在美國開車去玩具店那麼輕鬆，你一定得穿過卡拉卡斯市市區，近距離地目睹當地最真實的生活環境——那裡貧窮處處可見。不過當金恩駕車駛離大半是美國僑民居住的住宅區時，她心裡想到的是這趟外出的危險性。在這裡，綁架和半路攔車搶劫事件屢見不鮮。所以常見的自保做法是，盡量不要在十字路口停下來，絕對不可以搖下車窗。

可是就在前往玩具店的路上，金恩來到一處路口，必須停下來等紅燈，許多車子迎面而來。這時她注意到街角有位婦人，看起來就算不是無家可歸，也至少幾近赤貧。她手裡抱著一個一歲半的孩子，旁邊跟著年幼的兒子，年紀與布萊恩相當。兩位母親目光交會——一個貧窮、一個富有。而在交會的那一剎那，兩人肯定都在想像對方的生活。

就在路口等待號誌的同時，車外頭那個小男孩開始朝車子走過來。金恩就像任何一個想保護孩子的母親一樣，不免擔心起她和孩子的安危。難道許多不幸事件都是這樣開頭的嗎？先利用小孩來害你分心？但其實當時不只那兩位母親交會目光，連那男孩也看到了坐在後座的布萊恩，他朝布萊恩的窗戶走去。金恩還沒來得及阻止，布萊恩已經搖下車窗。兩個男孩面對面，中間僅隔幾寸空間，但更大的阻隔卻來自於語言的障礙和家境的落差。他們沒有交談，布萊恩把手伸進口袋，掏出八百委內瑞拉幣，隔著車窗，遞給小男孩。這時綠燈亮了，金恩小心翼翼地開車穿越十字路口。

接下來車內駕駛和乘客都默默地在心裡咀嚼剛剛發生的事。最後金恩打破沉默：「你還好嗎？」

布萊恩想了一下，然後回答：「媽，我很好，我只是覺得那小男孩比想買忍者龜的我更需要錢。」

你可以想像得到，金恩有多訝異五歲兒子的無私情操。她在想等一下到了玩具店後該怎麼做。她應該買忍者龜送他，獎勵他的慷慨？還是讓他完整地體驗慷慨付出後的一無所有。他們到了玩具店，布萊恩找到他一直想買的玩具——稀有、美國進口，以後再來這裡還不見得買得到。這使得金恩更為難了，不知如何是好。布萊恩看著那玩偶身上的價格標籤，然後對他母親說：「是八百一十元委內瑞拉幣。」

「沒錯，」金恩回答。「你差點就存夠錢了。」

「可是我現在一毛錢都沒了，」他說道，顯然現在他才明白幾分鐘前車上行為所造成的後果。

金恩終於下定決心，她對他提議道：「如果你想要的話，我可以買給你。」

布萊恩想了一下，然後說：「不用了，我今天不想買。」

「你確定？我不介意買一個送你。」

「我知道，」布萊恩回答。「只是我覺得我什麼時候想要都買得到。我可以自己存錢，也可以讓你買給我。可是我現在覺得買不買它都不重要了。」

那天晚上，金恩把當天的經過告訴她先生，她知道如果他們待在美國，布萊恩永遠不會有這個經驗，也永遠不會有機會學到這人生中重要的一課。只因為他們冒了一點險，讓自己和孩子進到一個可能從來沒有機會去的世界，才讓孩子培養出這種超齡的無私情操。

現在已經二十幾歲的布萊恩分享過這故事好幾百遍，目的是傳授個人經驗，教人如何拿捏人生裡的緩急輕重。金恩也一樣，身為凱度行銷研究集團（Kantar）美洲區主席的她（全球第二大市場調查公司），在碰到有人因外派到不熟悉或令人害怕的地區，抑或面臨挑戰而需要勇氣或動機的時候，就會分享這故事。也許是自動送上門的全新作業挑戰；也許是令人畏懼的陌生工作地點；抑或受到拔擢，但缺乏自信。這些都很容易讓人眼裡只看見新環境的缺點，卻視而不見好處，盡往壞處想。金恩的故事幫助大家將新的挑戰和環境視為一種契機。就像布萊恩身在委內瑞拉卡拉卡斯的新環境裡，才能在自己身上找到某種未知卻早已存在的東西——某種奇妙的價值。而在下一個可怕的環境或令人畏懼的挑戰裡，又會在自己身上找到什麼未知但早已存在的東西呢？

前一則故事的感動來自於小布萊恩對街旁小朋友的同理心，以及金恩對那男孩母親的同理心。如果只是單純請教金恩和布萊恩對無家可歸的母子有什麼看法，相信他們可能只會對這個假設性問題深表同情而已。唯有在街角面對面對地遇見他們，才能真正發揮同理心，因為看見他們身上的穿著，臉上的表情，母親的肢體語言，還有那孩子朝他們走來的樣子。他們深深看進對方眼裡，感受到他們的困境。同理心需要靠真正認識對方，才會產生。金恩和布萊恩與對方的遭遇，雖然短暫，卻給了彼此真正認識的機會。

所以你要如何幫忙聽眾產生同理心？你必須帶他們去認識你希望他們能給予同理心的人。要嘛你安排他們實際碰面，就像金恩和布萊恩在卡拉卡斯的街上遭遇一樣；要嘛你透過一則故事來一窺他們的生活。

目前為止，你已經在這本書裡看了幾則類似故事。包括前一章的兩則故事：布魯克．穆迪從員工會議裡溜出來，大家因此能以同理心去理解布魯克的行為，也感同身受被迫待在會議室開會的員工他們的無奈。這故事令聽眾瞭解那些與會者的心情。聽完那則故事後，你（和你的聽眾）以後開會前，一定會先三思該找誰來開會；還有一元商店的執行長在店裡遇見不滿的顧客，這故事一樣很有用，因為你可以領會到這位單親媽媽是如何以有限的預算在養家。一元商店的員工聽完這故事之後，應該不難對眼前的工作產生更大的使命感吧？

在這些個案裡，你都是透過故事瞭解主人翁，所以你對他們的認識絕非僅是醫院裡罹患不明疾病的陌生人而已。而且你也看到了，其實你並沒有花很多時間就完全瞭解對方。一則短短三分鐘的故事已有足夠內容和情節來感動聽眾，將他們的同情心化為同理心。無論你想影響的決策是什麼，都要先找出受此決策影響最大的人。再把他們的故事告訴決策者。

＊＊＊

所以你在公司裡要上哪兒去找具有感性內容的企業故事？最佳來源之一是顧客，這部分有很大的開發空間。事實上，光是消費研究調查恐怕就已藏了不少感人的故事。因為消費研究調查起碼都會提供一到兩個開放式問題——沒有多重答案可選擇，受訪者被要求用自己的語言寫出（或用鍵盤輸入）答案。這在市調業裡被稱之為原文呈現式回答（verbatim responses）。在這些原文呈現式回答裡，最容易找到具有高度感性因子的故事。質化市調（譬如四到八人與會的焦點團體討論會〔focus group discussion〕）也是用某種方法摘要消費者的經驗，所以也有很多頗具潛力的故事。它們在那裡等待你發掘。快去找吧。

舉例來說，假設你有個很棒的點子，你想在原有品牌底下延伸出新的產品，售價比其他產品低。你的理由是，現在經濟不景氣，消費者都退而求其次地改買低價品牌和自創品牌的產品。如果你在那個價位有產品，他們可能會買，至少可以繼續忠於你的品牌。但如果你在這個價位沒有任何產品，他們會改買他們負擔得起的其他品牌。誠如你剛剛所學到的，假如你想為這點子注入熱情和目標，就需要添點感性元素在裡頭。所以，是什麼呢？

去找你的市調部門，請他們給你最近的市調報告，裡頭必須問到消費者是如何因應惡劣的經濟環境，或者談到你的品牌價格或其他低價品牌。請他們給你原文呈現的報告或焦點團體討論會的摘要報告。把它們讀一遍。全部讀一遍後，應該就能找到類似以下例子的原文呈現內容——這是寶僑公司二〇〇八年的市調研究，內容談到經濟對一般人生活的影響。請看看世界各地的消費者所表達的意見：

美國：「我們有成年孩子因找不到工作而必須和我們住在一起。家裡現在的計畫是，想辦法讓孫女留在當地的社區大學就讀。可悲的是，我先生至少得再多等四年才能退休。」

義大利：「我尤其對不起我的孩子。每當他們想和同學一樣買漂亮新衣服或玩具時，我都得拒絕他們。」

菲律賓：「奶粉太貴了，做媽媽的只能在嬰兒的牛奶裡加點粥。」

美國：「我們變得像二十六年前剛結婚時那樣拮据度日。為了省錢，我得利用煎出來的培根油來烹調。」

加拿大：「因為利率太高，房貸負擔太重，我失去了我的房子。我還找不到穩定的工作，全是臨時工。」

美國：「我怕死了。為了保住我那間產權獨立的公寓，目前我用重整式破產的方法，但我不認為這行得通。因為每個月得付很多錢給受託管理人，再加上貸款。」

你計畫推出的新品牌可以幫助這些消費者省下一點錢，他們就不需要拿粥稀釋牛奶，或不准孩子買新玩具，甚至可以幫忙付貸款，保住房子。分享他們的故事，才能創造出你要的同理心。

感性內容隨處可見，前提是你得知道上哪兒去找。

摘要和練習

一、感性情緒在決策裡扮演了重要的角色。想要影響別人，有時候感性訴求會比理智和邏輯更好用。要傳達感性訴求，莫過於說故事。利用像特奧會這種故事來刺激你聽眾的右腦。

二、不是隨便什麼感性訴求的情緒都有效，一開始說故事時，情緒和背景必須和你的聽眾及目標切身有關。模特兒學校的艾莉莎故事（「我從沒去過日本。」）就是感性訴求和背景都與聽眾及目標切身有關的絕佳例子。

三、你的聽眾會得到什麼好處？如果聽眾接受了你的點子，他們有什麼好處？你的點子對聽眾的目標、事業和利益有何助益？

四、如果你的聽眾根本不在乎你的點子，想想看他們在乎的是什麼，然後把你的點子與它連結起來。「不要惹德州」的故事就是一個好例子。

a. 如果你不知道聽眾在乎什麼。先找出他們在乎的事情。你的市調部門可以幫忙。

五、在商場上有一種強而有力的感性情緒，但仍未被充分利用，那就是同理心。如果你想影響某人的決策，請先找出會受此決策影響的人，再藉助故事製造同理心。

a. 金恩·迪德克的忍者龜故事說明了同理心和同情心的差別。同理心必須費點神才能建立。你需要真正認識對方，才會產生同理心。要讓聽眾對某人產生同理心，就得先把這個人的故事告訴聽眾。（請參考員工會議和一元商店的故事。）

b. 消費研究報告裡的原文呈現式問答和質化研究報告裡的摘要，是同理心故事的最佳來源。請看看這些報告，找出感性的答案內容，依據它來構思故事。

19 驚訝元素

「真正的領導人總是把驚訝元素藏在袖子裡，別人摸不著他袖裡的乾坤，但卻經常令群眾亢奮到喘不過氣來。」

——法國前任總統和將軍戴高樂（Charles de Gaulle）

這是康威高中（Conway High School，簡稱ＣＨＳ）秋季班開學的第一天，吉姆．歐威（Jim Owen）在這裡教世界歷史，他在康威素來是嚴師，也是最佳教師。第一天上課的方式和其他班級無異。老師先自我介紹，解釋這堂課教的是什麼，會有多少測驗，分數怎麼計算等等。課上了二十分鐘，教室內突然衝進四名十幾歲的男孩，他們全戴著滑雪面罩、手揮著武器。「全部不准動！」他們大喊，直接衝到教室前面，將歐威先生制服在地上，搶走他的錢包，偷走他桌上的成績簿，迅速離去。全程時間不超過十五秒。學生全都嚇傻了。

等到歹徒揚長而去，歐威先生這才站起來。「我沒事，大家都還好吧？」我們說自己沒事，於是他才向我們解釋剛剛目睹到的搶劫不是真的。那幾個孩子都是他去年的學生，同意演出一場假搶劫的戲。他們演得很好。

「你們的第一個功課是，」他繼續說道。「拿出一張紙，盡可能詳細地寫下剛剛的過程。」仍然驚魂未定的學生只得聽話照做。十分鐘後，他要學生交卷，然後對著全班大聲唸出每張卷子的內容。這是這節課裡的第三個爆點。因為每篇內容都出入甚大。其中一篇說有四個男孩；另一篇說有三個。有些人說有三個男孩和一個女孩。有人說武器都是真槍。另一個說那些武器看起來像是被漆黑的玩具水槍。有人認為其中一個男孩帶著刀，還有人堅稱歐威先生過程中曾被毆打。大部分的人都說人家連碰都沒碰到他。歐威先生繼續唸，我們坐著聽。

等他說完了，他放下最後一張卷子，然後說道：「歷史是寫歷史的人用自己的觀點所做的記錄。各位剛剛也都聽到了，歷史內容會因作者是誰而有出入。戰爭中的勝利者說的故事絕對和被征服者不同。政治得勢的人寫的觀點也一定和失勢的人寫的不同。在我們開始探索世界歷史之前，請先記住這一點。現在，打開你們的書，翻到第一章。」

這是二十六年前的事。但記憶猶新，彷彿昨日才發生。

那一年的歷史課教會我許多事。但最珍貴又難忘的一課卻是在第一天學到，這都得歸功於歐威先生那大膽又創新的教學手法。（不幸的是，一九九九年克倫拜高中〔Columbine High School〕的槍擊慘案彷彿假戲真作般地結束了歐威先生每年的精采戲碼。）

你可以感受得到這場搶劫戲對當時上課的學生來說有多震撼。不過當你聽這故事時，一定也覺得這故事很棒。因為裡頭的驚訝元素讓聽眾或讀者所產生的生理和情緒反應與現場學生所感受到的並無差異。大家都知道，驚訝元素對於故事的戲劇張力和高潮有很大的影響。但你可能不知道，如果說故事有其目的，那這故事說得有沒有效，驚訝元素其實扮演了一個很重要的角色。以這則故事來說，它有三個很關鍵的驚訝點：第一，是四個蒙面男孩衝進教室；第二，是你後來才知道那是演的；第三，是你發現學生們記錄的事件出入很大。前兩個驚訝點比較接近故事起頭的地方。第三個驚訝點比較接近結尾，功能完全不同。現在就讓我們來討論這兩種不同功能，先從起頭的驚訝點開始說起。

把驚訝點放在前面，是為了吸引聽眾的注意。不管當時聽眾在做什麼，他們都會立刻被吸引，專注聽你接下來要說的話。第十章那則顧問的故事也是個好例子，它開宗明義第一句話就告訴你，他被客戶炒魷魚了。這絕對能吸引多數企業領袖的注意。還有第十一章比芙莉・基昂的故事，第一句話便向你表明她出生在農場，是佃農之女。這顯然和企業故事裡常見的主人翁不一樣。這些都不是恐怖電影裡看到的那種驚訝元素，不會讓你尖叫或狂笑，但足以令你睜大眼睛，加快脈博。更重要的是，會釋放一點腎上腺素，夠讓你緊張到豎耳傾聽。

當然，如果你的故事牽涉的主題駭人到足以登上新聞頭條，那你當然要靠它來領路。這也是第八章那兩則故事所用的手法。其中一則一開場就是二〇一一年埃及革命時，街上爆發的混亂場面；另一則是一九九五年日本大地震。

＊＊＊

所以一定要像吉姆．歐威的故事那樣從頭到尾都有效果十足的驚訝點嗎？還好不用。事實上，最難忘又最能抓住聽眾注意的驚訝點，可能也是最簡單的驚訝點。而且可以只靠兩個字就達到效果。請看來自蓋瑞．考菲（Gary Cofer）的例子。

蓋瑞是美國唐恩杭比市調公司（Dunnhumby）的執行副總，這是一家專精零售銷售資料分析的顧問公司。二〇一〇年，他和其中一個客戶開會，在會議上做了總結，等開完會，他們走出來時，客戶的執行長問了他一個問題，根據蓋瑞的形容，這問題分明是在暗示你必須肯定他。我想你應該聽過這類問話方式——對方提問的時候，明擺著希望你附和他，不管他剛剛如何自我恭維，你都要稱是。以這例子來說，對方問的問題有點像這樣：「我知道在你們的客戶當中，我們是最懂得活用你們提供的資料。我說得對不對，蓋瑞？」

但蓋瑞的回答堵了那位執行長的嘴，是真的堵住了。

「不對，」蓋瑞直接告訴他。「不是你們。」

執行長停下腳步，瞪大眼睛轉頭看著他。「哦，」一開始對方沒來得及反應，過了一會兒才回神問道：「你這話什麼意思？」

蓋瑞的回答令人驚訝。「老實說，我甚至不覺得你們的錢花在我們身上是值得的。」

執行長不敢相信。「真的？這話聽起來應該是我來抱怨，而不是你吧。」

蓋瑞解釋，除了基本的銷售量和忠誠度資料之外，唐恩杭比也提供數十種先進的分析服務來協助客戶訂出更好的價格策略和產品促銷決策。其中許多服務早已被包含在已付的費用裡。但基於某些理由，從來沒被客戶好好利用過。

二十六年的業務和管理經驗早就讓蓋瑞領悟到，客戶只會透過兩種方法去發現自己沒有充分利用旗下的服務商。第一，他們自己發現，然後開口抱怨。第二，另一家有企圖心的服務商試圖接近他們，指出問題所在。不管哪一種，最後結果通常都是客戶棄服務商而去。蓋瑞情願是第三種，自己親口告訴他們問題出在哪裡，接著再解決問題。以上就是蓋瑞親自力行的故事。

同樣情況也發生在另一個客戶身上，這次蓋瑞甚至更直接。他告訴客戶：「你應該開除我們。」你能想像服務商說出這麼大膽的話嗎？我自己都很難想像。不過對蓋瑞來說，這種對話能逼使客戶更懂得妥善利用他的公司所提供的服務。

就這兩件個案來說，不管是客戶還是唐恩杭比，雙方的生意都變得更好了。這大半都歸功於蓋瑞・考菲那令人咋舌的直白言語和驚訝元素的巧妙運用。

＊＊＊

要在故事一開始就引起聽眾的注意，驚訝元素並非唯一的方法。但它的確有效。你會在第二十九章學到其他方法。其實你要找的是一種出乎意料或非比尋常的手段，譬如拒絕討好執行長。幾乎任何值得分享的故事都有某種意想不到的東西在裡頭，而且不只一個。找出其中之一，放在故事的開端。

接近故事結尾的驚訝元素則有完全不同的功能。既然故事快結束了，自然不再需要吸引聽眾的注意。所以故事結尾出現的驚訝元素，目的是為了將故事刻印進聽眾的長期記憶裡。記憶並不像照片一樣可以在腦海裡速拍速成。它是在事件發生後不久，才慢慢形成，心理學家稱這個過程為**記憶的固化**（memory consolidation）。

這是我在十六歲那年得來不易的經驗教訓。當時我在從小長大的住家附近空地和幾個人玩橄欖球。那是臨時湊合的球賽，我們沒有頭盔或護具，隊友的年齡是看當天誰會上場來決定。球賽一開始，我就接到球，全速往後跑。一個十九歲的男孩，個頭兒比我高，迎面撞上我。我的頭狠狠撞到地面，醫生後來說我有腦震盪。當時我沒昏過去，可是我爬起來的時候，知道自己有點不對勁。因為當我朝幾個正在開會商量下一局怎麼開打的隊友走去時，他們看見我就像活見鬼似地朝我大喊：「史密斯，回你的隊上去！」原來我走錯隊伍了。我知道場上每個男孩的名字，卻想不起來自己屬於哪一隊。這種在後院玩的橄欖球都是在開賽前才選擇加入其中一隊。我的腦震盪是在開賽後發生的，隊員名單還沒刻印進我的記憶裡。我的腦震盪打斷了固化的過程。

在這方面首度提出科學證據的是加州大學爾灣分校（University of California at Irvine）的神經生物學家詹姆斯・麥高博士（Dr. James McGaugh）。他在訓練老鼠走迷宮時，發現如果給老鼠一點溫和的刺激，牠們會更快記住路徑模式。這結論應該不令人意外。因為這就像一般人喝杯咖啡可以更集中注意力一樣。只是在這個實驗裡，他是在老鼠跑完迷宮後才給牠們一點刺激，而非在之前給。等到刺激結束了，再測驗老鼠對迷宮裡路徑模式的記憶。結果事後給予刺激的老鼠比事後沒有給刺激的老鼠更記得迷宮裡的路徑模式。此實驗首度證明了記憶固化的理論：記憶是在事件發生之後沒多久才形成，而不是在事件發生的時候形成。

麥高博士的第二個發現是，可以靠刺激形成更強的記憶。他發現腎上腺素也跟事後刺激一樣對記憶固化有同樣效果。但腎上腺素不是他給的刺激，而是體內自然生成的化合物。而且只有在我們經歷強烈情緒或感到驚訝時，才會釋出。它能幫助我們的身體在遇到危險時，做好隨時迎戰或逃跑的準備。

結論是：故事結尾的驚訝點可以幫助你的聽眾更清楚記住內容，因為在重要記憶固化的時候，大腦會出現腎上腺素。在吉姆・歐威的故事裡，聽眾發現原來歷史的說法因人而異，這就是一個驚訝點。在前言的傑森・佐勒故事裡，聽眾發現法官竟然下令移除所有圓桌，這也是個令人驚訝的結尾。在第十六章，你必須等到故事最後，才發現原來巨人的名字叫恐懼。這些故事結尾的驚訝點都比出現在故事之初，來得更令人難忘。

＊＊＊

你也許認為有些故事本質上就會以驚訝收尾。話是沒錯，但你也可以把一個不是用驚訝收尾的故事，改成以驚訝收尾。我在這本書裡試過幾回。請看以下三個例子。

你在第十六章讀過亞伯拉罕・林肯的故事。你是讀到最後，才知道那是林肯，因此收尾令人意外、震撼。這故事我看過很多版本，全都是第一句就點明主人翁是亞伯拉罕・林肯，甚至一開始是說：「亞伯拉罕・林肯的一生面臨過許多挑戰，」再逐年列出所有事件。有些故事甚至標題直接點出他的名字：「從不放棄的亞伯拉罕・林肯。」

至於我寫的版本，根本沒有標題，也不在一開始提到他的名字。我還把各事件發生的年分改成發生時的年紀，進一步掩飾主體。學歷史的人恐怕能立刻猜出主角是誰，但大部分的人得到結尾才驚訝發現。此外，最後三段文字也是我在做了幾分鐘的研究之後自行添加上去的。但如果這故事是按照傳統的方法說，也一樣有效嗎？當然有，只是以驚訝結尾，會更有效地刻印在記憶裡。

接下來的第二十六章詹姆斯與茶壺的故事，也被我修改過。（不過你得等讀到第二十六章，才會知道主人翁是誰。）這故事來自於一九〇五年的一份刊物，標題明白點出主體的名稱。所以主人翁是誰，一點也不令人驚訝。但在我的版本裡，我刻意不提他姓什麼，到最後才加一段文字，公布他的真實身分，並說明是什麼重要貢獻令他留名青史。砰！結尾來個大爆點！這則故事和林肯的故事，都被添加了驚訝元素，把一件重要的事實拖到最後才揭曉。

有時候，故事本身就有驚訝點存在，但你可以藉由位置的更動來製造出更好的效果。舉例來說，在第二章的故事裡，我告訴我的團隊，諾基亞是以紙業在芬蘭起家。但我選擇等到最後才告訴他們那家公司是諾基亞。當然，比較順其自然的說法也許是這樣：「你們知道諾基亞就像我們一樣是從紙業起家的嗎？早在一八六五年，芬蘭西南部坦佩雷河的岸邊……」這樣的說法還是保有驚訝元素——原來諾基亞最初是一家紙廠。故事一開始的時候就令我們感到驚訝，達到想達成的效果。可是如果可以自己選擇要在故事之初或故事結尾放進驚訝因素，請務必選擇結尾。因為很重要的一點是，你必須令聽眾難以忘懷你的故事，而且由於他們一直在等你揭曉你所隱藏的答案，所以可以從頭到尾抓住他們的注意力。

＊＊＊

當然，要增添故事效果和記憶強度，也不一定非得把驚訝點放在故事之初或結尾。其實不管出現在哪裡，有驚訝點總比沒有好。本章最後一則故事的驚訝點，就出現在故事中間。重要的是，這個驚訝點不只觸及題目的重點，更是整篇故事的主旨（主題）。

現在是墨西哥克雷塔羅（Queretaro）的清晨六點，大約離墨西哥市北方一百三十英里。大部分的居民才剛被鬧鐘吵醒。可是這裡有位婦人已經打扮好了，廚房裡也來了訪客。不過這不是她平常招待客人的時間，而他們也不是她平常會招待的客人。原來他們都是家樂氏公司（Kellogg Company）的資深主管，來自於美國總部密西根州的巴特爾克里克（Battle Creek）。身為全球最大的加工穀類食品製造商，他們希望瞭解消費者平常是如何準備早餐。像這樣的家戶調查就是他們用來瞭解全球各地早餐形式的方法之一。只是這次的訪問結果令很多主管一頭霧水。

其中一位是該公司的執行長約翰·布萊特（John Bryant）。他從旁觀察這位母親為一家五口準備早餐。約翰稱這種早餐為「重量級」早餐，有雞蛋、火腿、起司、土司、果汁和一些新鮮水果。他看著這一家人開心享用早餐，這時突然注意到冰箱上面有兩盒家樂氏玉米片。等他們用完早餐，他透過翻譯人員請教那位母親，有沒有吃過加工穀類食品。

她回答：「有啊，每天都吃。」

約翰先看看翻譯人員，不確定這是正確的翻譯，然後又看看那位母親。他困惑的表情八成跨越了語言障礙，因為她主動回答：「Para la cena.」

約翰轉頭看著翻譯人員，不懂那什麼意思，然後就聽見翻譯人員說出一個令他意外的答案：「晚餐吃。」

這幾個字在空中滯留了幾秒，主管們面面相覷，看看翻譯人員，又看看那位母親，再看看彼此。對一家早餐加工穀類食品製造商來說，發現消費者竟把你的產品拿來當晚餐吃，這大概有點像冬季大衣製造商發現大家都在夏天穿它的產品一樣，完全出乎意料之外。進一步調查之後，才發現不只這位母親這麼做。在墨西哥，有百分之三十的玉米片是在晚餐食用。你可以想像這家公司在得知有三分之一的消費者是在晚上食用他們的產品，將如何重新看待加工穀類食品的成分或廣告的傳播方式。

今天，約翰將這故事告訴經理人，要他們別太武斷論定消費者是如何使用自家的產品。他的解釋是：「一般人很容易認定加工穀類食品只在早餐食用，大約是早上六點到八點之間，加牛奶，從碗裡舀來吃，用湯匙等等。」但也可能在下午吃，直接從盒裡抓一把乾吃。他學到的教訓是：「不要把你的假設強行套在我們的消費者身上。我們產品的功能比我們認定的來得更多樣化。我們的消費者也一樣。」

以這例子來說，整個故事是繞著恍然大悟的那一刻在營造，家樂氏的主管們首度明白，他們的產品也可以在晚上食用而非僅是早餐。這個驚訝點不只是故事的重頭戲，也是一開始創造這故事的靈感所在。企業故事裡的驚訝點通常代表你在這一刻學到了重要的教訓，譬如長久的範例遭到質疑，或者不容批評的人曝露出缺失。像這種情況都可以用故事來捕捉這一刻。如果能創造出一則像約翰．布萊特這樣帶著驚訝點的故事，便會在組織裡口耳相傳，智慧經驗也將從此傳播開來。試想，如果這發現只是用調查報告裡的逐點說明來呈現，雖然仍是不爭的事實，但恐怕只有少數人知道這件事。

摘要和練習

一、故事之初用驚訝點來抓住聽眾注意。你的故事有什麼不尋常或出人意表的地方？請以它來開場。例子：湯姆被炒魷魚了，因為「你的顧問費被取消」（第十章）；比芙莉．基昂在農場出生的故事（第十一章）；布雷布克人力顧問公司（Blackbook）的兼差故事（第二十六章）。

二、你的故事涉及到新聞事件嗎？請靠它來引出故事。（回想第八章的埃及革命和日本大地震。）

三、令人咋舌的坦白，也是一種方法。蓋瑞．考菲繳械投降式的否定答案，和令人瞠目的「你應該開除我們」，都曾嚇得客戶停下腳步。對聽眾而言，從故事裡聽到也能有同樣效果。

四、**記憶固化**不會像照片一樣一拍就有，它是在事件過了之後才慢慢形成。

a. 像腦震盪這樣的傷害會打斷過程，造成記憶的流失。

b. 相反的，因腎上腺素升高而提高的注意力，則可促進記憶的形成。

c. 驚訝元素可以啟動腎上腺素釋放。因此故事結尾的驚訝點有助於聽眾記得更清楚。（例子包括：發現法官竟然命令移除圓桌的前言故事，還有第十六章原來巨人是恐懼的故事。）

五、故事結尾若無自然形成的驚訝點，可以自行加工創造。把故事裡的關鍵資訊留到最後再說，譬如故事裡的公司名稱或人名。例子包括第十六章一生受挫的故事，最後才發現主角原來是亞伯拉罕．林肯；第二十六章的詹姆斯和茶壺，最後才發現詹姆斯是何許人物；還有第二章的故事，原來一八六五年在芬蘭西南部坦佩雷河岸邊以紙業起家的那家公司是諾基亞。

六、下一次當你瞪大眼睛、恍然大悟某件事時，請把故事寫下來。這些驚訝點在企業裡都是最具影響力的一刻。（墨西哥的早餐）

PART 4

教化人才

20 傳授重要的經驗教訓

「學習不是義務，但生存也不是。」

——J. 艾德華（J. Edwards）

貝利．史塔泰（Barry Started）跟我一樣在一九九三年同一天進入寶僑公司工作，他的職務是財務分析師。他自幼生長在離寶僑公司全球總部所在的俄亥俄州辛辛那提市僅幾英里的地方，能得到這份工作，他比大多數人都感到更自豪。一向追隨他父親腳步的貝利，在校是勤奮用功的學生，大學唸的是商學院，以全班第一名的成績畢業。除了在學時就開始為從商做足準備之外，也對所謂的成功形象有自己的一套看法。那是一九七〇年代，當他小時候到他爹地辦公室玩所留下的印象，包括位在邊間的大辦公室、紅木辦公桌、隨時聽你使喚的秘書，這些都是他心目中認定的成功標準。

通常分析師的第一份工作都是和某品牌團隊合作，負責產品升級或新品牌上市的財務分析。你會坐在隔間的辦公桌上，你的團隊成員也都在這裡辦公，但你希望有朝一日，可以坐上老板的位子，坐擁一間位在邊間的大辦公室。

我的第一份工作就是這樣。但貝利比我幸運，他被分派的第一份差事跟我完全不一樣。他工作的部門在多數企業裡都被稱之為應收帳款部門。因為公司每天都有幾百萬美金進帳，所以必須靠很多人力來確保當一卡車又一卡車的產品運送到全國各地的零售商時，對方有確實付款。這部門大概配有幾十名領時薪的員工，他們的工作大多是和付款的客戶通電話。而公司就靠幾位像貝利這樣的新進經理來管理這一大群應收帳款的專業收帳員。每位經理底下都有五到六名屬下，他們就在外面的隔間辦公區裡辦公，而貝利的大辦公室，你應該想像得到，裡頭就有一張紅木大辦公桌。

貝利不必像他爹地那樣必須花十五年的時間慢慢往上爬，因為他的第一份工作就設下一個圈套，讓他自以為完成了小時候的成功夢想。他像中了樂透一樣，第一天上班就樂得渾身輕飄飄地走進自己辦公室，坐進辦公椅，腳翹在桌上，往椅背一靠，很是得意自己的好運。

他到任不到一個小時，莎莉走進他辦公室自我介紹。她是他的屬下之一。雖然貝利沒有自己的秘書，可是向他直接報告的員工都等同於秘書的位階。而莎莉儘管有自己負責的應收帳款，但若需要影印或安排小組會議，都是由她負責，所以對他來說，她最近似他的秘書。

他們聊了幾句，大概認識彼此之後，莎莉轉身離去。這時貝利突然冒出一句自十二歲起就一直很想說的話。那句話等於完成了他個人成功夢想的三部曲：「嘿，莎莉，出去的時候可不可以順便幫我倒杯咖啡？」

莎莉頓了一下，扮個鬼臉，繼續往前走，以刻意裝出來的輕快語調拋下一句「好啊，我很樂意。」貝利坐回他的主管辦公椅，渾然不知他剛對莎莉的侮辱。

閒話很快傳了開來。上任還不到一週，他的失言就害他跟性別歧視者畫上等號，他被妖魔化成他拍了一下她的屁股，輕薄地對她眨眼笑道：「小妞，幫我倒杯咖啡好嗎？」

他受了很大的傷，始終無法復原，雖然他的短命任期並非此事所造成，但他的確不到兩年就離職了，而且離職時陰影仍在。

再拿麥克・帕羅特（Mike Parrott）來和貝利上任第一天的行為做比較。

就在貝利在應收帳款領域打出自己名號的同一年，麥克則是被派去寶僑公司的會員制倉儲批發賣場業務單位擔任主管。由於西岸有好事多（Costco）和 Price Club 兩家客戶，東岸有BJ's，因此在中西部的辛辛那提市設立辦公室，對寶僑的老板來說似乎是個合理的安排。因為不管西岸還是東岸，都只需要花幾個小時的時間便能抵達。可是還不到一年，公司方面就決定麥克最好在東西岸這兩地選一處落腳，做為總部辦公室。麥克選了西岸，離華盛頓州西雅圖不遠。

一九九四年十月，麥克來到辦公的大樓，寶僑在這裡為一名經理和四名領時薪的員工租了一個辦公空間。多數銷售助理都是在家工作，寶僑租的這層樓只有五個固定隔間和一小間廚房可供休息，所以這五個人都不清楚在他們找到更大的辦公室之前，麥克的辦公桌要放在哪。不過必要的話，每個隔間倒是大到足夠兩人使用。所以他們以為可能有個行政人員得先和別人共用一個隔間，以便騰出辦公空間給新老板。

所以你可以想見第一天當麥克自己帶來一張折疊桌，打開放在廚房充當辦公桌時，其他人有多驚訝。而且這不是一兩天的權宜之計，他堅持在廚房辦公，一直等大家都搬到更大的辦公室再說。而那是六個月以後的事了。

麥克的無私作為令團隊成員對他十分感佩和尊敬，而這種尊敬多半得花幾個月的時間才能建立起來。這證明身為老板的他有多謙虛，重視團隊成員勝過自己。

剛接下新職務或新進公司的人，多半希望他們的領導人能教他們如何成功。包括在工作上給予清楚的指導方向。但身為領導人的你不可能告訴他們怎麼處理各種可能狀況。可是像前面那兩則故事可以讓他們先領會成敗是什麼滋味，再決定要為自己創造什麼樣的未來。在這一章裡，我會提到兩種說故事的方法，都對經驗教訓的傳承很有效，而這是其中一種，我稱它為「兩條路」說故事法，這名稱的靈感來自於佛羅斯特（Robert Frost）的詩《未走之路》（*The Path Not Taken*）：「金色樹林裡有兩條岔路。」這類故事是在告訴聽眾有兩條路可以選，而且會帶領他們走上其中一條路，不過還是會留下空間供聽眾自己做出結論，因為這比直接告知他們該怎麼做更有效。

我會在本章後面說明第二種方法。但現在，我要示範三種不同的「兩條路」說故事法。上面那則故事說的是兩個境遇不同的真人真事經驗。要用這種方法，得具備以下條件，換言之，在你的真人真事裡，必須有：（一）聽眾可以認同的英雄（主體）；（二）他們可能遇到的壞蛋（阻礙）；（三）英雄最後會成功，壞蛋會失敗；再加上（四）合理的結論引導聽眾走上你希望他們走的路。也就是說，你得把好例子和壞例子同時放進情節裡。不過要具備四種條件，著實不容易，所以才需要把另外兩種「兩條路」說故事法也放進我們的工具箱裡。

＊＊＊

假設你找的真人實例只具備第三和第四個條件，第二種「兩條路」說故事法也一樣有效。同樣是真人真事的故事，其中有人成功，也有人失敗，而且還能引導你做出正確結論。只是故事情節不是聽眾可能遇到的，而且裡頭的英雄和聽眾也可能沒有什麼關係。但如果你把它當成譬喻來說，就會很有效。以下的例子我曾用過多次。

許多公司每逢年度評鑑時，都得對經理人一年來的工作表現做出評鑑。以寶僑公司來說，有百分之十五到二十的經理人因表現優異，可以得到A級分，剩下百分之八十到八十五的經理人則會得到B或C級分。許多資歷淺的經理人常問我：「我明年的工作計畫要怎麼安排才比較容易得到A級分？」我無法回答這個問題，因為這得視其他經理人的表現而定。理由在於這是一種強制曲線。要是大家的表現都很好，就會比平常更難拿到A級分。在做了這麼多年的管理和評鑑工作之後，我頂多只能提供一些建議，確保他們可以靠明年度的工作計畫至少擠進鐘形曲線的上半部。但是我也注意到，會得到A級分的人大多是因為他們完成了一些不在工作計畫內的工作，譬如剛好出了什麼問題或者剛好有個機會讓他們立功。多年來，我一再試圖向大家解釋這一點，盡量提供滿意的答案。後來，我想到一個科學家的故事，這故事完全抓住了這個概念的精髓。不過這故事起碼有兩百年歷史，所以部分可能是虛構的，但既然我不是教科學的老師，所以還是覺得很管用。以下就是我用來啟發和告誡年輕經理人的故事。

漢斯．奧斯特（Hans Christian Oersted）是十九世紀初哥本哈根大學的丹麥物理學家。一八二〇年四月二十一日晚上，奧斯特在為學生上電學課。他拿出一條簡單的電線迴路將電池和伏特計接合起來示範電流量的多寡。結果神奇的事情發生了，示範的時候，奧斯特注意到桌上有個磁羅盤，於是想移開它。可是當磁羅盤接近電線迴路時，指針便瘋狂轉動。每次只要往電線移近，這現象就會出現。奧斯特問其中一個助理，以前有沒有見過這種現象。他的助理據實回答：「有啊，經常發生。」

好奇的奧斯特又繼續實驗了好幾個月，最後證明電流和磁力有直接關連。原來電流會產生磁流，磁流也會產生電流。這現象就是現在眾所皆知的電磁學，也是現代科技的基礎，包括我們現在使用的燈、娛樂大眾的電視和廣播、可以讓我們保持連繫的手機訊號、為我們烹調的微波爐，還有協助診斷疾病的X光線，以及包括愛因斯坦相對論及量子力學在內的現代物理學，都奠基在電磁學上。

而我們在這裡學到的教訓是，當初漢斯．奧斯特並不是為了尋找電流與磁流之間的關係而成為電磁學的發現家。那根本不在他的「工作計畫」內。此外，他也不是第一個注意到磁羅盤會在接近電流時瘋狂打轉的人，他會發現電磁學是因為他是第一個重視這個怪現象的人，所以才找出答案。

所以如果你想拿到A級分，第一，你要有很紮實的工作計畫，確實完成計畫裡的工作，然後多留意身邊的事。注意你的工作裡有沒有什麼有趣的事。保持好奇。反問自己，有什麼重要的事正在進行。如果有，快抓住機會。

在這個故事裡，奧斯特代表的是一條路，其他看見同樣現象的物理學家代表的是另一條路。如果你能把這故事看成是重要的譬喻，就是一種很有效的說故事法。在後面的第二十四章裡，你會學到譬喻的技巧。

＊＊＊

要是你想到的故事並不具備這四項條件，該怎麼辦？你必須放棄，不要用說故事的方法嗎？不，你可以充分發揮創意，自行編一個出來！真的。第三種「兩條路」說故事法就是利用虛構人物來創造出兩條不同的路，供聽眾思考判斷。以下這則例子其實有三條路，不是兩條路。我杜撰這故事的目的是想幫助年輕的市調經理瞭解好與優之間的差別。

以前有位市調經理，旗下有三名聰明的年輕市調研究員為她效命，可是她只能拔擢其中一個。為了做出決定，她給了他們一個挑戰。「下次有品牌經理上門時，誰的幫助最大，誰就能升官。」

沒多久，一名品牌經理急忙地找上門來。「我幫我的品牌想了幾個新點子，需要你們幫忙做品牌概念測試，請挑出最好的一個。」市調經理解釋他正在舉辦競賽，所以請品牌經理分別和這三位市調研究員談。一週過後，市調經理找來那三位市調研究員，請他們提出各自的企畫案。第一位市調研究員設計出完美的概念測試——找來多組不同消費者，各自評估其中一種概念。品牌經理的每個新點子都會被個別測試，此外也會測試現有概念，以利比較。每場測試都會要求一定數量的受訪者，以確保統計上的可信度。受訪者的年齡、教育、收入、種族也都能完美代表這個國家的人口。他甚至把所能想到的問題都放進測試裡，希望能找出最好的概念。

「做得好，」市調經理說道。

接著換第二位市調研究員提案，她提出的是全然不同的測試辦法。「可是品牌經理要的是概念測試。你為什麼給他不一樣的東西？」老板問道。

她的回答是：「我在檢查這些新概念時，發現它們都很類似。事實上，我不認為它們經得起不同測試。因為它們說的都是同樣的產品利益點，和品牌現在提供的利益點沒什麼兩樣，只是在功能的描述上有些出入而已。我知道他要的是概念測試，但是我不認為這種測試能回答他的問題：『哪一個概念最好？』找不同的人來評估每一種概念，只會讓每個新概念的分數都差不多。我的方法是把所有概念都拿給同一組人看，請他們挑出最有說服力的概念。這樣比較容易找出最優的，而且執行成本比較便宜。」

「太棒了，」市調經理說道。然後她請第三位市調研究員提案。

「事實上，我沒有案子要提，」他怯怯地說道。

「什麼？你有一整個禮拜的時間可以準備，我還以為你跟其他人一樣想獲得晉升的機會。」

「我是很想啊，」第三位市調研究員回答道。「我不認為這個品牌需要再做任何市場調查。」

「說來聽聽，」老板好奇地問道。

「我知道那位品牌經理要知道哪一個新概念最好。可是在和他聊過產品以及看過我們先前幫那個品牌做過的市場調查之後，我發現這不是他應該問的問題。我們去年幫現有概念做第一次測試的時候，分數就很高。後來根據這概念所製作的電視廣告在市場上的反應也很好。知名度也夠高。消費者也如我們所願的對這概念反應良好。所以這個品牌的問題不在於概念，而在於價格。我們的價值評分（value ratings）全年都在下滑，因為我們的競爭者不斷推出各種優惠券，並在週日的報紙上打價格戰。」

「所以我們應該問的是：『我們的價位該怎麼調整，才能更有競爭力？』不過這答案其實早就有了，因為十八個月前，我們才做過定價調查。我們很清楚自己必須降低價位，但我們沒有，因為如果降低價位，就負擔不起追加的廣告預算，而那筆預算早已核准。所以我看了一下我們的媒體計畫，發現我們的廣告量已經超過同類產品的飽和點。事實上，有百分之十的廣告預算是被浪費掉的。所以如果可以砍掉被浪費的廣告支出，就有足夠的降價空間訂出具有競爭力的價格。這就是我的建議。」

最後，升官的是第三位市調研究員。

這則故事是在教我們問對問題很重要。市調研究員的角色有時候就像「測試服務餐的服務生」一樣。企業夥伴走進來點一份消費者測試特餐：「請給我們兩份產品測試餐和一份品牌權益研究餐，我要外帶。」找一般的市調研究員來設計、執行和分析對方所點的這些測試服務餐，其實都綽綽有餘。但一個好的市調研究員會先確定這個測試是否能解決對方提問的問題。至於真正頂尖的市調研究員則會先確定對方提的問題是否是正確的問題。在這種情況下，如果你只是告誡年輕的市調研究員，必須先確定對方提出的問題是正確的問題，這樣恐怕不具說服力。可是如果是用一則故事來提醒他，不管是真的還是杜撰的，都很有說服力。

當然虛構故事的好處是，你可以創造出兼具四種條件的故事來展開「兩條路」說故事法。你可以杜撰出聽眾都能認同的人物，也可以編造出他們可能遇到的類似遭遇，甚至可以把故事導引到你希望他們會做出的結論裡。所以如果你不想找真實的故事來傳授經驗教訓，就自己編吧。但一定要讓聽眾知道這是你編的。

＊＊＊

第二種可以有效傳授經驗教訓的說故事法，是說出一則失敗案例。沒錯，你聽到的就是我字面上的意思：說一則某人試圖成就某事，最後卻失敗收場的故事。作家兼創業家克雷格・沃特曼（Craig Wortmann）曾說：「人們會想聽失敗的故事，就像我們看到意外事故會逗留張望一樣。我們都想知道發生了什麼事，也想知道要怎麼做才不會讓自己也倒楣碰上。」但這不單是秀出「兩條路」故事裡那條不好的路而已。譬如如果你只把漢斯・奧斯特的故事說一半，也就是其他物理學家也曾注意到磁羅盤會亂轉的現象，這聽起來並不像是失敗。「有些科學家會用電流和磁鐵來做實驗，他們有時會注意到磁羅盤在瘋狂打轉。故事結束。」這不是一則有趣的故事，而且也不見得是失敗案例。唯有放進「兩條路」故事裡被拿來和另一條路比較，才會讓這一條路看起來好像不太成功。

然而失敗案例的故事一定要錯的很明顯，清楚指出錯在哪裡，你的聽眾才懂得避開。以下故事就是某個人的親身經歷。從你口中說出的失敗案例不一定得和自己有關，就算是別人的犯錯經驗，你的聽眾也樂於從中學習。只是如果是你自己的失敗經驗，好處當然比較多。第一，你會贏得聽眾對你的尊重和欣賞，而這是你用別的方法所掙不到的。相形之下，這也顯示出現在的領導人都太缺乏謙遜的美德。別人會因此肯定和欣賞你，因為他們知道分享個人的失敗經驗比分享別人的要難多了。對他們來說，這表示你真的很關心他們，願意幫助他們成長，即便曝露自己缺點也在所不惜。第二，它讓人看出你的脆弱，就像第十章傑米．強森的做法一樣，它能幫助你和聽眾建立關係。以下是凱文的故事。

「我一個月前才剛上任新職，老板就把我叫進辦公室。好消息是我們今年的業績不錯，顯然會超過目標。壞消息是明年會比較難捱。到時為了達成目標，我們可能得縮緊褲帶。老板問我明年有沒有什麼計畫是我們現在就能做的，因為明年的預算會比較難拿。而所謂的『明年』只剩六個禮拜就到了。」

「我急於取悅我的新老板，於是我告訴她，我相信我們可以現在就著手。於是我召集旗下的小組長們，要求他們提供點子。他們發想了很多——大概可以進帳一百萬美元左右。我問他們可否在六週內達成。（我表現出來的就是一付希望他們達成的樣子，因為如果能把這數字告訴老板，一定很棒。）他們向我保證沒問題。於是我向老板承諾了這個目標，我的手下開始行動。」

「到了月底，我就看出自己犯了大錯。我的手下不眠不休地趕工。他們承受極大的壓力，已經筋疲力竭。由於我們的作業太過匆忙，難免造成疏失。其中一件疏失害我們得重頭再來。到最後，我們的進度只完成百分之七十五。事後反省，我其實早該知道會有這種結果。因為除了這份百萬美元目標的倉促任務之外，我們其實也在經歷組織重整，所以每個人的老板都換了，全得重新適應新的工作關係。我自己也剛失去部門兩名最有經驗的小組長，所以這不是演習訓驗的好時機。我判斷錯誤，要我的團隊接下這件不可能的任務。」

「可是怎麼會發生這種事呢？我向來是判斷力精準的經理人。為什麼我會愚笨到相信旗下團隊的保證，以為我們可以在短短六週內完成所有工作，無視眼前環境根本不適合承接額外工作？經過反省之後，我的結論是：我急於取悅我的新老板，結果忽略了急於取悅新老板的人不只我一個，我部門裡的二十五位員工也有新老板——那就是我！如果我考慮過他們的處境，為他們著想，而不是只為我自己著想，我會做出更明智的選擇。要當好的領導人，條件之一，是先想到別人。身為領導人，你的工作是去幫助別人成功，如果你只在乎自己，自然不可能辦到。」

過了幾個月後，凱文把這故事拿出來與團隊分享。這是他用來自我承認錯誤和道歉的方法，同時希望要是有一天他們也爬到一定高度，別忘了他曾犯過的錯。一年後，他發現自己又遇到類似情況，老板又提出同樣要求。於是凱文把這故事搬出來。說完後，禮貌地回絕老板：「所以你應該看得出來我去年是怎麼搞砸事情的。今年我看還是以五十萬美元為目標好了，你覺得呢？」他的老板欣然同意。

＊＊＊

現在我要告訴你們我最喜歡的一本書，作為失敗案例故事的最後補充。由於我的專長是市場研究調查，所以讀過數十本有關市調方法和作業練習的書。對我來說，最有價值的一本莫過於一九八三年出版，泰瑞．哈勒（Terry Haller）所著的《危險：工作中的行銷研究員》（*Danger: Marketing Researcher at Work*）。理由很簡單。我讀過的市調書籍都是在教你如何根據作者的專業領域或偏好的理論做市場調查。但泰瑞．哈勒的書卻是告訴你不該做的是什麼。書裡有一百一十一種嚴重的市調錯誤，有些是他犯的，有些是他親眼目睹的，總計有一百一十篇失敗案例！你也許聽過在十人團隊裡，所有人都同意除了自己以外的九個人是多餘的。泰瑞．哈勒就是剩下的那個人，也是會議室裡意見最有價值的人。說白點，他有點憤世嫉俗，宣稱「百分之九十的行銷調查都有嚴重的缺失，市調價值令人存疑。」不過那已經是三十年前的事了。自那以後，這個行業改善了許多，泰瑞書中所指的一百一十種缺失，泰半都被解決了。

說說你的失敗故事吧。大家會喜歡聽的。

摘要和練習

一、你沒辦法告訴別人如何處理可能碰到的各種狀況。「兩條路」說故事法會讓他們知道成功與失敗的各自模樣，由他們來決定該走哪一條。

a. 如果你的故事裡有聽眾可以認同的真實人物；有聽眾可能遇到的挑戰；而且其中一人會成功，另一人會失敗，你就有完美的素材去打造一則真人真事的「兩條路」故事，譬如貝利的咖啡與麥克的廚房。

b. 如果你沒有完美的故事素材，可以找一個在不同環境狀況下的「兩條路」故事，拿它來類比你的遭遇。（譬如奧斯特和瘋狂亂轉的磁羅盤）

c. 要是一個故事也想不到，怎麼辦？請自行杜撰。利用虛構人物從無到有地創造出「兩條路」故事，譬如三名市調研究員的故事。

二、我們從失敗經驗裡學到的教訓往往比成功經驗來得多。可惜的是，大家都習慣避談自己的失敗經驗。別猶豫！分享你最失敗的經驗，幫助別人避免犯下同樣的錯。他們會因此尊敬和欣賞你。（譬如百萬美元的錯誤）

21 提供指導和意見回饋

「意見回饋是優勝者的早餐。」

——肯尼斯．布蘭加（Kenneth Blanchard）

我是在一九九七年因第一次升官而搬到加州，才認識米奇．威克柏（Mitch Weckop）的。那是我進入管理階層的第一份工作。我很快就發現，如果我想學習如何有效地領導團隊，米奇是我的榜樣。

我很訝異他總是從旁激勵和指導工廠裡的一百多名員工。每次有人帶著疑問來找他，他不只能提供正確的建議，幫他們解決難題，還可以幫他們心理建設，讓他們對自己、對事業、對公司更有信心。

我經常對我太太麗莎說，我相當佩服他的領導能力，總覺得自己沒有那麼大的能耐能影響別人。但我知道我很想試試看。那一天終於到來，我發現自己正在幫忙部屬解決問題，我覺得我的處理方式跟米奇一樣。我不記得當時的細節了，但我一定是很滿意自己，因為當我回到家時，麗莎問我今天過得如何。我的回答竟然是：「很棒！我今天是『米奇經理』。」她懂我的意思。從此以後，這句話成了我和麗莎之間的暗號，意思是我竟然也能成為那種經理（至少那一天當中有幾分鐘是如此），而那也是我到加州與米奇共事以來一心想達到的目標。雖然這種機會不常有，但一年至少有幾天回到家時，我會脫口而出那句話。以下就是其中一個例子。

我曾和另一個專門支援我團隊的部門經理開過專案檢討會議。這位經理人的年資尚淺，但表現出色，是多數主管夢想合作的對象。雖然他不是我的部屬，但我對他很欣賞。會議終了時，我一如往常地問他最近好嗎。

「不太好，」他回答。「我太太要我辭掉工作。」我知道問題出在哪裡。過去幾個月來，他的工作量超載。以前他的部門還在我的管轄時，有三名經理一起分攤工作。後來組織重整，部門裁撤，刪去兩名經理職，剩下他一人扛起所有工作。我每個月碰到他，都會問他工作狀況如何。他都說工作時間長到令人難以忍受。我提出幫忙他的建議，他卻總是說：「不用了，謝謝，等ＡＢＣ專案完成之後，情況應該會好一點。」可是ＡＢＣ專案做完了，情況還是沒有改善。下一次問他，又是一樣答案：「等ＸＹＺ專案完成之後，情況應該會好一點。」

但六個月後依然原地打轉，他向我承認這情況已經持續快一年。他太太兩個月前生了老二，從那時算起到現在，他在家人就寢前回到家的天數，簡直屈指可數。

我問他，他的老板有沒有做什麼改善。他說：「你也知道我不認為他們在乎這件事。他們根本不重視我的工作。他們只想投資更多錢去研發更多方法讓我們運用，可是我們到今天都沒時間去使用那些新工具。他們沒有預算幫我雇用任何人手，因為他們把錢全花在研發上了。」

我等他發洩完才提醒他，我幾乎每個月都提議要幫他，卻都遭到拒絕。（我看得出來他認為找人幫忙等於承認自己失敗。）我說：「你現在應該同意我的看法了吧？這種情況不會好轉，該是時候接受我的幫忙了。」他接受我的幫忙。而我幫忙的第一件事就是先花點時間告訴他，像他這樣的員工對公司來說有多重要，他的表現有多優異以及理由何在，還有我可以預見他的前途大好，若是他能任職我的部門，無論現在或以後，我都會覺得與有榮焉。還有每位經理人都認為有他加入團隊，是何其有幸的事。他看起來似乎從沒聽過這些讚美。

接下來我告訴他，我有各種方法可以幫他。我可以去找他現在的老板談，請她協助。要是她沒有足夠預算幫他請助理，但我有。要不然，我也可以派我的屬下幫忙分擔他部分的工作。或者幫忙他列出工作的優先順序，剔除不重要的項目。就看他要我怎麼幫？還是以上皆可？

我們同意了其中一兩項，決定下禮拜著手。

最後，我又給了他一個嚴厲的意見回饋。「雖然我對這件事感到很遺憾，但這也不全是你老板的錯。你也要負起部分責任。因為嚴格來說，身兼經理、丈夫和父親的你，真的應該感到慚愧，竟然讓這件事拖這麼久，你起碼要知道，必要時應該開口找人幫忙，或者有人提議幫忙時，也至少應該放下身段，接受對方的好意。你對公司和家人來說太重要了，所以絕對不能因為壓力而傷害自己身心的健康。千萬別再讓這種事發生了。」

他離開時微笑地與我握手，誠摯地向我致謝。我從他的言語和表情看得出來，他很高興公司有人如此器重他，也很寬慰管理階層將確實幫他解決問題。這個寶貴的教訓讓他獲益良多，他從此學會如何當一名更好的員工、更好的丈夫和更好的父親。

當我轉身回到自己的辦公桌時，臉上不禁露出笑容。因為在那當下，我知道下班回到家時，又可以告訴我太太，我今天又當上米奇經理了。

這個故事讓我們學到幾個教訓。第一，如果你想專精於某方面，請找一位在這方面做得很出色的人，從旁觀察他的做法。對我來說，米奇就是我的模範。第二，當你成功時，要感到自豪，並適當慶祝。而我只要告訴我太太，我當上米奇經理了，她就會給我一個獎勵的笑容，為我感到驕傲。第三，只要處理得當，就算明白指出別人犯了錯，對方還是會感激你的不吝告知。現在就讓我們看看上面那則故事是如何辦到。

首先，先從正面的意見回饋開始。這會讓你的聽眾願意聽你說下去。如果先從負面回饋開始，只會令對方洩氣。此外，正面回饋可以幫你在聽眾面前建立可信度，他才會願意相信你的負面回饋。畢竟如果你聰明到可以看見他在某方面的長才，那麼就算你指出他的缺失，也應該錯不了。

第二，我問他是否同意這已經構成問題，再不解決，只會更惡化。因為要是你的聽眾不認為這構成問題，你提議的對策，對方也只是左耳進右耳出而已。

第三，我問對方這問題是否已經正在解決。以這例子來說，我問他的老板有沒有在解決這問題。但更好的方法是問對方有沒有在解決這問題。如果已經在解決，你就不必重覆做同樣的事情。要求最應解決此問題的人出面解決，絕對是個好辦法。

第四，我把我的幫忙方法都告訴對方，不是只提議而已。提議固然好，但具體的協助內容更好。再說，如果你可以提供很多選項，聽眾便可以從中選擇最有利於他的幫助。

第五，我明確告訴對方，這種情況令人無法接受，因為他對我們來說太重要了，所以不能再這樣繼續下去。大部分的意見回饋都會給人這樣的感覺：「你不夠聰明，所以才沒把這件事情處理好」。這種回饋會撕裂聽者，成為自我實現式的預言。比較一下另一種說法：「你太聰明了，所以不能再這樣下去。」後面的說法比較可能將對方的行為改變成你想見到的行為。

＊＊＊

如果犯錯犯得很明顯，指正對方的時候，給予意見回饋也比較容易。但不幸的是，很多人就算自己犯錯，而且犯的錯很明顯，卻仍不肯輕易承認。這也是為什麼第二步很重要——先確定你的聽眾認同你的意見回饋。萬一對方看不見（或不肯承認）自己的錯誤，你該拿他們怎麼辦？告訴他們一個意見回饋的故事，而且故事主角說的是別人。其中一個最古老的例子來自於舊約聖經。多數基督徒和猶太人都知道大衛王和拔示巴（King David and Bathsheba）的故事。但很少有人知道拿單（Nathan）後來說了一則很有力量的譬喻故事。

根據撒母耳記（the Book of Samuel）的記載，有一天傍晚，大衛王從床上起身，在皇宮頂樓散步，看見一名女子正在附近住家……洗澡！那女子長得很美，於是大衛王差遣手下去查探這女的是誰。手下回報她是尤利拉（Uriah）的妻子拔示巴。尤利拉是大衛王軍隊裡的士兵，正出外征戰。於是大衛王強召拔示巴進宮，還睡了她。（如果拒絕國王的要求，恐會被處死。）

事後，大衛王傳話給他部隊的指揮官，要他派尤利拉上前線作戰，並將其他人撤出陣地。指揮官聽命大衛王。結果如其所料，尤利拉陣亡。大衛王於是將拔示巴帶進宮裡，強行納她為妾。

一年後，預言家拿單來看大衛王。預言家的責任之一就是正視罪惡。拿單對大衛王說，城裡住了兩個人，一個有錢人和一個窮人。有錢人養了很多牛羊，但窮人只有一隻小羊，他把小羊養大，與牠分享食物，與牠同喝一杯水，甚至讓牠睡在他懷裡。待牠如親生女兒。

有一天，有名旅者來拜訪富人，可是富人不殺自己的牛羊招待客人，反而殺了窮人的小羊。大衛王聽到這故事，很憤怒。他對拿單說：「我以上帝之名起誓，做這件事的人非常該死！他應該以那隻羔羊的四倍代價來償還，因為他一點憐憫之心也沒有，竟敢做出這種事。」

「你，」拿單嚴肅地告訴大衛王，「就是那個富人。」拿單解釋國王已有很多妻妾，但尤利拉只有一個妻子。「你拿劍殺了尤利拉，將他的妻子占為己有。」

大衛王只得對拿單認罪：「我在上帝面前犯了罪。」

大衛王無話可說。他不只被人發現有罪，更因宣判了那則故事裡的富人有罪，而為自己定了罪。

有時候，你不知道自己做錯什麼，非得透過別人的眼睛才看得到。譬喻的故事讓我們有機會從另一種角度看事情。後面第二十四章會教你譬喻和類比這兩種好用的工具。前面的例子就是在使用譬喻。運用得當的話，這種技巧反而是最有效的指導和回饋方法。

想在商場上使用這種技巧，需要的只是一個和「拿單的窮人／富人」一樣好的故事。幸好多數領導人都曾在別人表現不佳的時候，試圖糾正對方。你可以在其中找出一個例子，但這例子的情況必須和你現在正在處理的問題不太一樣，不會明顯到讓對方立刻聽出其中的影射。然後將這例子告訴對方，請他找出裡頭的問題。一旦對方點出你想要他看見的問題，再告訴那位「大衛王」，他就是這個主人翁。

＊＊＊

在意見回饋方面，另一個令領導人頭痛的問題是——有人要求他們提供意見回饋，但是他們還沒準備好該如何回饋。這通常發生在員工剛做完一份大型專案計畫，或剛提完案。可是他的老板還沒有時間好好消化，所以老板的回覆通常是：「哦，你做的不錯，很好！」在這種情況下，最好的方法應該是請對方給你一點時間想清楚再做意見回饋。而當你回饋意見時，可以利用上一章所學到的兩個課題。第一，先確定對方問對了問題。第二，如果你可以用「兩條路」故事法來回饋，就用吧。以下例子說明了這兩點。

柯妮・麥諾（Courtney Minor）是一位前途大好、年輕聰明的經理人。她最近剛升官，現在正和新團隊合作一件很大的專案計畫。重要的日子終於來臨，她和她的團隊得向領導階層呈現成果，請他們批准專案，才能申請下一階段的資金補助。對資淺的經理人來說，第一次向總監們和總經理提案，是個恐怖又很重要的經驗。不管是哪一種，都是每個人必經的過程。

那天開完會後，柯妮去找她的總監，請他提供一些意見回饋：「我昨天在會議上說得更多吧？」她問道。

總監先是一頭霧水地看著她，頓了一會兒才回答：「這問題問得不對。」她驚訝地瞪大眼睛。「你應該問的是，『我達成我的目標了嗎？』」然後他問了她幾個問題。「你在提案裡，有把團隊的進度說清楚嗎？」

「有，」她回答道。

「你說明你找到的風險了嗎？」他問道。

「說了。」她又回答道。

「你能回答你專業領域裡的所有問題嗎？」

「可以，」她點點頭。

「副總核准你的專案計畫了嗎？」

「核准了！」她大聲說道。

「聽起來你做得很棒！」他結論道。「恭喜你。」

柯妮很高興聽到這結論，但她的經驗教訓還沒結束，因為她的總監還在繼續向她解釋，何以她問錯了問題。

「不怎麼樣的意見到處都有。我聽過最爛的一個是：『如果你想被人視為領導者，就一定要在會議開始的前三分鐘內搶先開口發言。』雖然我相信這句話自有它的道理，但在會議裡如果真的照這方法做，效果通常不怎麼好。我相信你在會議裡一定見過這種人，他們坐立不安，急著想找機會發言。可是說出來的都是很愚蠢的話，只是讓其他人確信『這人很愛現』。如果你擔心的只是你說的夠不夠多，你可能會掉入同樣陷阱裡。會議室裡早就有夠多的年輕企管碩士等著搶那三分鐘的開場白。你不用跟他們一樣。你可以考慮一下艾希溫尼的例子。」

「當年艾希溫尼．波瓦（Ashwini Porwal）還是這個部門的總監時，有一次董事長和總監們打算出差，前往一家現場銷售辦公室。為了做好準備，其中一名總監寫信給當地的業務團隊，先行自我介紹領導團隊裡的成員，以便拜會之前，可以先分享一些重要觀點。」

「寄信者為每個成員都寫了一段話，先從董事長包柏．麥當勞開始。『包伯喜歡談大藍圖……不喜歡幫問題裹上糖衣，他有話直說，可能會問到定價方面的問題，』諸如此類等。幾段文字之後，開始提到艾希溫尼。但這段文字不像描述其他人那樣長篇大論，它只短短幾句：「艾希溫尼．波瓦是市調總監。他話不多，可是當他開口時，你最好仔細聽，因為連包柏．麥當勞都會專心聽。」

「所以你想成為哪一種人？你可以學別人那樣搶前三分鐘發言的機會，但只會被人認為很愛現。還不如學艾希恩尼——當你開口說話時，每個人都豎耳傾聽。」

柯妮現在對自己在會議裡的表現有自信多了。她終於認清什麼才叫做好的與會表現。擔心自己說得夠不夠多這件事，不再重要。

＊＊＊

以上故事都是在談如何有效提供指導與意見回饋。不過還得再多說一則如何接受意見回饋的故事，才算畫下完美句點。這是某人得來不易的教訓，那人叫蓋兒．郝蘭德（Gail Hollander）。蓋兒從事廣告已經二十幾年，曾在紐約幾家很有名的廣告公司待過，也曾幫幾個產業建立起成功的品牌，更製作過數部當今很有名氣的電視廣告。

蓋兒在廣告界一直是擔任業務管理的角色。意思是她得負責客戶業務，瞭解他們的需求，研擬傳播策略，向她的創意部門說明客戶要什麼樣的廣告。創意部很慶幸平常多數時間只需要和蓋兒打交道就行了。但相對的，蓋兒卻得面對十數個客戶，有的挑剔、有的古怪，有的令人勞心費神。

她記得她有個客戶最麻煩。不管創意部們的點子有多棒，對他來說都不夠好。他會在會議裡大吼大叫，比手畫腳。不管她多努力地解釋她的觀點，他好像從來都聽不懂，更別說同意她的想法了。她說，這就像雞同鴨講一樣。兩個人的能力都很好，卻「語言不通」。

他要蓋兒退出這個業務。因為他是付錢的客戶，所以他知道可以如他所願。他只需要打通電話給廣告商的客戶群總監就行了。客戶群總監的工作是幫客戶指派服務團隊。諷刺的是，在這家廣告公司裡，客戶群總監竟然也是蓋兒．郝蘭德。終於，電話來了，她一點也不驚訝。她躲不掉，因為她的工作就是：以耐心和同理心，傾聽客戶細述希望她退出的理由。可想而知，這傢伙在電話上的態度跟在會議上沒什麼兩樣。

如果在別的場合裡，蓋兒一定會用理性反駁對方的說法，為自己辯護，但他這次打電話來不是跟他的業務經理蓋兒．郝蘭德抱怨，而是跟客戶群總監蓋兒．郝蘭德抱怨。那是她在電話裡必須扮演的角色。所以她客觀誠實地評估眼前情況，發現自己不得不同意，她的確不適合與這個客戶共事。於是她退出業務，派別人上場。

22 示範如何解決問題

「要解決自身問題，不能靠我們當初製造問題的那種思維。」

——艾柏特．愛因斯坦（Albert Einstein）

汰漬（Tide）自一九四六年上市以來，便一直穩居全美洗衣精市場的冠軍寶座。主要原因是寶僑公司的化學家和工程師年復一年地改良清潔配方。一九九〇年代晚期，他們正進行一項史上最有趣的配方改良作業。根據前任科技長吉爾．克洛依德（Gil Cloyd）的說法，那年的挑戰是，有一種土壤異常頑固，沾到一般衣料便很難洗淨。而另一個古怪之處是，在洗衣機裡，若從衣物上脫落，就會再沉澱到另一件衣物裡，而不是懸浮於洗衣水裡。

通常要強化洗淨效能，挑戰往往在於：配方若太溫和，將無法徹底洗淨髒汙，但絕不會傷害布料；配方若是太強，雖然可以徹底去汙，卻可能傷害布料。所以關鍵就在於找到足以殲滅這種特殊土壤、去除汙垢，又不會傷害布料的正確配方。這也是研發小組正在傷腦筋的地方。

經過幾個月的挫敗，有人提出這個問題：「要是一開始就讓這種土壤不會再黏上第二件衣物？或者能在洗衣機裡預防這種黏合反應呢？」團隊與其徒勞無功地尋找可以徹底清除這種汙垢的化合物，倒不如改弦易轍，改而尋找可預防它沉積在第二件衣物的化合物。結果在很短時間內，團隊便完成這項工程。沒多久，他們推出史上最有效的洗衣精，繼續享有全國消費者對它的忠誠度。

這裡學到的教訓是：有時候要解決問題，最好的方法是避免陷入一開始的問題裡。下一次當你的團隊遇到棘手問題時，請反問：「要是……會怎樣？」

吉爾的故事是個經典的「跳脫框架思維」的故事。它很適合用來帶領屬下找到創意對策，因為你不能光告訴他們「在思維上要跳脫框架」，這變得有點像第十七章你光是告訴他們必須熱愛自己的工作。反而是應該給他們一個更大的框架。請參考以下這則九個圓點的經典題目。

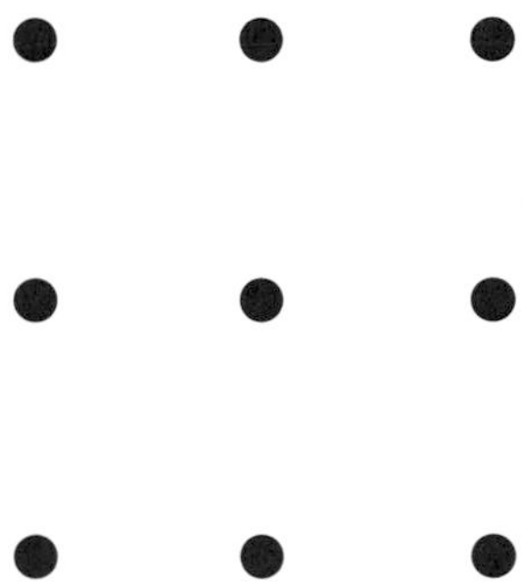

你的挑戰是用四條筆直的線（或四條以下）來連結這九個圓點（如上圖），線不能斷也不能重覆原來的路徑。大部分的人第一次嘗試時，都會把自己侷限在那九個圓點的周長上，所以怎麼試，都不可能在那個框架裡找到解決辦法。唯一合理的辦法是，往想像的框架以外延伸直線。只要這麼做，就能很快找到幾種有

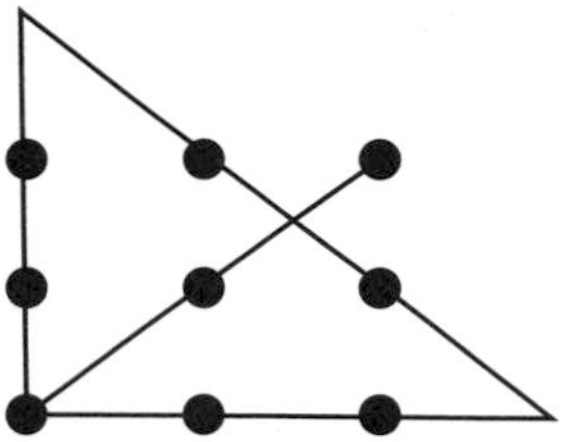

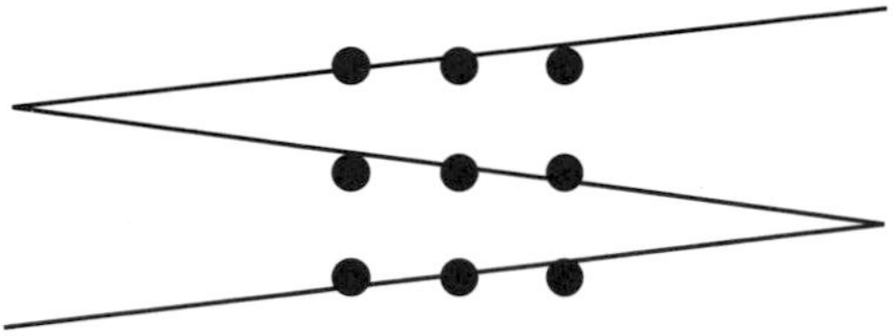

創意的解決辦法。這頁的兩張圖，就是其中兩種。

人類在思考的時候，都需要靠一些框架來參考。如果你不給他們，他們會自己創造。所以要他們快點找到解決辦法，不是告訴他們「在思維上跳脫框架。」而是畫一個更大的框架給他們，譬如下面這一題，請他們用四條線來連結九個圓點，中間不能斷線，也不能重覆原來的路徑，所有的**線都要在這個方框以內**。

他們會很快找到解決辦法。你只要先繞著九個圓點，畫出一個大一點的方框（見下頁圖）——一個比他們自行會套在自己身上的那個方框還要大的方框，便等於強迫他們去思考那個方框以外的空間。這就是「跳脫框架思維」的故事所要告訴我們的課題。就像汰漬的故事一樣，它提供了一個更開闊的解決空間，畫給他們一個更大的框架。當多數人都在原問題裡打轉，尋求解答時，汰漬的故事可以讓大家把注意力放到各種可能的解決辦法上，避免自陷於一開始就有的問題裡。這故事的寓意當然不僅止於洗衣精或化工業遇到的問題，其他任何問題都可以適用。

＊＊＊

若想在組織裡培養出優秀的問題解決高手，另一個方法是教導他們從團隊、公司或甚至產業以外的角度去尋找對策。安迪・莫瑞（Andy Murray）的故事清楚說明了這一點。

一九九七年，安迪是阿肯色州史普林戴爾一家剛起步但成長快速的購物行銷公司的創辦合夥人之一，這家公司叫做湯普森莫瑞（ThompsonMurray）。它專門創作全美零售店舉目可見的店內行銷和展示素材。安迪自己很清楚，零售業是個腳步快速、變幻多端的行業。新舊品牌進進出出，每週都在更換展出的商品或特價商品。這些全都需要新的行銷素材，所以關鍵在於速度。跟不上市場速度的行銷公司註定撐不了多久。

因此安迪一直很留意那些可幫助公司應變但又不會傷及品質的點子。只是沒想到其中最棒的點子竟然來自於最不可能的地方。他兒子的小兒科醫師傑森大夫（Dr. Jackson）就是其中一個

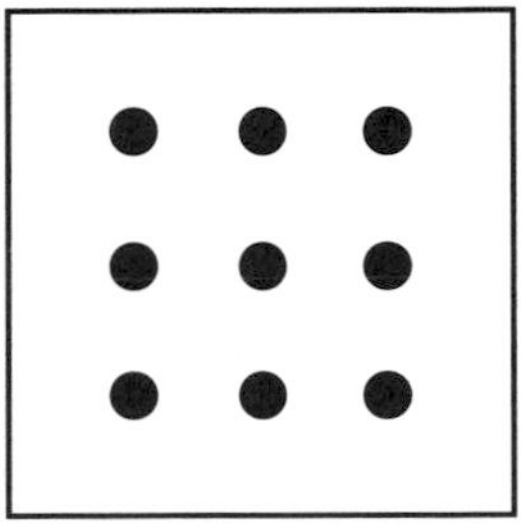

來源。曾被票選為全市最佳小兒科醫師的傑森大夫向來視病如親。但這不是安迪對他刮目相看的地方，安迪最佩服傑森大夫的是，醫界的他名聲如此響亮，竟然還能一天看診七十多名病人，那時候的醫生一天大多只看診四十到五十名病人。

安迪對他太欽佩了，於是請傑森大夫到湯普森莫瑞來與他的團隊聊一聊他是如何辦到的。來訪時，他才發現傑森大夫的祕訣並不在於

他樂於花更多時間在工作上，或者把每位病人的看診時間縮短。畢竟縮短病人的看診時間，怎麼可能獲選為全市最佳醫生呢？他成功的祕訣和醫療行為無關，而是和護理行為有關。通常醫生花在每個病人的時間約十分鐘，另外再花五到十分鐘記錄看診結果、開處方、向護理人員交代醫囑內容。傑森大夫想到一個辦法來處理這些無需病人在場的作業，要嘛減少這類作業或剔除這類作業，要嘛就是把這類作業時間改成有病人在場的時候做。於是每當他進到各病人的診間時，門上都有個資料夾，裡面有完整病歷、看診原因、護士的初診評估，還有一台錄音機。傑森大夫開始問診，參考病歷，決定治療方向。然後他不會像以前就離開病人，將所有後續作業全堆積到一天快終了時再一次處理，反而當著病人的面直接處理。他用錄音機錄下診斷結果、處方和醫囑內容。再把錄音機放回資料夾，護理人員會取走資料夾和錄音機，接手後續事宜，醫生則去看下一個病人。

在診間裡當著病人的面處理完所有後續作業，有幾個好處。第一，因為記憶猶新，所做的記錄會比看完所有病人再處理來得更精準。第二，這方法的速度快多了，因為他不用寫的，改用說的。而且也不必再回頭翻閱當時的記錄和結論來提點自己，所以速度快很多。第三點也是最重要的一點，由於他不是獨自待在辦公室或在護士陪同下處理後續作業，而是把那三、四分鐘的時間花在病人身上，病人可以當場聽見醫生的處方和醫囑，要是有疑問，也可以直接請教醫生。所以病人不會覺得自己的時間被浪費，反而很感激有機會親眼目睹或耳聞這些和他們療程有關的幕後作業。說到個人就醫，病人對醫療透明度的重視其實更勝過於時間。

安迪將傑森大夫那套用在病人身上的方法，活用在購物行銷事業裡。他的團隊為每一件客戶專案作業都製作了工作資料夾。所有相關資料都放在資料夾裡。任何專案從最初和安迪諮商，一直到交給購物行銷部門著手，再呈交到創意部門，以致於模型的完成和成品的製造，資料夾都形影不離。當創意部門拿到A客戶的資料夾時，他們知道自己可以立刻開始工作，不必擔心創意綱要、品牌形象或購物市調研究做好了沒？開始進行了沒？因為要是還沒準備好，就不會收到這個資料夾。於是很多事情不必再重頭開始，專案製作所需的時間縮短了，客戶更滿意了。

安迪也從這個經驗裡學到另一個教訓。如果你有問題有待解決，請把目光探向自身產業以外的地方，從中尋求靈感。找一個解決過類似問題的產業，借用它的方法來發想出自己的對策。如果你的問題卡在速度，可以研究一下救護車的緊急服務是如何運作，或者請教消防單位或賽車補給站裡的隊員。

安迪是靠著小兒科醫師的幫忙，解決了湯普森莫瑞公司的工作速度問題。於是這成了公司的競爭優勢之一，營收快速成長。二〇〇四年，全球廣告界巨人上奇廣告公司（Saatchi & Saatchi）收購了湯普森莫瑞公司，改名Saatchi & Saatchi X，如今已是舉世聞名、全球最大的購物者行銷代理商之一，也是全世界最有創意的廣告商，其原因泰半歸功於它的員工到現在都還很願意到最不可能的地方去尋找靈感。

如果你想要你的團隊打破部門的桎梏，向外尋求靈感和對策，請把安迪的故事告訴他們，看看會有什麼結果。

＊＊＊

人們在碰到問題時所產生的另一個障礙是，它們看起來好像太複雜了，不知道從何著手，於是索性撒手不管，把注意力轉移到沒那麼煩人的問題上。身為領導人的你，責任就是移除障礙，讓屬下可以動工做事。我發現在這種情況下，以下這則故事很有幫助。它來自於瑪格莉特．帕金的著作《教育訓練者的故事寶盒》（*Tales for Trainers*），描述的是她在倫敦家裡的經驗。

瑪格麗特決定自己織一件有向日葵圖案的毛衣。她需要羊毛線，她母親要她到樓下一只放衣服的舊袋子裡找找看。這些年來織完毛衣、圍巾和羊毛衫所剩下來的毛線球都放在那只袋子裡。可是當瑪格麗特打開袋子時，卻發現裡頭一團亂。

「沒救了啦！」她對她母親哀號。「這些毛線都打結了，根本不可能織出毛衣。我什麼時候才解得開這些結啊？」

「這比你想像得簡單多了，」她母親回答道。「只要先找到最容易解開的結，把它解開，後面的結就容易多了，只要繼續慢慢做，直到所有毛線結都解開為止。」

她照她母親的話做，先解開第一個結，然後是第二個，第三個。結果比她想像的更快解開所有毛線球的結，而且不同顏色的毛線球一個接一個出現。她先解開的是紅色毛線球的結，接著是黃色的，然後是綠色和灰色。沒多久，大坨的結不見了，取而代之的是多顆不同顏色的毛線球。她開始織毛衣——一朵漂亮的大向日葵開在在她那件合身的毛衣上。

瑪格麗特問道：「誰會想到這麼漂亮的毛衣竟然藏在那只毛線全打結的舊袋子裡。」

「它一直都在那裡啊，」她母親回答道。「你只是不知道去哪找而已。」

這則故事的寓意告訴我們，當問題全打結時，人們往往招架不住。所以最好的辦法是把每個問題都當成個別問題來看，一次解決一個。將工作分成好幾部分，一次處理一個部分。解決了一個，再換一個。

＊＊＊

所有這些故事都是為了幫忙你的組織解決問題——包括最困難的問題。但有一種問題，它們沒辦法幫你解決，那就是你不知道自己遇到了問題。在你能解決問題之前，你必須先找出它們。本章的最後一個課題就是要教你如何從一開始就找出問題。下一則故事說明了一個簡單但有效的方法，這方法來自於大衛．阿姆斯壯的《小故事，賺大錢》（*How to Turn Your Company's Parables into Profit*）。

一九六〇年代左右，紐約的常青閥門製造公司（Everlasting Valve Corporation）雇用了一名年輕的業務員。他接受了幾週訓練之後，決定去拜訪客戶，但不是要推銷產品，而是想看看他們如何安裝常青牌的鍋爐閥門，如何收到這些產品，以及如何保養和庫存。他認為如果他能瞭解他們的使用方法，未來自己才會更懂得怎麼配合他們的需求。於是他自行安排了一趟旅行，前往拜訪幾家客戶的設施。

才抵達第一站，他的聯絡人就前來會合，帶他參觀工廠，這時他注意到有台起重機正緩緩地將一只木箱高高舉起，突然，那木箱掉在地上，砰地一聲發出巨大聲響！業務員大喊：「小心！」轉身躲開，木屑到處飛濺，水泥地板上躺著木箱裡的內容物。

「大家都沒受傷吧？」業務員問道。

他的廠房嚮導微笑向他保證：「沒事，我們這麼做是故意的。那個送來的木箱結實到乾脆砸在地上打開還比較省力，否則我們得花很多時間去撬開每塊木板。」

業務員低頭一看，只見其中碎裂的木板上印著「常青閥門公司」的字樣。

上述故事是千真萬確的。這是產品設計師稱之為補償式行為（compensating behavior）的一個經典例子。如果你的顧客在使用你的產品時，使用方法和你預期或以為的完全不一樣，這就是補償式行為，也是明顯的警訊，表示你的產品有問題。常青牌閥門的營收有百分之十是花在那些堅固木箱的製作上。這位業務員因為這趟拜訪發現了這種包裝過於堅固，最後公司決定改以簡單又廉價的木材取代，從此省了好幾千美元的成本，也幫客戶省了開箱的時間、麻煩和風險。

你是不是曾用過鋼鋸想鋸開某個小電動玩具的塑膠包裝？你是不是沒有完全遵照蛋糕粉外包裝的指示，自行又添加一點食材進去？你是不是會拿一小截黑色膠帶去貼光碟放映機上那過度刺眼的「數字」燈？這些全都是補償式行為，它們在大聲告訴你，你的產品或包裝需要再改進。觀察一下你的顧客如何使用你的產品，就像常青公司的業務員一樣。如果你想找出補償式行為，這是最好的方法。但如果你只是透過公開的線上調查或會議室裡的焦點團體討論會來收集資訊，恐怕無法真正找出顧客的補償式行為。走出辦公室，到顧客使用產品的地方走動一下，不管是辦公環境或住家都無所謂。你也許不會幸運到剛好碰到木箱砸在你腳下，但如果仔細觀察，還是可能發現一些很有幫助的蛛絲馬跡。

摘要和練習

一、你不能只告訴大家「在思維上要跳脫框架」。你必須為他們畫一個更大的框架。就像「九個圓點」這樣的經典難題所想到的對策一樣。分享「跳脫框架」的故事，可以為人們繪出更大的框架，強迫他們在更大的框架裡思考。

二、有時候要解決問題，最好的方法是不要陷進一開始的問題裡。下次你的團隊遇到棘手問題時，可以分享汰漬的故事，然後問：「要是……會怎麼樣？」

三、通常要找到框架外的解決辦法，最好從自身產業以外的地方著手。就像安迪莫瑞的公司一樣，找一家解決過類似問題的產業，從他們身上學習。把安迪的故事告訴你的團隊。再請團隊成員去找辦法。（譬如，有錄音機的醫生。）

四、有些問題看起來艱難到令人想退避三舍，不知從何著手。請分享瑪格麗特·帕金的「毛線球」故事，鼓勵人們一次解決一小部分的問題。

五、最糟糕的問題是，你不知道自己遇到了問題。補償式行為是指當你的產品或服務不符合顧客所需時，他們會出現的一些行為。就像常青公司的業務員所學到的，找到補償式行為才是發現問題和對策的最好辦法。請把這故事與你的團隊分享。要他們出去拜訪客戶，看看有沒有補償式行為出現。

23 幫忙大家瞭解顧客

「說故事經證實是有效的工具，它能移除企業語言和研究科學之間的隔閡。」

——微軟研究專員克里斯多夫．法蘭克（Christopher J. Frank）

一九九三年，羅希尼．米格拉尼（Rohini Miglani）剛走馬上任印度好自在女性生理用品公司（Whisper Feminine Pads）的品牌經理。當地天氣悶熱，她在南印度的青奈市（Chennai）首度花三天時間進行家戶調查。她帶了一份有十五名受訪者姓名和住址的名單，受訪者全是中下階層的婦女，她希望藉助這次的訪談瞭解，是什麼原因促使她們生理期間願意多花錢改用好自在衛生棉，而不再使用簡單的布墊。羅希尼親口敘述了這則故事：

那天倒楣事不斷，一整個早上不是地址錯了，就是沒人在家，要不就是翻譯聽不懂。最後在跟當地的市調站通了六通電話之後，才總算找到消費者願意接受訪問。希望真的能有豐富的收穫。最後，我來到一條路，到處是灰塵，地處偏遠，是中低階層居住的城郊。我打起精神，盡量不去想那兩條酸痛的腳和飆高的氣溫。

而一切就像說好似的，我才一踏進那位消費者的屋子，原本在桌上慢吞吞地送著風的風扇竟然就停了，這種無預警的停電在當地見怪不怪。屋內的女士滿臉歉意地對著我笑，前門旁邊有兩張金屬折疊椅，她示意我坐其中一張，我感激地癱坐下來。

她把一只金屬杯遞給我，我慢慢啜飲著杯裡的水，同時忙著打量周遭環境：住所照明不良，只有兩個小房間，廚房設在壁凹處，用簡陋的布簾隔開。除了我們坐的椅子之外，還有另一張木椅和一張金屬桌充當傢俱。屋裡沒有電視或冰箱。我們一開始談話，她就把收音機關了。我注意到窗台有一罐塑膠花，牆壁上掛著色彩鮮麗的日曆，日曆上有印度財富女神拉希米（Lakshmi）的圖片。門後掛勾掛著一件男用襯衫、長褲和一條藍格紋的亞麻毛巾。窗前的桌上整齊疊放著學校的作業本，一式地以牛皮紙當書套包起來。

婦人看起來嚴肅，外貌比實際年齡大。疲態猶如她身上那件垂在地上、毫無生氣的紗麗服。我意識到我打斷了她一天當中趁小孩上學、老公上班才能擁有的唯一寧靜時光。我一邊作筆記，一邊好奇她為何肯不嫌麻煩地願意接受我的訪問。我又不能給她什麼，頂多只是盡我所能地當個好聽眾。討論之初，我就發現到她本人沒有使用好自在衛生棉，她是買給那在唸八年級的女兒用的，以前她女兒也是布墊使用者。我請教她，如果她女兒已經習慣使用布墊，為什麼還要多花錢去買好自在衛生棉。

「因為她得上學，」她回答道。

「那你女兒以前還在用布墊的時候，怎麼上學呢？」

「她還是會去上學，只是覺得很不舒服，因而無法專心上課。有了好自在，她不再覺得濕濕黏黏，比較舒服，也不用再擔心弄髒。」

「可是你不覺得買好自在讓你女兒一個月一次的生理期舒服一點，這代價對你來說有點太昂貴了嗎？」我問道。

「是啊，是有點昂貴，可是她需要專心上課，才能得到好成績。」

「這很重要嗎？她可能畢業以後，你就要她嫁人了，所以好成績有這麼重要嗎？」

「我希望她畢業後繼續深造，我不希望她太早結婚。」

「可是你自己也是十六歲就結婚，早婚有什麼不好？」

她傾身向前，深深看進我眼裡，然後開口向我解釋，這時候的她，臉上疲態不再：「我不希望我的女兒像我一樣，我希望她經濟獨立，能到外面的大千世界自在地去闖。她要不要結婚，由她自己決定。但她必須用功念書，得到好成績，去上大學，找一份好工作。我不希望她二十歲的時候就得養兩個小孩。我這一輩子都在忙著帶孩子，我的人生已經沒什麼指望。但我的女兒跟我不一樣。這也是為什麼對我來說，買好自在是值得的。」

想當然爾，當羅希尼和市調團隊一回到辦公室，便立刻根據自己的觀察心得寫出一份完整的摘要報告，裡頭包含了她所能想到的所有細節，並將當週受訪的十幾位女性濃縮成一個最具代表性的「消費者」。只不過這個消費者的塑造源頭，最大功臣還是來自於羅希尼那次與那位婦人的一對一談話。這故事流傳了二十年之久，一直到今天，都還在幫助好自在的新進員工瞭解他們的消費者是誰。然而那份正式的摘要報告十五年來早就不見蹤影。

誠如偵探小說家約翰・勒卡雷所言：「從書桌的角度看世界，是很危險的。」要是組織裡所用的顧客資訊都只是枯燥的簡報說明和統計數據，你的工作夥伴對顧客的瞭解恐怕就跟你看自己的病歷一樣摸不著頭緒。誠如前一章結尾所建議，請走出辦公室，直接面對顧客。回來後，將你的經歷寫成故事。

＊＊＊

不要被羅希尼的故事長度嚇到。誠如我們以前所看過的例子，故事不必長，也能發揮效果。吉姆・班格（第一章裡的企業故事長）記得一九八五年訪問過一名消費者，那次的經驗到現在都還令他印象深刻。當時他負責的是一個起酥油的品牌，他訪談一名婦人，聊到起酥油和豬油的不同。她告訴他：「我知道起酥油比豬油健康，但若為我的孩子著想，我還是得買豬油。」

吉姆覺得不合理。如果起酥油比較健康，為什麼買豬油給她孩子吃會比較好？那位婦人解釋道：「如果我買了起酥油，我就沒錢買牛奶了。對我孩子而言，豬油和牛奶比起酥油和水來得健康。所以我買豬油和牛奶。」

這件事當頭棒喝了吉姆，這是他第一次深入瞭解到一個做母親的在有限的預算下，會如何權衡眼前的交易。這則故事的分享讓他的團隊成員也都認清這件事實。

這故事不長，卻足以撼動一個人的觀念和想法。你的顧客故事不見得會比這則長。

＊＊＊

這本書目前談到的都是靠口頭或書面方式來傳播故事。但這並非企業故事唯一適用的媒介。我聽過一些最具震撼力的故事，都是來自於影片。第八章的彈性工時安排故事就是來自於那家公司網站上的影片。以下這則故事，則是一家主流級的美國零售商所製作，目的是要幫助它的員工更深入瞭解顧客。

畫面一開始是一名扮演購物者的女演員對著鏡頭說：「你知道嗎，如果他們可以重新改裝一下店面，我的日子會輕鬆許多。別誤會我的意思，我喜歡這家店，但要逛完整家店，起碼得花上一兩個小時。就像那一天，我有一堆事得做……也不是什麼大不了的事啦。反正我先去接小孩放學，才來這裡逛。我們只有三十分鐘可以購物。因為我的老大約翰在練橄欖球，我得趕回去接他。不過我告訴孩子們，如果他們乖一點，我們就買材料回來做冰淇淋聖代。他們很愛吃冰淇淋聖代！」

「我們才剛在停車場停好車，我老公比爾就打電話來，說他人不太舒服，要我買些感冒藥和頭痛藥回家，讓他晚上睡好一點。我們進了賣場，裡面一如往常的擁擠。我到雜貨區開始購物，因為所有食物都放在同一區，我是說幾乎啦。我記得我要幫孩子們買的冰淇淋。可是狗食，我到處都找不到！我一直在查看貨架標示，就是找不到狗食，於是朝大通道那裡看，那邊展示很多商品，真的，多到我都看不到通道後頭有什麼。反正那裡也從來不會擺我想要的品牌。於是我又花了五分鐘找狗食。結果在賣場的另一頭找到。等我找到狗食，才發現我連一半的東西都還沒買齊。」

「這時我想到了比爾的藥，於是到藥品區去找。我知道我沒走錯地方，可是怎麼都找不到他要的牌子。我的意思是，它不是應該擺在止痛藥的地方嗎？還是感冒藥那裡？或是安眠藥那裡？我終於找到工作人員詢問，他要我回到剛去過的地方找。反正我後來找到了，等把藥放進推車裡，再看看手錶，只剩下十分鐘了，可是還有一半的東西沒買。我決定先去足球場接小孩，回家路上再順道到去藥房買剩下的東西，不然明天也可以到另一家店買，反正那裡有件很漂亮的洋裝，我一直想買給莎拉。」

「可是排隊結帳的人很多，我們排在隊伍裡，好不容易輪到我們，就在收銀員快結好帳，掃到最後一項冰淇淋時，我才想到，我忘了買做聖代的材料！孩子們一定會很生氣！我看看後面的隊伍，心想也許還有時間回去買鮮奶油、櫻桃和巧克力醬。可是要找到所有的材料恐怕要很久，我看了看手錶，已經沒時間了。如果要到足球場接約翰，現在就得走，不然會遲到。」

在這段簡短的描述裡，這位媽媽顯然對自己很失望，因為她知道她會令孩子們失望。不過她也很氣這家店害她很難買到該買的東西。她接著把故事說完：「就在我們快走到車子時，我女兒莎拉突然說：『媽，別忘了，你答應回家後，要做冰淇淋聖代給我們吃。』」

媽媽懊惱地搖搖頭，鏡頭直接跳到冰淇淋聖代沒做成功的靜止畫面——只有一杯單調的香草冰淇淋，孩子們失望地低頭看著它。

畫面淡成黑螢幕。

你剛讀的那則故事只是上奇廣告所製作的影片獨白，也就是你在第二十二章看到的那家購物行銷公司。上奇製作這部影片的目的是想刻畫顧客在美國某著名零售賣場的購物經驗有多令人沮喪。影片裡購物者所遇到的麻煩事對客戶來說其實不是什麼新鮮的見聞：很難在貨架上找到要找的品牌；最熱門的商品區竟被分散在店內各處；堆滿陌生商品的棧板層層疊在通道上，經過時簡直像在跑障礙賽。這些令人挫敗的購物經驗早已出現在無以數計的市場調查報告裡，但為什麼還要分享這樣的故事和製作這樣的影帶？因為市調報告裡的一堆統計數據說服不了領導高層。可是一位婦人的故事，代表的是數百名不滿的受訪者所綜合出來的經驗，卻能成功達陣。

這個影帶在公司總部流通了幾個月後，這家零售商終於決定祭出全國性手段，全面測試重新設計過的商場，希望能解決影帶中所提出的各種問題，甚至未雨綢繆地解決其它更多問題。統計數字和市調報告改變不了任何人的決定。在基本道理說不通的情況下，極具創意的影像故事反而成功了。

摘要和練習

一、離開你的辦公桌，出去拜訪你的客戶，帶越多團隊成員越好。回來後，把最增長見聞的經驗寫下來。你大可用報告、圖表和備忘錄的方式來呈現枯燥的統計數字，但一個構思良好的故事反而更能讓組織貼近你希望他們認清的事實。（「我不希望我的女兒像我一樣。」）

二、最近有沒有在顧客身上經歷到什麼令你大開眼界的經驗？寫下那個經驗，就算只有短短幾句也好。把你的領悟與他人分享。例子之一是起酥油和牛奶的故事。

三、製作一支影帶來刻畫典型顧客的一天，或者是顧客與你的產品／服務互動的經驗，譬如上奇廣告拍的影片。這種片子保證會被一再播放，但你的市調備忘錄卻只會被塞在布滿灰塵的檔案櫃裡。（「你答應要做冰淇淋聖代！」）

24 譬喻與類比

「如果說一張照片等於一千個字，那麼一個譬喻就等於一千張照片。」

——《我們賴以生存的譬喻》（*Metaphors We Live By*）
作者喬治．雷可夫（George Lakoff）和馬克．詹森（Mark Johnson）

我的十歲兒子剛上五年級，第一天放學回家就大聲宣布：「我打算學次中音號！」「太好了！」我用一種自豪的父親口吻答道，又隨即不好意思地小聲問他：「什麼是次中音號？」

他據實回答：「它就像尺寸小一點的低音號，音調比較高。」

我只能說：「我等不及想聽你吹奏！」我對這個樂器再也沒有別的疑問了。雖然我沒聽過次中音號，但我現在我很清楚它的樣子、吹奏方式、他要如何握住它，還有它的聲音聽起來如何。我會這麼清楚是因為我知道低音號是什麼，所以很容易想像它只是一個尺寸比較小、音調比較高的樂器。

試想，如果他是用字典裡的次中音號定義來回答我：「銅管樂器家族的其中一種，有三個活栓、一個圓錐孔、一個朝天的鐘狀物、一個右偏的杯狀吹口、可以製造出男高音的音調。」就算這段話形容得很精確，只要他放慢速度，多重覆兩三遍，我應該可以在腦海裡大概想像出它的樣子和音調。但這影像不會像我聽到他說大號時那麼精準。而且可能得多花點時間和費點神才想像得出來。

為何利用譬喻來形容反而更精確和更有效？因為次中音號大部分的細部結構早已存在在我腦袋的記憶庫裡。譬如朝天的鐘狀物、杯狀吹口以及銅管樂器家族等特性，這些我都很清楚。只是在我的記憶庫裡，它們是與**低音號**這個字眼連在一起。我兒子只是幫我取出這些記憶，稍微調整一下（體型較小，音調較高）。這就是譬喻的功用。它們利用的是我們腦袋裡原本就有的知識。事實上，故事往往被定義成譬喻的延伸，所以才需要在這本和說故事有關的書裡多所著墨。你可以利用譬喻來改良故事或者完全取代故事。此外，好的譬喻可用來促成員工之間的對話，生成更多故事，而且全繞著你的譬喻所代表的觀念轉。

不幸的是，企業領導人通常不太願意在工作上使用譬喻。有人認為這會害自己的言談過於平庸，不夠世故和專業。其實不然，你會在本章看到很多例子證明我的觀點。另外也有人誤以為正式的定義會比譬喻來得精準。你可以自己判斷看看。以次中音號來說，你覺得是低音號的譬喻還是字典裡的定義能讓你有更精準的認識？是低音號的譬喻，對吧？我也是。就這例子來說，我兒子似乎比多數成年人來得有智慧。

＊＊＊

你已經從本書看過很多企業故事使用譬喻的例子。第五章美國電話服務公司 Alltel 的史考特．福特，利用黃色計程車的譬喻來有效提案。第十五章的德蘭．漢普敦利用拓荒者和殖民者的譬喻來鼓舞團隊。第十六章，以縮小的巨人來代表恐懼，鼓勵人們鼓起勇氣。而在第二章，砌磚工人蓋大教堂的故事就是一個完整的譬喻，目的是要讓你瞭解，你的角色與公司的目標可以合而為一。

本章會教你如何在工作上充分利用譬喻。此外，還會學到兩種如何構思出好譬喻的方法。現在先讓我們看看企業裡幾個絕妙的譬喻，就從地球上最快樂的工作場所開始吧。

在多數企業裡，員工只是被稱為員工。但有的企業，譬如渥爾瑪商場，員工被稱為夥伴（associates）。而在迪士尼樂園裡，則被稱為演出成員（cast members）。這稱呼不光指扮演灰姑娘的女士，也不單指那位穿高飛（Goofy）裝的傢伙。在迪士尼樂園工作的男男女女都被稱為演出成員，即便他們是在園內兜售貼紙、幫人拍照，或者掃地。

他們被這樣稱呼的理由是，迪士尼不是在賣產品，而是賣一種經驗。在園內工作的每個人都會實際影響客人的經驗。這是一個很有力的譬喻，因為它有助於工作人員瞭解，當遇到各種情況時該如何應變，無需另做演練。

這句話是什麼意思？假設你在迪士尼樂園的汽水店賣冰淇淋。小強尼走了進來，他爸媽幫他買了一支冰淇淋甜筒。你把甜筒遞給強尼，結果他轉身離開時，冰淇淋甜筒突然掉在地上，他放聲大哭。快點，你該怎麼辦？

你當然得再給他一支！你會要強尼再排隊一次嗎？不會。你會叫強尼的爸媽再付一次錢嗎？不會。為什麼不會？因為這會毀了他的遊園經驗。事實上，一個不好的遊園經驗正活生生在你面前上演！而你，這位冰淇淋專賣人員是園內唯一可以解決這問題的人。不是彼得潘、不是小美人魚，也不是米奇，而是你，你是這場秀裡唯一的明星。

你需要老板告訴你再補給強尼一支冰淇淋甜筒嗎？你需要她告訴你不必讓強尼再排隊一次嗎？或者不用再收他爸媽的錢嗎？不用。你知道怎麼做，因為你是迪士尼的演出成員。

現在想像同樣情景，但這一次你是速食店的「員工」。小強尼走進來，買了一支冰淇淋甜筒。他轉身離開，甜筒掉在地上。你怎麼辦？你可能什麼事也不做，因為你在櫃台後面，那裡是你工作的地方。也許你心裡會想：「哇，這小鬼真倒楣。」這時強尼和他的爸媽只好回頭重新排隊，再買一支。

那誰來清地板上的甜筒？負責清地板的會來清。就是他清，反正不是你！這問題不歸你管。你只是員工，你的工作是賣冰淇淋和收錢，就這樣，不是去清理地板，當然也不負責處理小強尼的經驗。

「演出成員」的類比是迪士尼用來管理顧客經驗的絕佳工具。每次使用時，都是在強化以下深奧的訊息：「要成為迪士尼的演出成員，請進行申請」；「恭喜你！你現在是迪士尼的演出成員了」；「所有演出成員請完成報到，開場時間到了，秀馬上開始！」

＊＊＊

再來看看寶僑公司較近期的例子。拉夫里早年剛擔任執行長時，曾使用兩種簡單的譬喻來改變全公司的方向和焦點。

這個組織一個半世紀以來都在研發和行銷全球最普遍常見的產品，所以很容易自以為舉凡消費者的事，他們無所不知、無所不曉，因此常會陷入品牌行銷和產品研發的泥沼裡而無法自拔。寶僑公司的行銷人員經常花很多時間開內部會議，找廣告公司研擬行銷活動。工程師花的時間甚至更多，他們整日鎖在實驗室裡，研發更好的改良配方，也許根本沒考慮到消費者究竟需不需要這些改良後的產品，或願不願意多掏點錢出來買。

拉夫里先生曾在多次的全公司演說和備忘錄裡，用簡單的三個英文字為組織上下重新調整重心：消費者才是老板（Consumer is boss）。這句短短的譬喻道盡千言萬語，因為大家都知道老板這兩個字的意思是什麼。老板會告訴你該做什麼；你做得好不好；如果做得不好，就炒你魷魚。他本來也可以用「把焦點放在消費者身上」這種說法。內容指示雖然也很清楚，但缺少「消費者才是老板」那種譬喻的深度。我們對消費者的「強調」當然也可以像高中生上科學課那樣專注研究一大群螞蟻，但這和你對老板的尊重與殷勤是不一樣的。

就像迪士尼使用「演出成員」的譬喻一樣，「消費者就是老板」的譬喻也能幫助十二萬七千名員工在不用請示上司的情況下，便明白自己該做什麼。他們需要做的只是請示「老板」，也就是消費者。

拉夫里先生會使出第二個譬喻，是因為他發現公司裡的消費研究幾乎都只著重在消費者居家的產品使用經驗。因為通常是在那時候，消費者才有機會就產品的真正功能表現和他們期待的表現做一番比較，因此形成對產品的看法，並且決定下次還要不要購買。拉夫里先生知道這對寶僑公司來說是很重要的一刻，也就是所謂的關鍵時刻（a moment of truth）。所有的產品研發都已經完成，廣告也已播出。現在產品已經到了消費者手上，他們喜不喜歡它全在那一刻。

但拉夫里先生很清楚它並不算是第一個關鍵時刻。因為在消費者有機會試用產品之前，她得先去購買。而那個決定是在雜貨店裡做的。她會站在貨架前。而那才是第一個關鍵時刻。拉夫里先生認為寶僑公司把太多時間花在第二個關鍵時刻的研究調查上，也就是消費者在家使用產品的那一刻。但花在第一個關鍵時刻的研究時間——也就是在店裡貨架前，卻不夠多。

他開始討論「第一個關鍵時刻（first moment of truth）」，也就是現在大家簡稱的FMOT。

它們的包裝夠吸引人嗎？它們被擺在貨架的適當位置上嗎？這個譬喻很管用，因為大家都知道「關鍵時刻」是什麼。它的意思是瞬間所做的重要決定會左右到事件的成敗。這幾個字提升了品牌零售現場的重要性，甚至超過在家使用的經驗。

同樣的，他本來可以使用其它字眼，譬如「貨架前的決策點」（decision point at shelf，簡稱DPAS），可是這種字眼說了等於沒說。但「第一個關鍵時刻」的譬喻則不需任何贅言，便有深刻的意涵在裡頭。

這個譬喻對這個組織的影響可從一個例子看得出來。在這之前，寶僑公司的包裝調查都是在會議室的桌上擺出新的包裝雛型，再請教在場消費者的看法。可是自從公司開始強調FMOT，現在多數的包裝測試都是直接在真實的（或虛擬的）貨架上進行，背景自然是其他品牌的包裝。你當然可以把漂亮的包裝獨自放在桌上展示，但這漂亮的包裝可能在第一個關鍵時刻就被淹沒在一大片「我也很漂亮」的包裝海裡。

＊＊＊

你一定得有創意或文采過人，或者運氣好到不行，才有可能創造出很棒的譬喻嗎？還好不必。由於譬喻的力道強到可以用來理解和說明人類的思維、情緒和行為，因此消費研究專家開發了許多方法幫助你輕鬆快速地製造譬喻。在這些方法當中，最受歡迎的是一九九〇年代哈佛的研究專家傑若德．查爾曼（Gerald Zaltman）發明的查爾曼譬喻啟發法（Zaltman Metaphor Elicitation Technique，簡稱ZMET）。

最基本的方法有點像這樣：找幾個人圍坐在一張桌前，桌上擺滿《美好居家》（*Good Housekeeping*）、《大眾機械》（*Popular Mechanics*）、《新娘》（*Bride*）、《戶外生活》（*Outdoor Living*）、《時人》（*People*）這類雜誌。請與會者先想想貴公司所賣的商品或服務，以及他們對它們有什麼感覺，再翻閱桌上雜誌，挑出最能代表那種感覺的圖片，剪下來拼貼成圖。每位與會者都得向其他人說明選這些圖片的原因，而市調研究員會用數位相機將這些拼貼畫拍下來。最後會有數十種譬喻和影像，全都是你的聽眾心裡真正的想法。

拼貼畫可以很有創意、很具震撼力、很煽動、很情緒化、很活潑生動。有一回，我請一組婦女用拼貼畫來描述週六購物的心情。這項作業的目的是想找方法改進人滿為患時的購物經驗。當我們將代表這個可怕經驗的所有圖片收回時，發現裡頭有小孩在亂發脾氣、人們扯著頭髮、大聲狂叫、車子塞在車陣裡、擁擠的橄欖球場，甚至有壓力鍋正在冒氣，這全都是週六購物一肚子氣的最佳譬喻。當然譬喻的主題隨你訂，也許是出色的新產品點子、剛寫好的願景說明，或者針對部門最棘手的問題所提出的對策。

另一個創造譬喻的方法是直接請教對方。以下可能是個很有效的方法。假設你正在測試一套新的電腦系統，它應該有助於員工提高工作效率。可是有人謠傳這東西不可靠，很容易故障。於是你的員工都很擔心。負責測試這套新軟體的部門證實兩件事，以後的工作效率的確可以大幅提升，但謠傳關於它不太穩定的這件事，也是真的。可是只要定期保養，便能避免不穩定這個問題。

為了在不造成反感的情況下說服公司裡的其他人接受這套新軟體，你必須讓他們盡快瞭解這套系統的好處，消除他們對故障率的疑慮。當然，培訓課程會有幫助，還有就是告訴他們測試單位的測試成果報告。不過除此之外，也需要另一種簡單的方法來贏得這群人的支持。你可以請測試單位裡的人來回答這個問題：「如果我們公司的舊系統是一台車，那麼這台車是什麼車款？你測試的新系統又是什麼車款？」再請測試單位裡的另一個人用動物來形容這兩種系統；然後再找別人用樂團來形容。

答案揭曉！舊系統被形容是開了十五年的本田車（Honda），新系統則是最新的保時捷九一一。舊系統是巴吉度獵犬（bassett hound），新系統是純種賽馬。舊系統是披頭四，新系統是金屬製品合唱團（Metallica）。

你最喜歡汽車的譬喻，於是在備忘錄裡還有和員工開會討論時，你說你是把開了十五年的本田車換成保時捷九一一。你告訴每個人：「好消息是，我們還為這台保時捷買了全套的保養服務。每週六下午，它都會進行一個小時的保養作業。所以當你們週一早上回來上班時，你的新賽車又重新保養好，隨時可以上路。」

電腦系統的技術和規格對大多數人來說就像希臘文一樣難懂。找資科經理向他們說明，根本打動不了他們。但你的簡單譬喻就能辦到。這方法也和第一種方法一樣，可以運用在各種事務上。

摘要和練習

一、類比和譬喻就像故事一樣有效，因為它們在聽眾的心裡已經有可以聯想的故事。類比和譬喻可以把一個好故事轉變成不朽的故事，或者直接取而代之。

例子：第五章的黃色計程車；第十五章的拓荒者和殖民者；第十六章的名為恐懼的巨人；第二章的建造大教堂；還有本章迪士尼的演出成員、消費者就是老板，以及第一個關鍵時刻。

二、要找到適當的譬喻，請試試看這兩種方法：

a. 雜誌拼貼法。

b. 直接請教他們！「如果我們的舊電腦系統是車子，它是什麼車款？」

PART 5

權力下放

25 授權和許可

「絕對不要告訴別人怎麼做事，只要告訴他們什麼事該做好，他們就會用他們的創造力帶給你驚喜。」

——巴頓將軍（General George S. Patton Jr.）

一九七〇年代中期，歐威爾．史威特（Orville Sweet）是美國無角海福特牛協會（American Polled Hereford Association）的執行長。每個執行長都會告訴你，最棘手的任務之一就是開除和你很麻吉的朋友或同事。那一年歐威爾也面臨同樣問題。不過開除的細節不是我們要談的重點，所以不多著墨，反而是過了幾天之後他所遭遇的事情比較重要。

歐威爾接到一通令人難過的電話，是被革職的當事者妻子打來的。顯然那人過得不好。事實上，他妻子擔心他可能自殺。歐威爾請他來聽電話。對方向歐威爾坦承他想不開，不過答應會盡快振作起來。歐威爾聽得出來他語氣沉重。他本來就和這位當事者及他太太都很熟，因此明白現下情況的嚴重性，於是脫口而出：「乾脆你回來上班好了！」這提議令對方很驚訝（也許就連他自己也很驚訝）。

「真的？你要再聘用我？」

「是啊，」歐威爾向他保證道。「我們還沒找人，你的辦公室也還空在那裡。」

「我當然願意，謝謝你，歐威爾，我明天一早就去上班。」

他的回來固然令很多人不解。但基於對他的尊重，歐威爾只告訴大家他是回鍋原職，其他什麼也沒解釋，絕口不提他的情緒問題以及他妻子擔心他自殺的事。

於是平靜地過了三、四個禮拜之後，那人到歐威爾辦公室找他。「歐威爾，我真的很謝謝你讓我回來。我想那時候的我是還沒做好離開這裡的準備，又或者我只是想用自己的方式離開這裡。不管是哪一種，現在我都準備好了。今天下午之前我會把我的辦公室清出來。」他握握歐威爾的手，然後走了出去。他說到做到，東西整理好，二度離開那間辦公室，但這一次他昂首闊步。當初害他失去這份工作的原因，不管是什麼，至今仍然存在，他很清楚這一點。歐威爾多送給他的這段時間，只是讓他學習慢慢接受這件事實。

歐威爾決定讓被革職的員工回鍋，此舉肯定違反當今任何專業人資經理的工作守則，就算是一九七〇年代也一樣。傳統的解雇做法是，盡量不讓對方有接近辦公室的機會。比較具同情心的老板或許會送他去做心理諮商，但至少也會提醒公司警衛多防範這個人，以免發生意外。

歐威爾的故事在同事之間傳了開來。對某些人來說，這件事意謂著再棘手的人事問題也可以用另類方法來解決，對有些人來說，這或許只是個溫馨的故事。但對羅傑・瓦森來說，意義絕不僅於此。

那時羅傑已是印第安納州肉牛協會（Indiana Beef Cattle Association）的執行副總。過了幾年後，兩人都到全美豬肉生產商委員會（National Pork Producers Council）任職，這才認識了彼此。先前他們倆都在爭取豬肉委員會執行長一職，最後是歐威爾勝出，得到那份工作。不過接任新職的歐威爾立刻出了一個奇招，他向羅傑以及進入決勝的其他幾名候選人招手，提供高層職務。畢竟沒有什麼方法比這更快能為自己的領導團隊找到頂尖人才，而羅傑・瓦森是唯一接受他條件的人。

所以羅傑知道歐威爾・史威特有多厲害。當他聽聞歐威爾炒人魷魚後又找人家回鍋的故事時，他就知道這裡頭一定有很深的智慧。他找到了。自從羅傑從商以來，便努力研讀各種管理書籍。他讀遍所有出色的領導類書籍，朝正確目標前進。他清楚知道每種管理挑戰的「正確答案」是什麼。但歐威爾的故事卻告訴羅傑別管那些正確答案，憑自己的直覺行動，在情況許可下去打破常規。這是他永遠忘不了的故事，他將這學來的教訓身體力行在自己的事業上。今天，每當他看見有人正在掙扎究竟該照本宣科地做事，還是該聽從心裡的話時，他就搬出這故事與人分享。

在《力量來源》（*Sources of Power*）這本書裡，作者蓋瑞・克雷恩（Gary Klein）稱這種故事為

「許可」故事（permission story）。它允許聽者可以有某種作為，不必管能不能被人接受。這和第二十章的「兩條路」故事很類似，它讓聽眾自己選擇，而不是告訴他們該做什麼。你也可以像羅傑．瓦森一樣使用這則故事——幫助別人瞭解與其循傳統而行，倒不如相信自己的判斷。

＊＊＊

歐威爾．史威的故事說明了歐維爾如何以正確的手段處置員工遭革職的激烈反應，顯示出歐威爾作風上的不循常規，以及最後皆大歡喜的收場。這是一個和成功有關的故事，但相較於我在第二十章所說的「一百萬美元」的錯誤經驗，後者顯然是在告訴聽眾你有權對老板說「不」，以免日後雙方後悔。所以那是一個和失敗有關的故事。這兩種結果都可能出現在「許可」故事裡。接下來要說的最後一則「許可」故事，則提供了第三種選擇。在這則故事裡，沒有所謂的成功或失敗，但一樣管用。

凱瑟琳．哈德森（Katherine Hudson）剛去柯達公司（Eastman Kodak）就任時，經常得前往日本京都出差拜訪一位重要客戶。那時日本經濟危機才剛剛開始。這位客戶的父親當年胼手胝足，從無到有地建立起成功的家族企業，多年來，早已和柯達發展出穩固的革命情感。

在一次拜會中，客戶交給她一份訂單，打算購買非常昂貴的儀器，凱瑟琳面露訝色。「現在貴國經濟狀況這麼不好，你確定你要投資這麼多錢？」她問道。

他指著他辦公室裡一大叢竹子解釋道：「你知道竹子是怎麼生長的嗎？它會突然長得很快，然後停一陣子。但竹子就是在它生長停滯的那段期間，開始長出節，為下次的快速生長做好基礎準備。這和我們拼事業很像，我們需要為組織的未來做好準備，所以任何投資都是明智的。」

凱瑟琳永遠忘不了那場會議，即便後來一九九四年轉任貝迪公司（Brady Corporation）執行長一職亦然。每當她看見人們在經濟艱困時期，心裡正在掙扎要不要做出必要投資時，她就會拿這故事出來分享。如今他們都稱那種時期為「竹子年」。

凱瑟琳的「許可」故事不涉及成功，也不涉及失敗。它的力量來自於竹子的智慧譬喻。如果你發現自己也遇到同樣情況，需要提供對方類似的建議，你當然可以只告訴他們竹子長節的目的何在。但即便他們能夠領悟、瞭解這個譬喻的意涵，終究還是比不上將這譬喻融合進故事背景裡說來得有效。因為這故事指出有三家公司是如何倚重這個譬喻的智慧，而且成果都不錯——包括故事起源所在的日本公司、柯達公司，還有後來凱瑟琳任職執行長的貝迪公司。整篇故事為這建議增添了可信度，也讓聽眾更願意照這方法來做。

＊＊＊

現在讓我們把「許可」轉向「授權」。在小公司裡，因為只有幾名員工，所以所有決策可能都是同一個人決定，這個人就是老板。在大一點的公司裡，這種做法不太可能。不同的決策權會分派給組織裡不同的領導人。很多公司甚至有正式的「授權書」來說明不同層級的經理人所負責的決策是什麼。以下兩則故事說明了找對人做決策的重要性。在第一則例子裡，它告訴我們找錯人的後果是什麼。

費爾．瑞蕭是你在第十二章見過的倫敦財務主管的輔導師。他從自己的工作經驗以及客戶的工作經驗裡看到許多原本是好意的點子，但最後下場卻是得不償失。不肯授權，又要別人扛責，是最常見的問題之一。他拿一家營業額高達數十億美元、他曾負責處理過的一家公司為例。那年一開始領導高層也是出於好意，他們看見旗下業務經理們恐怕達不到目標，於是試圖幫忙，決定每週與他們通電話，瞭解最新狀況，核准他們所提的點子。當然在電話中，這些經理人若有新的進展，領導高層都會當場嘉勉。而相對的，高層們都認為自己的介入很有幫助。既然雙方對此機制的反應都不錯，於是這個模式繼續下去。沒多久，就變成了一種每年或每季都會落實的基礎作業，即便營業狀況不錯也一樣。

可是你認為聰明的業務經理會在這時候玩什麼把戲呢？他們會壓低業績的預測數字，暗藏幾個好點子，等到和領導高層開這種會時，再提出來。於是高層會以為自己的關切很有幫助，但事實上，只是做白工而已。更糟的是，他們剝奪了業務經理的權力，侵占他們去衝業績的權限。而取回釋出的責任和權力，通常不會有好下場。因此，請千萬不要掉進同樣的陷阱。一旦授權出去，想再拿回來之前，請務必三思。

所以如果你適度授權，你的員工會有什麼感覺？感覺很棒！這種事只要問麥克．塔菲利（Mike Tafuri）就知道。

＊＊＊

一九八七年，麥克是奧利恩（Olean）的研發總監，這是食用油替代品的一個品牌，它給消費者的承諾聽起來像是奇蹟。因為用它來烹調，不會產生油脂、膽固醇或卡路里。在當時，全世界第一個知道這個產品是奇蹟的人，當然是奧利恩實驗室裡的麥克和其他工程師。不過這產品還要好幾年才能推出上市。對麥克來說，它最大的挑戰是製造成本。而他的工作就是想辦法把成本降低百分之八十，不然就別想上市。他們需要做點令人稱奇的事。

結果他的團隊想到一個絕妙的辦法。如果不用批量生產（batch process）的方法來製造奧利恩（在一個巨大的鍋子裡一次煮好），那麼是不是可以像底特律的生產線一樣採用連續製造（continuous process）的方式呢？他們費了一點功夫，再運用一點創意，就在實驗室裡完成了小規模的成本改良計畫。但若要全規模執行，同樣的做法得擴大規模兩千四百倍才行。

麥克的老板彼得．莫里斯（Peter Morris）看了計畫後說，這計畫可能有風險。「麥克，你憑什麼認為我們有辦法擴大規模？」麥克告訴他，他靠的是自身化工工程師的專業判斷，再加上團隊的集體意見。他們使用的是正確的原理，所以他很有自信。彼得沒被說服，不過同意他們向負責這個決策的資深副總提案看看。

麥克的團隊計畫在第一次和資深副總尤根・辛茲（Juergen Hintz）開會時，要求提供一千五百萬美元的資金，供他們建立一座專供試銷市場的工廠。尤根是這場會議裡的決策要角，所以大家都很緊張。工程團隊準備了一本內含設計細節和成本預估的七十五頁手冊。雖然他們的實驗成果令人刮目相看，但還是很忐忑。他們將手冊呈給尤根，開始簡報，心裡暗自求神保佑過關。可是會議才剛開始，尤根舉手發言：「等一下，要檢討這計畫，我恐怕不夠資格。」於是朝麥克轉身。他們兩個以前合作過。他對麥克說：「麥克，這方法管用嗎？」

屋裡包括他老板在內總共二十五人，麥克一下子成了眾人焦點。「是的，尤根，它管用。」尤根向彼得轉頭，問他意見。彼得的回答是：「如果麥克說可以，你應該相信他。」

尤根於是要來一支筆，問他們名字要簽在哪裡。

這是麥克第一次感覺到自己責任重大。他很自豪他的團隊，下定決心要盡最大努力不讓尤根和彼得失望。到了上市的那一天，他們設計的連續製造法果真達成目標，甚至超過預期。麥克的團隊於是繼續再接再厲地進行日後的改良。

麥克在這裡學到的教訓是，找你信任的人合作，要他們把承諾的成績交出來。當你找到這樣的人時，請給他們自由發揮的空間，將責任託付給他們，讓他們做出一番成績。

摘要和練習

一、在企業世界裡，有時也像生活一樣得忽略以前學過的一切，只憑直覺而行。「許可」故事給了人們自由去循直覺而行，讓他們知道相信自己的判斷力是對的。

a. 和成功有關的故事：歐維爾．史威特的故事告訴我們，當人命關天時、當你開除的是你很熟的人，做法上最好還是相信自己的直覺，而不是企業守則。

b. 和失敗有關的故事：我的一百萬美元錯誤經驗證明有時候拒絕老板，反而對雙方都好。

c.「竹子年」允許領導人去做必要的投資，即便經濟蕭條。

二、優秀的領導人會授權給最適合做決策的層級人員。不良的領導人會自私攬權，或者在時機不佳時，又把權力收回來。

a. 和失敗有關的故事：費爾．瑞蕭的「自我實現式預言」故事說明了授權不當會招致什麼愚蠢的後果和意外。當你在組織裡看見類似情況時，請分享這則故事。

b. 和成功有關的故事：麥克．塔菲利的奧利恩食用油製造經驗，證明了授權要是做得好，會讓人覺得自己獲得充分授權，一切努力都是值得的。請利用這則故事來提醒領導人，他們的屬下有多希望被充分授權。

26 鼓勵創新和創造力

「如果別人不會嘲笑你的點子，表示你的創意不夠。」

——大衛．阿姆斯壯（David Armstrong）

有家窗型冷氣製造商想知道，消費者願意額外付多少錢去買一台遠比傳統機型更安靜無聲的冷氣機。當然，你不能直接問消費者：「如果有台冷氣機的分貝值只有三十五，你願意多掏多少錢去買？那如果是二十呢？」因為只有聲學工程師才明白這樣的分貝值有多大聲。公司需要做的是，先準備幾台不同分貝值的原型機，放在消費者面前請他們聽。問題是，這些分貝值較低的機型還沒發明出來，也因此這就成了消費研究專員的挑戰。

最後決定的方法很簡單，也很有創意。員工先在測試處裝上一台外觀類似一般冷氣的機型，但拿掉機器裡的內容物，留下外殼，再從後面接一條四寸直徑的伸縮輸送管，通到走廊盡頭的房間裡，接上另一台真正的冷氣機（聲音很吵的那一種）。當坐在測試實驗室裡的消費者打開冷氣時，會有寒冽的冷氣吹進來，但幾乎沒有聲音。而分貝值的強度就是由那台真的冷氣機與實驗室之間的距離遠近來決定。

我是在幾年前聽到這個故事，但不記得從哪裡聽來的，從其他出版處也找不到它的來源。不過它是一則「跳脫框架思維」的經典故事，就像你在第二十二章讀到的那種故事一樣值得在這裡著墨，因為它們不只能解決問題，還可以激發組織的創造力。當你試圖鼓舞旗下團隊發揮創意時，可以多加利用這些故事。

* * *

有時候要你的員工有創意一點，並非什麼難事。真正難的地方在於如何讓那位缺乏想像力的老板多給他們一點創作的空間。創新不是線性過程。發明者需要自由的空間揮灑點子，看看能結出什麼樣的果實。好心的老板可能認為他只是盡責地叫團隊專心致力於較有生產力的領域。可是如果你在他們揮灑創意之前便先認定結果是什麼，恐怕不會有什麼革命性的發明。以下故事說明了這一點，就連最愛操控人的老板都能領會。

一天下午，年輕的詹姆斯和他的嬸嬸坐在廚房裡喝茶。嬸嬸覺得他太頹廢了，於是對他大聲咆哮。「詹姆斯，我從沒見過像你這麼懶的男孩！快去拿本書，不然就去找點活兒來做。這一個小時，你一句話也不說，只會把茶壺的蓋子打開又放回去。」他看起來好像只對茶壺裡冒出來的水蒸氣感興趣。他拿著一把銀湯匙橫在冒著熱氣的噴嘴上方，看著水滴從湯匙把手上滑落。他反覆地看著這個簡單的現象。「你把時間花在這種地方，不覺得很丟臉嗎？」她斥責道。

還好那男孩並未因嬸嬸的申斥而氣餒。二十年後，也就是一七六五年，他對茶壺上的蒸氣現象仍然很著迷。也就是在那一年，詹姆斯・瓦特發明了新的蒸氣引擎，促成了工業革命。

這故事很適合教導團隊的經理人必須給發明者空間去探索和發明。就算你自己就是那位經理人，也一樣受用。雖然發明者做的事情很像是懶散的遊戲（就像詹姆斯・瓦特的嬸嬸認定的），卻可能是項革命。

＊＊＊

身為老板的你，還可以利用另一個方法在組織裡鼓吹創造力，請看以下的故事。這方法很有效，只是完全反常理而行。如何使用，你自行判斷吧

許多公司都明文規定不准兼差，就算不會直接影響你的分內工作也不行。這些公司持的理由大多是，兼差可能害你精神不濟，耗損你的創作力，而這原本都是公司的資產。以前我聽過一位人資經理說，就算你是趁休假時兼差，也對公司有害。「休假是公司給你的福利，目的是要讓你放鬆心情和重新充電。休完假回到公司，才會又精神百倍，恢復生產力。如果你把整個假期都花在別處的兼差上，公司反而得不償失。」這樣的說法也沒錯。

但這裡還有另一種說法。布雷布克人才顧問公司（Blackbook EMG）對於員工的兼差和愛好則有不同的規定。他們認為每個員工都必須兼差！

布雷布克公司幫助其它企業留住人才的方法，就是讓人才去參與城裡重要的社交活動，連上專業的網絡，就算得無中生有，也要辦到。假設你是個三十二歲的單身女工程師，來自於沙烏地阿拉伯，在美國中西部的郊區居住和工作。老實說，要你融入當地生活，恐怕很難吧。你要如何找到合你胃口的餐館和雜貨店？又如何找到音樂風格對你脾胃的酒吧？還有要怎麼找到時尚品味與你吻合的服裝店？或者有什麼社交活動可以讓你認識有背景、文化、信念和價值觀相同的人？研究顯示，要是都沒有，你恐怕會很快辭掉工作，搬回老家。這也是布雷布克介入的地方。它會為你找齊一切。如果找不到，甚至會自行創造。

要辦到這一點，布雷布克必須有一群創意十足、資源和人脈都很豐富的員工才行。這也是它的創辦人克里斯．歐斯托依屈（Chris Ostoich）要求員工兼差的原因。「若要具備我們所要求的創意，員工除了這份本業之外，生活中一定要有其他愛好才行。」他相信工作以外的興趣可以提升創造力、提振精神，而非損耗精力。這是克利斯在擔任當地美術基金會董事時親身有的經驗。他首度開董事會時，便發現到經營新的企業和經營公益組織有許多相似處。有一次在美術基金會為了爭議性問題的對策爭辯了三個小時之後，他低頭看看自己的筆記，竟發現左邊寫的是美術基金會的點子，右邊則是他自己的公司的點子。

更有說服力的例子來自於另一名員工的兼差經驗，他叫史帝芬（Stephen）。他家附近的市區打算興建賭場，當地的市議會最近剛通過這樁建設案。幾個市民團體站出來抗議。但史帝芬知道不管他加不加入抗議的隊伍，賭場都會如期興建。於是他發起一個組織，設法扭轉賭場對社區的負面影響。舉例來說，賭場通常是把餐廳、酒吧，和零售店設在建物的中央位置，以誘引逛這些店家的消費者進入賭場。而史帝芬的點子卻是讓商店設置在建物臨街的區塊，而不是隱身在沒有窗戶的建物內，此舉可以為街上帶來人潮，為市區創造商機。

隨著史帝芬組織的坐大，他在布雷布克的客戶也有很多員工加入這個活動。有些人甚至接下領導職務。他們的使命感越強，對這城市的認同便越深。結果不知不覺中，史帝芬發現他的兼差活動竟帶動了布雷布克的企業目標。別忘了，布雷布克的企業宗旨就是要讓客戶融入社區。史帝芬的兼差竟意外成了其中一個融合點。

所以布雷布克的員工得花多少時間去兼差？至少百分之二十五的時間。只要他們把分內工作做完，就算占用平常工作時間也無妨——對多數員工來說，也的確如此。這也正是克里斯在面試員工時會先提出的問題之一。要是求職者完全沒有其它兼差或興趣，就不會被錄取。若是錄取之後，不再從事那些活動，也可能被終止工作合約。

這則反常理的故事帶給我們的教訓是，如果你希望大家更有創意，就叫他們少待在辦公室。要他們多多參與自己熱中的事務。一開始他們會以為你瘋了，你的老板可能也這麼認為。

那就請你先分享克里斯的故事，再試試看。我想你可能會從此改寫公司對員工兼差的規定。

＊＊＊

嚴格來說，創意和創新的意思似乎就是去想一些新點子出來。創新指的是要大膽、要有前瞻性，不是嗎？是沒錯，但本章的最後一課卻要告訴你，某些最賺錢的創作不是新的，而是回頭檢討舊的東西。以下故事來自於大衛・阿姆斯壯的《金玉良言》，它會告訴你怎麼辦到。

一九七九年，阿姆斯壯公司（Armstrong International）收購了重型暖氣設備製造商漢特公司（Hunt Moscrop, Ltd）。你可以想像一下那種放在辦公桌底下的電暖氣，然後將它增大體積，不過它不是靠電流運作，而是靠蒸氣或乙二醇。現在你應該想像得出來這種大型暖氣機都是用在像廠房那種大型空間裡。在這些巨大的機器裡頭都有一個叫隔板的重要零件，那是一種金屬片，看起來很像家裡百葉窗的葉片，是用來導流機器中央的熱氣或乙二醇。

漢特公司被收購了十三年之後，兩位阿姆斯壯的工程師卡爾・隆尼（Carl Looney）和恰克・洛克威爾（Chuck Rockwell）被派到還在生產暖氣設備的部門工作。他們兩個就像阿姆斯壯的多數員工一樣，一年至少會檢討一次成本撙節的方法。他們以初生之犢的精神質疑以前視為理所當然的做法。譬如「我們為何要這麼做？」或者「為什麼需要這個零件？」沒多久，他們就發現隔板只需要用在乙二醇作業的暖氣機上，對蒸氣作業的機器來說毫無用處。當年阿姆斯壯收購漢特時，一直以為隔板是這兩種機型的必備零件。諷刺的是，只有百分之十的機器是採乙二醇作業。所以這十三年來，該公司生產的暖氣設備，有百分之九十的機型都多此一舉地安裝了隔板。

公司當然立刻停止蒸氣型暖氣機的隔板安裝作業，因此省下了很多成本，但過去十三年來浪費的成本卻再也拿不回來。而且你可以想像到以前阿姆斯壯漢特公司新進的生產員工，曾有多少次被告知蒸氣型暖氣機一定要裝上隔板，因為「向來都是這麼做」。有時候創意不代表有新想法，而是重新檢討舊的做法，質疑為什麼要這麼做。如果說「要是……會怎麼樣？」這句話是用來鼓舞創造力和創新的最好方法，那麼「為什麼？」就是第二好的方法。

摘要和練習

一、除了解決問題之外，「跳脫框架思維」的故事還能幫助人們發揮創意。必要時，請利用窗型冷氣的故事以及第二十二章的故事來激發創意。

二、創新者的點子需要時間和空間來發想。認為自己只是在防範員工分心旁騖的老板，可能會壓縮了整個團隊的創作力。如果你認為你的部門正面臨這樣的處境，請把詹姆斯和茶壺的故事拿出來與你的老板分享。

三、熱情有助於創新和創造力。你要如何提升手下的熱情？請試試看兼差的方法。布雷布克公司的克里斯・歐斯托依區就發現到，工作以外的愛好或興趣可以幫忙提升團隊的士氣和創造。你的公司准許員工在外兼差嗎？請把克里斯的故事告訴你的老板，要求改變。

四、創新不一定要有新的創作。有時候，它意謂著重新檢討舊的做法。誠如「裝了十三年的隔板」故事所示，質疑過去的做法，有時候反而能得到更豐碩的成果。下一次當你在尋找久被隱藏的機會點時，請先分享隔板的故事，看看能否在組織裡激盪出什麼樣的創意點子。

27 推銷這種事，人人有責

「真正的推銷是要等到買方拒絕時才開始。」

——佚名

葛雷已經做了十五年的業務。他分享了幾則和大型零售商採購人員交手的故事。採購人員在遇到業務員呈上精美的活頁夾，打算介紹產品時，反應有時會很怪。「他們直接翻開活頁夾，抽出裡頭的價格表和產品規格表，再當著業務員的面將剩下的東西丟進垃圾桶，包括推銷素材、行銷提案，甚至包括那本有三個扣環的活頁本。他們的說法有點像這樣：『我們不希望你們把錢浪費在這些推銷素材上。』」你能想像第一次碰到這種場面的菜鳥業務員，會有多不知所措嗎？

以下是這裡學到的經驗教訓：如果推銷用的素材都在垃圾桶裡，你最好有一則好故事可以應急。因為不管這是真的，還是純屬想像，抑或只是情緒發洩，這些素材事實上最後都可能被丟進垃圾桶裡。所以還是先準備一則好故事吧。無論你是向市價數十億美元的零售商還是小型企業客戶推銷東西，都一樣。以下這個場面，一般的企業領導人可能會建議你快點把最炫的活頁夾拿出來介紹產品，化解買主可能的疑慮。不過還好這是梅麗莎・穆迪的公司，而她也不是你心目中一般的企業領導人。

「如果在這個行業裡，有人要你預先付款，這通常是騙人的！」這句話在模特兒和演藝業耳熟能詳，但不見得恰當。耳熟能詳是因為這句話已經在業界流傳了數十載。不恰當則是因為這句話並不正確，至少如果你想成功出線的話。許多懷有憧憬的模特兒都天真地以為不用訓練、不靠經驗、不必深入瞭解這一行，便能簽到一張價碼高的合約。她可能這樣想：「我只需要一個經紀人來代表我處理就行了。」這套方法幾乎不管用，而這一點並不足為奇。因為這行業就像其他產業一樣，必須具有專業技術和經驗才有較大的成功機會。而要取得這種技術和經驗的管道之一，就是去上卓越名模學校，也就是你在第十八章讀過的故事。二十五年來，校長梅麗莎・穆迪總有辦法把旗下模特兒推上《Vogue》、《Elle》、《柯夢波丹》（*Cosmopolitan*）等國際知名雜誌，以及紐約、巴黎、米蘭的伸展台。她旗下的歌手和舞者也經常獲獎，包括葛萊美獎、美國音樂獎，以及青少年票選獎。

卓越名模學校不像傳統的演藝經紀公司那樣只負責媒合客戶和模特兒、仲介交易、收取佣金而已。它會為旗下學員展開模特兒、表演、禮儀等專業訓練，教導他們這一行的經營之道。而梅麗莎每年都會親自帶領他們前往紐約、洛杉磯和巴黎走秀，汲取經驗。當然有時候也會直接幫他們談定客戶。除此之外，更會透過有合作關係的國際經紀網絡，爭取全球各地的工作機會。

所以我們可以理解她何以要向學員收取服務費。可是她還是經常碰到有意加入她旗下的學員質疑預先付費這件事。對於這種人，梅麗莎有三種因應之道。第一，她會要他們轉頭看看辦公室。「你看到什麼？你覺得我要怎麼支付這些教室、傢俱、照明的費用？」再來，她就會請教這位學員或對方的父母謀生的方法？「哦，太好了，你是會計師。我需要找人幫我處理稅務。可是我不想先付費，我要等到退稅了才付費。你願意幫我處理稅務嗎？」當然不願意。

如果以上方法仍無法令對方釋疑，梅麗莎就會搬出她的最大武器——說故事，故事的主人翁是克莉絲汀，十七歲，棕髮，長腿美眉，顴骨很高，擁有成為世界級頂尖模特兒的最佳條件，也是梅麗莎最得意的門生之一。在一年一度的紐約大賽裡，克莉絲汀從一千兩百名女孩裡脫穎而出，獲得亞軍！隔週立刻接獲四十二通經紀公司和客戶的邀約，記錄堪稱史無前例。梅麗莎幫她過濾出最好的工作機會，克莉絲汀和她父母滿懷希望地前往紐約簽約。

結果簽約那天，梅麗莎接到克莉絲汀的電話。她是坐在計程車的後座打給她的，正前往客戶辦公室的路上。車上的克莉絲汀語帶哽咽。「怎麼了？」梅麗莎問道。

克莉絲汀有她自己的想法。她其實並不想當模特兒。是她母親希望她當。而她只想成功，但不是在這塊領域。「梅麗莎，我在班上是第一名畢業的，我不想只靠長相謀生。」她想去念商學院，自己創業。「我該怎麼辦？梅麗莎？」

故事說到這，梅麗莎暫時停下來，向眼前有意加入她旗下的學員解釋道，如果克莉絲汀當初沒有預付培訓和走秀等費用，「我會這樣告訴她：『克莉絲汀，我在你和這份合約上投資了一萬五千美元，現在乖乖地給我去客戶辦公室，簽下那張合約！』但這不是我的做事方法，因此我實際回答她的是：『克莉絲汀，就照你自己的想法去做，回家去吧，去追求你的夢想。』」克莉絲汀真的照辦。如今她已經大二，主修商學，前途一片光明，因為這是她自己選擇的路。

梅麗莎面對質疑用的解決方法，給了我們兩個啟示。第一，她知道她最大的武器是故事，不是據理力爭。第二，這則故事可以讓她向顧客說明她的預先收費對顧客是有好處的。因為這和前兩種回應方式不同。說自己需要付照明和傢俱的成本，只是在告知他們需要預先付費的原因。搬出免費處理稅務的譬喻，也只是再次解釋何以需要學員預先付費。但克莉絲汀的經驗故事卻讓學員看見預先付費對她們的好處。預先付費會讓你得到一位肯將你的最大利益放在第一位的經紀人，就算你原先答應了什麼，後來反悔，她也不會強迫你。對梅麗莎來說，如果做不到這一點，才叫騙人。

要是你發現自己必須為收費方式辯護，梅麗莎的故事或許有幫助。更棒的是，這故事也許能夠激發出與你產業相關的類似故事。如果你想到了，請記得一定要強調顧客所得到的好處，不要一昧解釋你必須收費的原因。你可以把這一招拿來化解任何反對的意見。真的。不管對方反對的是什麼，都可以去找一則故事來說明你的做法對顧客的好處是什麼。

＊＊＊

「推銷」故事不只可以跟買方分享，身為領導人的你也可以利用它來將整個組織轉變成令人畏懼的銷售部隊——不管組織裡的人是不是做業務的。以下兩則故事說明了原因。

要培育出一支有效的銷售部隊，得靠正式的銷售訓練才行。許多公司都把這當成每年的例行訓練在做，不是找來專業的講師，就是派整支團隊去參加研討會。但其實在公司裡，本來就具備很厲害的業務培訓資源，只是鮮少利用罷了。包伯．史密斯（Bob Smith）的故事說明了這一點。

一九九八年退休之前，年資已經四十一年的包柏曾陸續在多家製造商任職採購，製造的商品從商業大樓的建材、學校傢俱到肥料等都有。早年他第一次升任採購經理時，發現一直到他的前任者幾乎都向同一家供應商購買鋼材。當他見到那家鋼材製造商的業務員時，他才明白原因何在。這位業務員是採購人員最喜歡接洽的那種人。他為人誠實公正，客戶有特殊需要時，一定會回去幫客戶爭取最好的福利。但包伯總認為重要建材只找單一供應商難免有風險，於是也開始向其他供應商採購，只是訂單還是以那家供應商為主。

沒多久，他心目中那位完美的業務員升官了。不幸的是，後繼者完全不像他。這個人根本沒有業務經驗，事實上，他曾是冶金部門的科學家。人雖然親切，但個性一本正經。他第一次來訪時，就表現出很高的姿態，因為他是全國最大鋼材生產商之一，也是包伯最大的供應商。他連私下先跟包伯熟稔一下都免了，直接跳過客套話，伸手進公事箱，掏出一份報告。「這報告顯示，上一季貴公司只向我們購買了四百五十噸的鋼材。出了什麼問題嗎？」

「對不起，你說什麼？」包伯回答道。

業務員又說了一遍：「看來你們前幾季買的鋼材量比較多。是怎麼回事啊？」包伯向他說明單一供應商的可能風險。但新來的業務員完全不理這一套。他對包伯下了通牒：「希望下次來拜訪你的時候，這些數字已經有了改變。」

身為採購人員的包伯，還真是不習慣業務員這麼高高在上。他很吃驚，因此只簡單回答：「一定會的。」

他說到做到，接下來三個月，包伯變更了他對那家鋼材公司的下單數量。等那位業務員下次又來拜訪他時，訂單已經掉到兩百噸！這時他以截然不同的態度走進包伯辦公室，第一句話就是：「我想你一定覺得我在這個領域裡很菜。」這次他沒再搬出他自以為了不起的公司，當然也沒敢再冒昧要求包伯更改訂單數量。包伯一直想不透何以這傢伙第一次上門拜訪時態度會那麼高傲？難道只因為他沒有經驗嗎？還是這是什麼星際大戰的絕地讀心術把戲？不管怎樣，這位業務員顯然知道自己的方法行不通。於是趁這次拜訪，多認識了一下包伯。更重要的是，他終於肯花時間去瞭解他的顧客需要什麼，這才拿到下一季的訂單，而且隨著業務技巧的精進，訂單數量越來越多。

其實常來拜訪包伯的人，不只是原料供應商的業務員而已，就連他自己公司裡的業務員也常來拜訪他。這些人回到總部時，都還沒跟自己的業務經理報到，就先到包伯的採購部坐坐，和包伯聊個十五分鐘。為什麼？因為他們可以在這裡聽到上述類似的故事。包伯最愛告訴新進業務人員這些故事，以免他們出去拜訪客戶時也犯下同樣錯誤。

這則故事不只教導業務人員應如何應對採購人員，更有深奧的意涵在裡頭。舉凡製造商品的公司都會有採購部和業務部。採購部的採購人員，譬如包伯・史密斯，每天都要面對外面來的業務員，有些不錯，有些很糟，有些會讓他們願意追加訂單，有些會被他們趕走。所以有誰會比採購人員更適合教導業務員業務技巧？當包伯在對業務部的員工說這些故事時，就是在傳遞經驗。可是在大多數的企業裡，採購部和業務部的人互不認識，連在公司的組織表上也是相隔遙遠——就連部門在大樓裡的座落位置也一樣。這實在很可惜，白白浪費了這麼好的資源。如果你想培育出頂尖的業務人才，就請你的採購人員分享他們和外面業務人員打交道的好壞經驗，如此一來，你將可能看見下一季業績數字往好的方向改變。

＊＊＊

在許多公司，每個人（不見得是業務部的人）都有機會去拜訪客戶。可能是工程師前去解釋新產品升級後的設計細節，或者消費研究專員前去解釋目標客群是誰，再不然就是行銷經理前去說明可提高兩倍營收的全新廣告活動。所以頂尖業務人員的打造，有時候必須在業務部以外的地方進行。接下來的故事說明了這一點。

一九九五年，我在寶僑西岸的業務辦公室展開新的作業任務。那裡的業務團隊每週都要定期拜會零售商的主管。有時候寶僑公司的副總也會從辛辛那提市飛過來跟他們一起拜會客戶。我那次的作業任務一開始就碰到這樣的機會。

我們有個品牌做了點更動，買方很不高興，希望我們的副總過來聽取意見。所以我們的目標是損害控制。那天副總飛來與會，現場氣氛很緊張，有點劍拔弩張，那一整個小時下來，買方抱怨連連。我們仔細聆聽，承諾修補問題。還好會議在兩方關係依舊緊密和業務不受影響的情況下和平落幕。

當我們離開會議室時，我們的副總為了修補和買方的緊繃關係，主動與她握手，遞給她一張名片，然後說：「你的生意對我來說很重要，這是我的電話，有時候有些事情可能跟辛辛那提那邊沒有說清楚，但你隨時可以打電話給我。」這是很誠懇的建議。買方謝過他，於是我們告辭離開。

回到辦公室之後，我們匯報了一下會議內容，就走了出來，送副總上計程車到機場。計程車開走後，我轉身微笑看著其他團隊成員說：「還好結果比我想像中順利！」

但令我驚訝的是，他們看我的表情彷彿當我是外星人。其中一個人回答：「你瘋了嗎？」顯然我漏了什麼。到底是什麼？沒多久我就懂了，因為其中一位新同事解釋道：「保羅，你說得對，這會是開得很順，可是最後副總卻掏名片給對方，告訴她我們是一群笨蛋，連怎麼傳話到總部都不會，他只花了十秒鐘就毀了買方對我們的信心，現在我們恐怕得花六到九個月的時間才能重建起來。」

他說得沒錯。後來那幾個月，買方一有問題就直接打電話給副總，不再透過我們。這對我來說是個很震撼的教訓。業務是一種人際關係的遊戲。關係沒了，買賣也不存在了。那位副總是真心想修補兩方緊繃的關係，但他不知道他這麼做，犧牲的卻是客戶和寶僑業務團隊之間的關係。

副總應該說的是：「你的生意對我來說很重要，所以我們派了陣容最堅強的業務團隊在這裡。如果你需要什麼，就跟他們說，他們知道怎麼處理，就算他們想找我、找總經理或找執行長出面，都不是問題。」

今天，我幫寶僑公司訓練過很多業務團隊，每次有年輕的市調經理首度去拜會客戶，都會前來徵詢我的意見。我以前會給他們一堆行為守則。但後來我明白了，我不可能幫他們預想出各種情境的應對方式，於是索性告訴他們這則「不受歡迎的名片」故事。從總部來的年輕經理，個個都想留給客戶好印象，就像那位副總一樣。可是他必須明白，等他第二天飛回家後，業務團隊仍得每天待在原地應付客戶。

訪客的角色不應只是留給客戶好印象，當一天的英雄而已，而是要讓業務團隊日後的工作更順暢。提供協助是件好事，但如果在方法上剝奪了業務團隊的權限，只會害他們，而不是幫他們。

摘要和練習

一、如果你的推銷素材會被丟進垃圾桶，最好還是先準備一則好故事。業務提案最後的下場往往是東西被丟進垃圾桶。若有故事的話，反而能讓客戶記得久一點。

二、你應該從產品或服務的各個層面去解釋它會給顧客帶來什麼好處。就算是在解釋為何你事先收取費用，也要說清楚付費對顧客的好處，而不是只說明為何你要收這麼高的費用。（「在這個行業裡，預先收費等同騙人。」）

三、培訓預算的手頭很緊嗎？何不找貴公司最能提供高超業務技巧的那群人出馬傳授，也就是採購部人員。把包伯·史密斯的「鋼材業務員」故事拿出來與你業務單位及採購單位的主管分享。安排業務人員和採購人員碰面。兩方都有很多地方可以互相學習。

四、每個人都有機會去拜訪客戶，就算不是業務人員也一樣。當你派人去實地拜會客戶時，請先告訴他們那則名片的故事，才不會犯下同樣的錯。你的業務團隊也會因此感激你。

28 第一天就讓別人尊重你

「不管你願不願意，別人一定會說到你的故事，所以請選好你要他們說的故事。」

——寶僑公司執行長包柏．麥當勞（Bob McDonald）

想像你是德國杜塞爾多夫（Dusseldorf）某科技公司的中階經理。自從你的一位好友創辦了這家公司，你就在這裡工作，時間已經長達二十年。但十年前，這家公司被美國的競爭對手收購。自此以後，每隔幾年，新老板都會派個美國副總前來杜塞爾多夫坐鎮，經營這「德國公司」。可是每次都是災難一場。那些美國人根本不懂歐洲的生意之道。德國顧客在想什麼，對他們來說猶如德語一樣難懂。前十年你已經習慣的百分之十五到二十的年度營收成長，在他們接手後，掉到只剩百分之二或三。上一任副總還曾信誓旦旦地說，他考慮要落實當地員工提倡的策略，但結果也是不了了之。

現在想像這是玻爾特（Burt）上任的第一天，他是新接任的美國副總，這輩子從來沒在美國以外的地方居住或工作過，只會說一種語言（英文），他的叔叔是這家公司退休的執行長。你從沒見過他，不過你知道你不會喜歡他，杜塞爾多夫辦公室裡的其他人也一樣。

你去參加這位新老板的歡迎會。他趁餐前點心和眾人列隊握手之間的空檔，發表了簡短演說。他很有禮貌地說完「我很高興來這裡服務」這類的話之後，又說了下面這則故事。

「我是在德州的大草原區長大的，那裡是鄉下，專門養牛。高中畢業後，我在我父親經營的家庭農場工作了幾年，等我進了盧布克（Lubbock）的德州科技大學就讀時，年紀已經比其他新生大了好幾歲，所以很容易在酒吧裡找到酒保的工作。我大四的時候，已經是城裡最厲害的酒保之一。老主顧會開車經過好幾家酒吧，但都不會停下來，只為了專程來我這家。我清楚記得每個人最愛喝的是什麼，對他們總是不吝微笑。但厲害的祕訣是，我是那個行業裡最好的傾聽者。每次當班六個小時下來，起碼得服務三十位顧客，可是每位顧客都發誓我花了一整個小時當他們的聽眾。」

「一年後，我搬到芝加哥念研究所。由於有過去的工作經驗，我第一次應徵酒保的工作便如願錄取。第一晚，我很興奮也很有自信，急著想把自己的本領秀給大城市裡的男孩看。」

「結果奇慘無比！一整個晚上我根本來不及應付那麼多酒單。我習慣賣加冰塊的蘇格蘭威士忌或純的波旁威士忌酒。可是這些顧客點的都是我沒聽過的，譬如火紅情人（Red Hot Lover）和伊利諾雞尾酒（Illinois Cocktail）。再加上每三十分鐘便換上另一批客人！我盡力了，可是我根本沒辦法仔細聽他們說什麼。每次我問客人今天過得怎麼樣，他們的表情活像我在跟蹤騷擾他似的。等到快下班時，老板把我拉到一旁告訴我，明天晚上上班時，不用打卡，坐在吧台上看就行了。那晚塔德是吧台領班，他的表現是最好的。」

「我準時出現，坐在吧台角落，接下來那兩個小時，我學到的芝加哥吧台經驗比我過去四年在北德州學到的還要多。塔德很厲害。他不必去記顧客喜歡喝什麼，因為他每個小時都有新顧客上門。雖然顧客多如過江之鯽，但只要有人走近吧台，他一定和對方眼神接觸，大聲問他們要喝什麼。在德州，這樣的舉動被認為是很沒禮貌、愛出風頭的。但在芝加哥，這是做生意的法則。他很清楚什麼時候該問他們要不要再來一杯，或者何時該幫他們叫計程車回去。我雖然只花了兩個小時就知道自己哪些技巧有待磨練，但卻花了幾個月的時間才精通這些新技巧。」

「那天晚上我學到了兩個重要的經驗教訓。第一，我終於明白某地方的成功祕訣，不見得也適用在另一個地方。第二，我終於瞭解，如果我想做好某件事，就得向最精通的那號人物學習。」

「我希望未來幾個月可以好好認識你們每一個人。我會坐在吧台角落靜靜觀察，從旁學習。」

現在你覺得你的新老板如何？你放心了吧？覺得有希望了？對他開始有期待了？你可能會有點愧疚先前對他的成見，對不對？在這則虛構的故事裡，分享個人經驗恐怕是玻爾特唯一能討好那群人的方法，畢竟他們對他已經有先入為主的觀念，所以可能得花六到九個月的時間，才能贏得他們對他的尊重。

這故事說明了有個方法可讓你在第一天就贏得別人的尊重——靠故事來自我介紹，讓大家知道「我不是你們想像的那種人」。這些故事已經預想到一些先入為主的觀念，不希望從此被定型。所以這是你可以在第一天就贏得別人尊重的最好方法。

＊＊＊

這個例子的功能尤其大，因為聽眾對說這個故事的人預設了立場，因此故事能幫忙他們捨棄原來先入為主的想法。不過說一則自我介紹的故事，也不必要故意達到什麼效果。為什麼呢？請看一九九九年七月的紐約時報CBS調查報告。其中一個題目問道：「一般來說，你覺得有多少人值得你信任？」平均答案是百分之三十。然後又問道：「就你所認識的人裡頭，你認為有多少人值得你信任？」平均答案升高到百分之七十！怎麼會這樣？因為如果別人不認識你，他們就會預設先不要相信你。「我不認識他，他可能會騙人。」但如果他們認識你，便會預設先相信你。「我認識她，她沒做過什麼事讓我覺得不能信任，所以可能可以相信她。」這種只相信熟人的傾向，讓這類自我介紹的故事變得更有價值。

最棒的一個例子發生在二〇〇五年一月，當時寶僑公司買下了吉列公司（Gillette Company），堪稱史上最大型的消費性包裝商品併購案。誠如你所料，吉列的員工都很擔心他們的工作、薪水和福利會受到影響。

併購案結束後過了幾天，寶僑的執行長拉夫里和幾位吉列的資深主管在波士頓保誠大樓（Prudential Tower）的吉列總部舉辦一場大型會議，目的是要化解員工對公司所有權轉移的疑慮。他們找來很多吉列的員工坐滿會場，其中一位是麥克・貝律（Mike Berry）。

吉列的主管先開口。他們在講稿裡準備了幾點理由來說服吉列的員工，何以這是一項有利於己的好交易。「寶僑公司不管投身任何領域，都能稱霸市場……他們向來善待員工，一百六十年來皆是如此……他們的分紅計畫一向慷慨……」諸如此類等。輪到拉夫里開口時，他也準備了許多理由來說明何以這件併購案對吉列員工有好無害。可是在他詳述細節之前，他先跟聽眾說了一點關於自己的事：他如何從軍中發跡，他的家人，他的嗜好，他喜歡去哪裡渡假等。

會議結束後，麥克的反應反映出屋內多數人的心聲。「哇，才五分鐘而已，我對拉夫里的瞭解就多過於五年來我對自己老板的瞭解。」這也正是吉列員工想知道的——他們想對拉夫里多瞭解一點。畢竟在那一刻，他們最需要的，是去學會相信這位剛買下他們公司的人。拉夫里本來可以這麼說：「相信我，我們會好好照顧你們。」但這種說法絕對比不上讓他們多認識他一點來得有效。拉夫里的「有關我」的故事，讓他在這群聽眾心目中的地位從百分之三十拉到了百分之七十。

＊＊＊

另一種贏得尊重的方法是告訴別人為何你決定在這裡工作。你為什麼選擇這份工作、這份事業、這個行業或這個部門？你是怎麼開始的？只要答案不是「因為我需要錢」，都可能幫你贏得他人的尊重。

「我為何在這裡工作」的故事，不見得要很長。這是我是從傑夫．史壯恩身上學到的。我曾有幸地與幾位領導人合作共事過，而他是我共事過的領導人當中最懂得鼓舞屬下的一位。我是在寶僑公司的新事業研發部任職時認識他。我們的職責是為寶僑公司尚未進入的領域創造新產品，有可能是前人從沒發明過的東西。當時他以行銷總監的身分到任的第一天，就曾這樣自我介紹：「我是一個很實在的人。所以我才來這家公司工作。我有妻小得養，還得為孩子們準備大學基金，要是在我的事業和收入裡放入太多風險因子，恐怕不太恰當。可是我又熱愛創新，喜歡做別人沒做過的事。所以能到這個部門服務，我覺得很興奮。唯有在這個地方，我才可以幫這家公司創業，但晚上又能睡得安穩，確定我家人的生活都會有保障。我等不及想開始工作。」

看到有人對這份工作充滿熱忱，你很難不跟著興奮起來。重點就在這裡。大家都喜歡和一個對工作充滿熱忱的領導人共事，為他效力。想想看你當初為什麼選擇這條路。然後把「你為何在這裡工作」的故事告訴大家。

＊＊＊

最後一個建議是：在利用故事自我介紹時，務必要確定這故事能塑造出你希望在同事面前塑造的形象。如果選錯了，恐怕弊多於利。舉例來說，有個很年輕的經理人在上完我的說故事培訓課程後過了幾天，跑來找我，興奮地與我分享他的故事。在他來上課之前，我就認識他了。他是個很聰明的年輕人，在工作上被拔擢得很快，不過名聲似乎不太好。雖然這說法不盡公平，但他向來把個人利益放在其他人之上。所以當他告訴我他的故事時，我很驚訝。這是一則出身貧困的他，在小鎮裡力爭上游的辛酸故事。他是學校裡最窮的學生之一，常受人歧視。由於擔心自己一輩子窮困，於是力爭上游，矢志將來要過得抬頭挺胸、衣食無虞。他用功唸書，第一名畢業，是家裡第一個上大學的孩子，接著又到著名的研究所繼續深造。「我曾對自己發誓，絕不讓我的孩子在貧困中長大！我會盡一切努力，讓我的孩子得到最好的生活。」

這是個動人的故事，但不能用在他身上。

對他來說，這故事只是在強化他原先給人的那種唯我至上的印象。只是現在他的同事總算弄懂這種個性缺陷背後的原因。他需要的是別的故事。我問他，對於眼前這份工作，他最喜歡的是什麼。結果才發現原來這是他第一次晉升管理階層。而這職務在他到任之前已經空了很久。資淺的經理人都對新任上司抱著很大期待。他雖然沒有領導統御方面的經驗，但工作了幾個禮拜之後，屬下的工作表現竟都有了起色。又過了幾個月，他們告訴他，他是他們所遇過最棒的領導者。部門的績效更證實了這一點。我問他看見別人成功，而自己又是背後推手之一，這種感覺如何？「感覺棒透了！我以前不知道。但我現在明白了，我不應該只專注於自己的工作，我應該挪出更多時間指導他們，整個部門的績效才會提升。」

於是我告訴他：「這才是屬於你的故事。」

他應該分享的故事是：他恍然大悟原來助人更有報酬。這才是別人想瞭解他的地方，尤其是在他手下做事的人，或者正考慮投效他的人。這故事不再強調他名聲不佳的一面，而是以好的面向取而代之。

摘要和練習

一、你的名聲是別人聊到你的故事時順便建立起來的。請先選好你要他們聊的故事。

二、第一印象只有一次機會。在新團隊面前最好的自我介紹方式就是說一則故事——有關你的故事。有三種故事可以幫你在第一天就贏得別人的尊重。

a.「我和你想的不一樣」故事可以用來解除新團隊對你先入為主的觀念。（譬如玻爾特的芝加哥調酒工作）。

b.「有關我」的故事可以讓你的新團隊瞭解你的個性。就算故事很短，也可以把你從不受新團隊信賴的百分之三十，放進受信賴的百分之七十裡。就像拉夫里在吉列公司的經驗一樣。

c.「我為何在這裡工作」的故事可以鼓舞人心，因為每個人都想與充滿熱忱的領導人共事。想想看你當初為何走上這條路，把故事告訴大家。（譬如「我是個很實在的人」）

三、務必確保你的故事符合你想建立的形象。不好的故事對你的傷害更大，還不如不要說。（譬如「我會盡一切努力，得到最好的生活！」）

29 把你的聽眾放進故事裡

「耳聞不如力見，力見不如力行。」

——中國諺語

一九九七年，我在寶僑公司西岸的製造工廠擔任財務經理。我的任期才過一半，老板（工廠經理）就換了新職，這表示我有了新老板。他的名字叫喬依・拉文多（Joe Lovato）。

就在喬依上任的第二個月，有一天快下班前，他給了他的領導團隊一人一份備忘錄，上面寫著：「明天早上在領導團隊會議裡，我將宣布一項新的工資和升遷政策，打算落實在廠內的經理人身上。但我想先給大家一個晚上的時間思考清楚，明天再討論。喬依。」

回家前，我們都先看了備忘錄。內容大概是這樣：「除非你任職於廠內三大部門之一：生產部、包裝部，或貨運部，否則將不符合加薪或升遷條件。」在領導團隊裡，恐怕只有三位部門經理不介意這項新政策，那就是生產部、包裝部和貨運部。其他人都臉色鐵青！我們那天晚上氣沖沖地回到家，對老婆大發牢騷，對小孩大吼大叫，整個晚上都睡不好，因為我們都在想明天早上要怎麼向喬依抗議。

到了早上，會議開始了，你一定想像不到我們是如何對喬依連番炮轟。我們搬出各種理由告訴他為何這個點子很蠢。「這不公平！我們的人才聘自全球各地……我們的薪水是參考全國標準……你這樣做，很難幫工廠招募到好人才……你以為你是誰，竟然可以違反公司政策！再說，你根本沒有那個權力做這種決定。」

他被我們足足罵了二十分鐘，才開口說道：「好吧，你們可以不用擔心了。我從來沒打算執行這個政策。我只是想讓你們知道這種感覺是什麼……一個晚上就好。我想讓你們知道在我到任前，那些基層員工所受到的薪資和升遷待遇是什麼滋味。」大家聽了都尷尬不語。

他說得沒錯。我們的確這樣對待他們。因為生產部、包裝部和貨運部的工作都是廠裡最辛苦的勞力工作。其他工作，也就是所謂辦公室工作或吹冷氣的工作，相形之下輕鬆多了。由於勞力工作的給薪都不高，因此公司運用這套技巧來留住員工。這樣一來就算他們後來轉調辦公桌的工作，還是可以變相鼓勵他們一兩年後再回鍋勞力工作。在當時，這是很合理的做法。

喬依本來可以在員工會議裡直接針對這套政策提出質疑，告訴我們他不明白這方法的用意，或者認為它不太公平，抑或他想有所改革。但如果這麼做，我們一定在會議裡用盡各種方法說服他這政策之所以存在的好處。但在經過一晚的「身歷其境」，讓我們以為這政策會套用在自己身上，然後又在他面前大肆抨擊它的不公之處後，現在我們在他面前，就很難辯解何以這政策可以適用在基層員工身上。

所以喬依不只告訴了我們一則故事，還讓我們親身參與，讓這群聽眾在故事裡扮演角色。這就是這則故事之所以這麼有效的原因。你可以在任何時候把聽眾放進故事裡，不要讓他們只是當聽眾而已。這能把訊息效果瞬間提升好幾倍。也將說故事的功能帶到另一個境界。

這本書當中所討論過的說故事元素，最有效的當屬這一個。但你必須小心使用，因為使用不當的話，恐怕有危險，甚至造成反效果。舉例來說，在喬依．拉文多的這個例子裡，有幾個經理人到今天可能都還對他的欺騙感到很生氣，即便只欺騙了十五個小時。

這是一個公認極端的例子。這種執行方式恐怕也只能在你的事業生涯裡使上兩三回。不過對你或你的聽眾來說，若真的是因為事關重大，理由或許還算正當。譬如喬依重視人道，希望每個人都得到公平待遇。對他來說，這就是他認定的正當理由。

＊＊＊

若要使用這個方法，有沒有什麼訣竅可以讓你不得罪人？有。請看第十九章吉姆．歐威第一天上歷史課的例子。那則故事和喬依．拉文多的故事的不同之處在於：第一，在吉姆的故事裡，戲弄別人部分只維持了十五秒，而非十五個小時。第二，聽眾並未受到假搶犯的威脅。但在喬依的故事裡，那樁壞消息針對的是聽眾，而不是喬依。聽眾本身得承受這則故事所帶來的戲劇震撼效果，但說故事的人不用。所以不得罪人的訣竅就是把欺騙聽眾的時間縮短；再者，故事結構必須是針對你這個說故事的人，或你所安排的任何同夥，而非聽眾。

要是這些都辦不到怎麼辦？你又怎麼知道你想給的教訓值不值得下此猛藥？（譬如喬依・拉文多的那種做法。）那就請捫心自問：如果你是被設計的聽眾，等事情落幕後，你會謝謝對方給了你寶貴的教訓嗎？還是你會恨他？如果這教訓對你的聽眾來說真的很重要，他們會感激你。但如果只對你來說很重要，他們當然不會感激你。

你要傳達的訊息不見得都能通過這道捫心自問的考題。而你也可能無法像吉姆・歐威那樣設計出那麼好的故事。所以還有什麼別的辦法可以把聽眾放進故事裡，在達到同樣效果的同時，又不會有欺騙人的感覺呢？幸好真的有。請看以下幾則例子。

有一家美國公司的地區業務辦公室大約每個月開一次會。全體員工都聚在大會議室聽領導團隊講評業務狀況，慶賀里程碑的達成，表揚重要成果。通常這很像是一場誓師大會。

有一次，人資經理拿起麥克風，以慶賀的語調說道：「你們知不知道下個月我們的西岸團隊就要推出十年來最大的案子？它是全新科技，可以讓產品的績效表現提升百分之十！這將是這個領域的重大突破。」全場歡聲雷動。

她繼續說道：「你們知不知道，總部提撥給我們更多資金，我們將在三週內加倍執行折扣活動，達成預期的營收目標？」更多歡呼聲和掌聲。

「你們知不知道我們已經取消秋季的廣告活動，打算將這筆預算拿來寄發全新改良的試用品給全國各地的顧客？」」全場再次歡聲雷動。

她就這樣繼續提問了幾個說唱俱佳的問題，如其所願地得到群眾更多的歡呼聲，然後等到一切歸於平靜，才又自己回答剛剛的問題：「我個人其實並不知道這些事，是到昨天晚上十點，我在開放式的辦公空間走動時，看到留在同仁辦公桌、印表機和傳真機上的一些備忘錄才知道的。」原本屋內的慶賀氛圍頓時消失，現場一片沉默與尷尬。她繼續說道：「要是那些備忘錄落入競爭對手的手裡怎麼辦？你們認為他們會不會使出絕招破壞我們的計畫？」滿懷罪惡感的群眾怯怯地點頭附和。「我們會訂出『清空桌面』政策，不是沒有原因的。請各位確實執行，讓這些具有競爭力的公司機密繼續維持它的機密身分。」

人資經理本來可以只是起身提醒大家（第無數次地提醒大家）遵守公司的「清空桌面」政策。不過這種做法更有效。她把聽眾放進故事裡，而且沒有特定指明誰。

第二天，「清空桌面」政策的違規案例明顯滑落。

這故事除了沒有欺騙之外，還做了什麼才沒冒犯到這群聽眾？答案是人數的涵括範圍：現場沒有一個人躲得掉。但在喬依．拉文多的故事裡，有三位領導人不受「新」政策的影響，剩下五個則逃不掉。就是因為缺乏公平的對待，才會引人憎恨。除非你是想點出不被公平對待的感覺是什麼，否則最好避免這種事的發生。

＊＊＊

在前一個例子裡，嚴格來說，人資經理並未使出騙術。她只是用幾個說唱俱佳的提問方式，一點一滴地讓聽眾陷進去。這種方法情有可原，但除此之外，還有別的辦法把聽眾放進故事裡嗎？有。方法是：設計出某種科學實驗，把聽眾當成實驗對象。

二〇〇七年，我參加了為期兩天的公司研習營，探討自有品牌產品。那兩天大多是針對自有品牌日益成功的現象進行各種演說和提案，討論如何因應和取勝。最令我印象深刻的是三十分鐘的實際產品試用時間。我們被分成十五到二十人一組，各組被帶往獨立的房間，裡面有桌子和樣品。其中一張桌子放了很多瓶裝牛奶，其中一頭的牛奶瓶上貼有A標籤，另一頭的牛奶瓶則貼有B標籤。除此之外，沒有任何資訊，所以我們無從得知它來自哪家店、真正的品牌名、訂價是多少。

方法是先喝A瓶，再喝B瓶，然後在一張紙上記錄哪一瓶是昂貴的全國品牌，哪一瓶是便宜的自有品牌。在別張桌上，也有其它產品以同樣方式標籤，包括巧克力餅乾、護手乳液，以及柳橙汁。其中一張桌子甚至擺了紙尿褲，然後要求我們把別桌喝剩的柳橙汁倒進去，看看吸水性如何。

在試用過所有產品和做出選擇之後，與會者又回到原來的會議室，然後被告知各張桌上的產品哪一個是全國性品牌，哪一個是自有品牌。我很驚訝我認為是全國性品牌的五種產品裡，竟然有四種是自有品牌。五分之四耶！其中三種產品類別是寶僑公司仍未涉入的，不過重點不在這裡。重點在於，如果自有品牌在這些類別都可以這麼厲害，我憑什麼認定它們無法在已經有寶僑產品的市場上勝出。

那天傍晚，我們得知各張桌上有多少比例的試用者選對了全國性品牌。此外也聽取了某廣泛性消費市調結果的報告，瞭解到在這些類別市場以及寶僑公司所投入的市場裡，消費者對全國性品牌和自有品牌的產品表現各有什麼評價。

但我不記得其中內容，我只記得五次實驗裡，有四次我把自有品牌當成了「更優質」的全國性品牌。我成了故事的一部分——實驗的一部分。這比任何市調或統計數字更能影響我對自有品牌威脅市場的看法。下次你想說服聽眾的時候，大可把所能找到的學術或專業研究報告全搬出來，再不然，就自己想個辦法證明它。通常第二招比較有效。

＊＊＊

有時候雖然已經盡了全力，卻還是沒辦法把聽眾放進故事裡。在這種情況下，最好的方法是讓他們跟你一起說故事。就像下面最後一則例子。

幾年前，我準備和一家零售客戶的資深主管們開一整天的會。我在那場會議裡的角色是，與他們討論何以其中一個競爭對手能以多出他們三倍的廣告促銷貨架上最知名的品牌——也就是我們的品牌。

我備齊了所有廣告調查數據資料，可以清楚證明幾個大品牌的廣告量比例在這兩家零售商之間是呈現三比一的現象。我製作了很炫的圖表讓人能看出其中模式。就連圖表裡的條型物也都繪上顏色來呼應各家公司的品牌標識。我真的很得意自己的圖表。

但就在開會的前幾天，我的老板傑夫．史庫柏格告訴我們，整場會議必須以討論方式進行。「沒有幻燈片、沒有圖表、沒有圖片。」我剛不是說我真的很得意我的圖表嗎？我想我恐怕只能簡單說明他們的對手以三倍的廣告量在促銷這些產品。可是大一上的心理學告訴我們，人類對聽過的內容只記得百分之二十，對看到的內容記得百分之三十，如果是同時看到又聽到，可以記得百分之五十，這也是為什麼我想使用圖表。

但如果你回頭複習舊的大學教科書，你就會發現除了聽和看之外，如果讓當事者自己說，會記得百分之七十，讓他們實際參與，則會記得百分之九十。這是我的機會——讓他們開口說或實際參與，可能比給他們看幾張漂亮的圖表更令人印象深刻。於是我把上禮拜天的報紙從垃圾桶裡拿出來，找到兩家零售商的傳單，開始算第一張傳單上那幾個品牌的廣告數量：三則。第二張傳單：九則。賓果！

我拿出星形貼紙。平常我那三歲的兒子只要乖乖去便壺小解，我就送他星形貼紙當獎勵。現在我把星形貼紙貼在那幾個品牌的旁邊，方便辨認。然後就去開會。

討論時間到了，我掏出傳單並打開，請與會者看，還特地把傳單放在最資深的主管的桌前，請他算一算在他公司的廣告傳單裡，有貼黃色星形貼紙的廣告有幾則。「一、二、三。」他說。

「謝謝你，現在可不可以請你算一下競爭對手傳單上的星形貼紙。」

「一、二、三、四……九，」他算出總數。

我的結語是：「我們檢討過去六個月的廣告，結果發現這些品牌的廣告頻率也的確呈現同樣比例。所以連著幾個星期下來，就會變成他們的廣告量比我們多出三倍。」

如果傑夫如我所願地讓我使用漂亮的圖表，我相信會議一樣會進行得很順利，只是開了一整天的會下來，還要那位主管仍記得我提供的數據，恐怕機會渺茫。事實上，根據大學教科書的說法，機率將低於百分之四十。

摘要和練習

一、精心安排受教的一刻。籌劃某種場景或事件，讓聽眾參與，與其告知他們，不如讓他們自己學會教訓。

a. 跳板故事：新的升遷政策。

b. 確保這方法值得冒險。**請先捫心自問**：等事件落幕後，你的聽眾會感激你教會他們這寶貴的一課嗎？還是會因此憎恨你？

二、盡量別去冒犯別人。

a. 避免徹頭徹尾的欺騙（譬如清空桌面的政策）。

b. 在故事裡要平等對待所有的成員或聽眾。不要創造出「贏家」和「輸家」的差別（譬如清空桌面政策）。

c. 請把你要的戲劇效果對準自己或故事裡的其他演員，不要對準你的聽眾。（請參考吉姆．歐威第一天上的歷史課。）

d. 聽眾接受震撼的時間要短——幾秒鐘或幾分鐘就夠了，不要長達幾個小時。

三、自行設計某種實驗或示範，對象是聽眾，讓他們自己去證明實驗結果，譬如自有品牌的試驗。

四、人們只記得百分之二十到三十曾看到或聽到的事情，但如果實際做過，就會記得百分之九十。要是你不能讓聽眾親自參與故事裡的行動，就讓他們一起說故事吧。（數星形貼紙）

＊＊＊

現在你已經看完所有「基本指南」的章節，以後就可以利用附錄裡的故事元素清單來確保你的故事都活用了這些元素。除了第七章「故事的架構」之外，另外六個「基本指南」章節分別是第二十四章的譬喻與類比（Metaphors and analogies）、第十八章的訴諸感性（Appeal to emotion）、第十三章的務實呈現（Keep it real）、第十九章的驚訝元素（the Element of surprise）、第二十九章的把你的聽眾放進故事裡（Recast your audience into the story），以及第十四章的風格元素（Stylistic elements）。合起來就是MAKERS。請把這個英文字也放進你在第七章所學到的助記口訣裡，這樣就有了完整的英文口訣幫忙記住精采故事的結構：CAR＝STORY MAKERS。只要照本書的方法做，你一定能成為故事製造者（Story makers）。

Context, **A**ction, **R**esult = **S**ubject, **T**reasure, **O**bstacle, **R**ight lesson, wh**Y** + **M**etaphors and analogies, **A**ppleal to emoion, **K**eep it real,the **E**lement of surprise, **R**ecast your audience into the story, **St**ylistic elements

這就像故事架構的模組一樣，請自行複製，每次要草擬新故事時，都可以利用它。

30 就此開始

「我教過我的狗吹口哨！」
「我聽不到他吹口哨。」
「我說我教過他，但我沒說他學會了。」

——一九九一年的漫畫

這段話取自大衛．明頓（David Minton）的《進修教育和成人教育的教學技巧》（*Teaching Skills in Further and Adult Education*）裡的一則漫畫，描述的是兩個男孩和一隻狗。這則漫畫告訴我們，縱然有人教過你什麼，也不代表你學會了。你已經快看完這本利用說故事來當領導工具的書，但這不代表你已經學會了技巧。要精通說故事這門藝術，最需要的是練習。先練習使用你目前讀到的故事，再慢慢利用本書的工具，構思你自己的故事。

為了幫助你踏出第一步，本書概述了領導人最難跨出的幾種障礙，並提供解決之道。

障礙一：我不知道去哪裡找好故事

這是多數領導人在必須搬出故事時所遇到的最大阻礙。他們就是找不到故事。解決辦法是：不要等到你需要故事時才去找。現在就開始收集。別忘了這正是本書的主要目的之一：給你一整套故事，幫你解決最常見的一些領導挑戰。所以你已經有了好的開始。現在你手邊有一百多則故事可以用。但你想要更多。有很多地方和很多方法可以找到故事。以下就是故事最多的幾個地方，它不脫三種來源：你過去的記憶；你目睹到的周遭經驗；你從別人那裡聽聞到的故事。就先從你自己開始吧。

你過去的故事。大部分的人以為好故事都來自於別人遭遇的趣事，而且就是有人常遇到有趣的事，所以像我這種平凡人，是不會遇到的，對吧？不對，你也遇過有趣的事，你真的遇過。能講出一番精采故事的人，不見得都過著多采多姿的生活。他們只是習慣用有趣的方式去分享每日遇到的挑戰。既然現在你已經學會了方法，當然也可以像他們一樣。所以就讓我們先從你的過去去挖掘，找出好的故事題材，再精修成精采的故事。

想想看你工作上最得意的時候。在你的工作生涯裡，總有令你自豪的時候。毫無疑問的，當時你一定遇到很大的阻礙，最後你克服了，得到專業的肯定或情感上的認同，成就出不凡的一刻。這些都是精采故事的開端——可以認同的主體（你）、具有價值的寶藏，以及令人畏懼的阻礙。再利用故事架構的模組和附錄裡的故事元素清單，將它們變得有血有肉，然後儲存起來，以利日後使用。

接下來再想想看。在你的工作生涯裡遇過的最大挫敗是什麼。誠如你在第二十章學到的，和失敗有關的故事最能讓我們學到教訓。它們最適合用來避免團隊裡的人犯下同樣的錯。所以這裡也一樣，挑出你最慘痛的挫敗經驗，相信定能成為最有用途和最常被轉述的故事主題。利用你現在學到的工具來發展它們，等到需要使用時，隨時都有。

下面幾個問題可以幫忙你挖掘過去的故事。逐點列出你生活中的遭遇，勾勒故事的開端。就算只是在腦袋裡盤點，你也會很訝異自己的過去竟然有這麼多故事呼之欲出。

- 想想看你最欣賞誰？你從他們身上學到什麼，所以才會對他們如此推崇？
- 在你的工作生涯裡，曾學到哪些重要的經驗教訓？
- 在你的人生當中，最受到鼓舞的經驗是什麼？
- 你是在什麼時候感受到強烈的歸屬感和團隊的使命感？
- 你曾在工作中遇過什麼最艱難的處境？
- 你曾做過什麼非常有創意的事？
- 你曾在什麼時候被人嚴厲指教過，於是從此有了不一樣的表現？

● 你這輩子有過最好的工作關係是？
● 在你的專業生涯裡，曾遇過什麼最令人咋舌的事？
● 你曾解決過什麼最棘手的難題？
● 你最喜歡的工作是什麼？理由何在？

你目睹到的周遭故事。你身邊每天都有精采的故事發生。當它們發生時，你不會把它們當故事看，可能也從來沒想過它們就是故事。你經歷其中，你樂在其中，你從中學習，你受到鼓舞。除非有人聰明到懂得拿出來分享，否則就成不了故事。而這也是故事誕生的時刻。

所以你要如何抓住那些精采的一刻？其實你已經跨出了第一步。因為你才剛讀完這本書，所以對什麼才是好故事有清楚的認知。包括裡頭必須有你認同的英雄、一個值得追求的目標，和一個令人畏懼的壞蛋。但在我開始分析你看到的究竟是不是好故事之前，請先做個簡單的測試：是有人意外地學到了一課？還是以始料未及的方式學到了一課？如果答案是肯定的，這就是好故事成形的跡象。

舉例來說，如果你是在課堂裡學到如何向資深主管提案，這恐怕不是什麼好故事。因為這是你在課堂上理當學會的知識，而且教法可能和多數課程一樣——由老師解釋方法，你寫筆記。所以這裡學到的是你預期的東西，是以預期的方式來傳授。但若拿這來和我在圓形會議室裡學到的那一課比較（第一章向執行長提案的故事），你可能會辯稱，我應該早料到那次提案可以讓我學到很多。但是我真的沒料到會學到那樣的東西，因為執行長竟然是坐在投影機底下，而且全程都沒有回頭看我的投影片。這是我始料未及的。當傑夫．布魯克斯告訴我，他在布達佩斯搭乘火車時和別人聊到衛生紙的那段經驗時（第十七章），我其實也沒料到可以從中學會如何去熱愛自己的工作。當馬丁．海蒂斯告訴我因為有印表機的密碼，才得以防範機密文件在晚間外洩時（第四章），我知道我可以從中學會如何推行清空桌面的政策，只是我沒料到，我竟然是從節省成本的專案計畫裡學到。

想知道眼前故事是不是具有價值，只要看這裡頭能不能學到意想不到的經驗教訓或者它的經驗傳授方式是不是很令人意想不到。如果有其中一種，不管是發生在你身上或別人身上，都請趕緊記下來。因為一個精采的故事即將誕生。

別人告訴你的故事。最豐富的故事來源大多是從別人那裡聽來的。這世上只有一個你，卻有七十億個別人。就算你從來不曾創作自己的故事，也有無以數計的故事素材可以利用，前提是你得多注意聽別人口中的故事。只要挑出最精采的，就有專屬於你的「熱門故事集」可以利用了。

當你聽到好故事時，先記在心裡，這是收集別人故事的第一步。你剛剛才學到你要的故

你認為他們不會願意接受訪問，分享故事？你錯了，他們很願意。只要有人願意聽，大部分的人都很樂於分享自己的故事。為了幫這本書做市場調查，我找了八十幾人訪問。只有七位拒絕我。所以放膽去問吧。

提出的問題要有啓發性。這是請人分享故事的最後一點建議，可適用於前述任何一種方法。你有沒有看過教堂或公民團體的訪問，受訪者被請教該組織的重要性何在。大部分的回答都很籠統含糊。我懷疑那是因為提問本身就很含糊。譬如：「這組織對你的意義是什麼？」你的問題必須更明確一點。舉例來說，我在準備第二十八章第一天就贏得尊重的內容時，我對受訪者提出的問題是這樣：

- 你有沒有聽過誰在自我介紹時，立刻就贏得別人的尊重。他當時說了什麼？
- 有誰在跟你說完他的故事之後，立刻改變了你對他的看法。那是什麼故事？
- 你有沒有看過誰在第一天就抓住機會讓別人接受他？他做了什麼？

要是你正在搜尋精采故事，但還沒想到要搜尋什麼樣的主題，那該怎麼辦？這倒也沒關係，但如果你索性就說「請把你最好的故事告訴我」，這種說法恐怕太不明確，對方也不會有什麼好答案給你。不然改成最有效的故事？我最喜歡說的故事？還是聽眾最喜歡聽的故事？這些還是不夠明確。我在為本書做研究的時候，就發現要請主管提供故事，最有效的問法是：

「在你工作生涯裡，有什麼故事你會一再反覆提起？」只要是他們經常分享的故事，就代表這故事一定最有效果、最吸引人。所以這問法才算明確到能讓對方確實地回答。

那些公民團體的訪問之所以效果不彰的第二個原因在於，這些受訪者可能都有攝影機對準他們的臉，而且沒有給他們太多時間先思考答案。所以千萬別犯這種錯。我通常會在幾天前就把我要提問的問題交給受訪者，讓他們有時間去想出好故事。這方法出奇有效。七十五名受訪者當中只有一名現身時沒有故事可以分享。

來自於陌生人的故事。有時候我們從自己的資源裡找不到符合需求的故事。這裡有兩個方法可以從陌生人身上收集故事。

搜尋網路。我最近發現到自己急需好故事，但一直找不到適當的。我需要一則故事來鼓勵我那支很小的品牌團隊全力衝刺，即便他們現在的市場占有率和廣告預算都比不上競爭對手。所以我需要的是一則大衛對抗歌亞力的現代版故事，讓團隊成員學到大衛是如何力博巨人。

但我的來源都用光了，只好上 Google 搜尋，輸入「如何逆轉勝」這幾個字。結果找到幾十個連結，但不是逐點說明的內容就是一般的建議。可是我希望至少能有個好故事，結果我找到了。在第一批的連結裡，其中一個連結是麥爾坎·葛雷威爾（Malcolm Gladwell）為《紐約客》

（*New Yorker*）寫的文章，那是二〇〇九年五月號的雜誌。文章裡提到有個籃球教練帶領一群沒有經驗的十二歲女孩，靠著全場緊迫盯人這種非傳統策略，一路打進全國冠軍賽。這故事很有趣，其中啟示也很符合我現在落敗的情況，故事非常適合與我的團隊分享。所以不管你尋找的是什麼故事，也許早就有人寫出來了，只等你去找到它而已。

搜尋媒體。報章雜誌、書籍、電影、報紙和電視節目，都是故事來源。我特別喜歡民間故事，因為它們所蘊含的智慧跨越了時間和文化。你在本書裡已經見識過其中幾個例子。只要記得說明它們的出處就行了。

障礙二：當我需要使用故事時，卻忘了有哪些故事

現代企業幾乎把所有資料都存進資料庫裡，從營業額、採購項目，到人事資料、市場占有率、生產計畫、應收款項和存貨，應有盡有。只要是可被測量的東西，全被存進電腦裡。通通存在裡面，只差公司最豐富的智慧來源還沒存進去，那就是公司裡的故事，直到現在都還只靠脆弱的人腦死記，所以難免有損耗和疏漏。

也該把故事存進電腦資料庫裡了。

寫下你的故事，存在一個方便你找到的地方。我都是寫在可以進行文字處理的電腦文件

裡，日後依據標題、主題或故事裡的人物姓名來搜尋。

比較簡單的方法是依據人名來表列你的故事，並標明適用於哪些情況。我在附錄裡提供了一個故事矩陣，可以幫助你快速輕鬆找到書裡任何一則你需要使用的故事。大部分的故事都有多種用途。譬如第一章「提案時，不該對執行長做的事」的故事，就可以拿來對別人說明：

一、為何他們應該改用說故事的方式

二、如何讓建議奏效

三、如何傳授重要的經驗教訓

第三章「美林證券普拉奇・孟克的競賽」故事可適用於四種棘手的領導挑戰：

一、訂定目標、全力以赴

二、鼓勵合作

三、啟發和激勵團隊

四、幫助人們找回對自身工作的熱情

先在該頁找到你所面臨的棘手挑戰，再往下逐一掃瞄，尋找相關的故事。

但這些都是我自己收集的故事。貴公司如果也有自己的故事資料庫，不是更好嗎？想像你的員工能從公司各處進入同一個故事資料庫，他們可以自行補充資料庫，需要的時候，就能搜尋到他們想要的故事。假設有人需要一則和創作力有關的故事，她可以在資料庫裡利用創意、創作力或創新等字眼進行搜尋，於是出現一長串可能適用的故事。這樣一來，每個人都能挑到適合的故事，不必再單靠自己有限的收集。

另一個方法是將它們付印成書。許多公司都會印書發給旗下員工。阿姆斯壯國際公司、寶僑公司、奇異公司、美敦公司（Medtronic）是其中幾家。

難道你認為不需要寫下自己的故事，保存裡頭的智慧嗎？試想，如果好故事沒有寫下來或沒有一再拿出來分享，它會有什麼下場？它可能被完全遺忘。不過如果它夠重要，可能會很快被萃取成備忘錄或提案裡的重點說明，但這卻扼殺了它對未來的影響。因為寫下重點說明的人尚能瞭解那則故事的真諦，但除非每次提出這些重點時，作者都能在現場重覆一遍故事，否則其中精髓將永遠消失。舉例來說，想像前言裡「傑森．佐勒的陪審室桌子」故事被刪減到只剩重點說明，它應該是這樣子：

- 研究顯示，陪審室的桌子形狀會影響審議的品質和速度。
  ——圓桌上的審議結果較公正準確，但耗時甚長。
  ——方桌或長方桌上的審議能較快得出結果，但不夠周全。
- 向資助此研究的法官呈報這些發現。
- 法官下令陪審室全都改用方桌，以加快法院訴訟的速度，此舉令研究團隊感到驚訝。
- 教訓：在你展開專案計畫之前，務必先釐清目標，這一點非常重要。

傑森的精采故事現在變得一點力道也沒有。這些要點被分享的可能性，或者說分享後尚能影響別人行為的可能性，已經降到很低，絕對不像故事分享一樣那麼高。千萬別讓這種事發生在你的故事身上。

現在，就把故事寫下來，好好保存。

障礙三：我不知道要去哪裡分享我的故事

首先，說故事不一定要在特定的時間或地點。通常最佳的時間和地點都是可以施展領導統御能力的地方，譬如正式會議裡或走廊上的談話；在數百人面前的大型演說或者一對一討論；在電子郵件、備忘錄或 PowerPoint 的簡報提案裡；在辦公室角落或午餐室裡。任何時候你想指導別人該怎麼做，或者想提供意見或傳授經驗教訓時，都可以放心大膽地分享故事。

第二，在你辦公室附近。有哪些地方和時間點最常會分享故事，就到那裡和趁那些時間點分享你的故事。譬如在培訓研討會裡、公司網站、企業的時事通訊裡、客戶會議上、公司的社交場合裡、年度報告裡，以及團隊會議上。

第三，許多公司領導人會特地創造一個場所，供人說故事。阿姆斯壯國際公司的前任執行長大衛．阿姆斯壯就把故事張貼在辦公室四周的布告欄上、塞進薪水袋裡、裱框掛在辦公室牆面上、錄製 CD 送給現場售貨員、透過工廠樓層的電視機播放。他還會把公司的故事付印成書，放在工作區和接待區，也會寄給每位員工。其他公司則是舉辦說故事活動，讓員工當場分享故事。有些公司甚至有說故事社團，定期聚會，交換故事。

簡而言之，你很難想到一個不能說故事的地方。

障礙四：我不覺得備忘錄或電子郵件適合放故事

這是最常見的錯誤觀念之一。通常這觀念是這樣表達的：「我知道當演說或提案時，或者在飲水機旁邊閒聊時，說故事的確有它的價值。但我沒辦法把故事寫進公司備忘錄或電子郵件裡。那太不正式了，不是嗎？」

胡說！誠如你在第十四章所學到的，你應該像說故事一樣也把故事寫下來。如果你說故事可以說得很自在，當然也可以寫得很自在。尤其若是為了解決本書所強調的領導挑戰，添加在電子郵件和備忘錄裡的故事，反而更見成效。為了證明這一點，請看以下兩則電子郵件。第一種版本是標準的企業格式（沒有放故事）。第二種版本則放進了故事。兩則電子郵件都有同樣的主題，對象也都是寶僑公司行銷長馬克．皮里查（Marc Pritchard）。（注意：為保護這些點子的機密性，郵件裡的品牌、類別和消費者見解都做了更動。）

寄件者：保羅．史密斯
日期：二〇一〇年一月五日星期二，下午五點零九分
收件者：馬克．皮里查
主旨：佳潔士牙膏（Crest）妙點子研討會

馬克，

今天我們遵照你的指示，舉辦了一場「妙點子」研討會，以便為佳潔士品牌發想新點子。這裡摘要了研討會的成果。

目標

發想「妙點子」，以便快速提升佳潔士的營收與市場占有率

背景／商務問題

- 根據公司過去的經驗，多數經理人平日工作繁忙，沒有多餘時間構思新產品、概念或溝通策略，以利企業成長。
- 妙點子研討會可以突破這層阻礙。

成功標的

至少發想出一個深具潛力的妙點子（多幾個會更理想），以便（一）滿足那些眾所皆

知但尚未被滿足的消費者需求；（二）找出過去未曾明確表露的消費者需求，從而提升品牌的營收或市場占有率。

結論

當天總共發想出一百多個新產品、概念、包裝，以及有效溝通的點子，並根據各點子吸引力的廣度、報酬程度和執行複雜度排名。前二十五名的點子可以參與二月分的概念檢討。

下一步

- 修正一月分的定性研究議程，評估消費者對前二十五名點子的興趣，以便研擬概念聲明。
- 執行概念檢討，瞭解前幾名的點子對目標消費群的吸引程度。
- 組成新的受訪小組，年齡在七到十二歲之間，藉此評估這些點子能否解決這個族群的特定需求。

大部分的讀者都認為這是一篇很得體的公司電子郵件，完全遵照標準的企業備忘錄規章來寫。目標、結論、下一步全都概述清楚，內容簡短，直指重點。但你覺得那位很忙的行銷長在收到這封電郵後，若是回信的話，會怎麼回？我覺得他會這樣寫：「謝謝你的分享，保羅，祝你的點子成功……馬克。」這種回法也許還算抬舉他了。

現在看看第二種版本。

寄件者：保羅．史密斯
日期：二〇一〇年一月五日星期二，下午五點零九分
收件者：馬克．皮里查
主旨：佳潔士牙膏（Crest）妙點子研討會

馬克，

我們今天剛開完妙點子研討會，點子產量非常豐富。我們總共發想出一百多個富有創意的點子，但其中一個點子我想你可能有興趣聽，相信你一定覺得很有意思。

你或許早就知道，佳潔士的主要創新點都是在強調它有更好的清潔力、可預防蛀牙或潔白牙齒。但在妙點子研討會裡，卻出現了一個有趣的見解，它恐怕是為人父母在說到刷牙時普遍會遇到的問題。它和清潔力、潔白效果或預防蛀牙一點關係也沒有。

它的癥結在這裡：每次父母叫小孩去刷牙，就會出現爭吵、賄賂、吼叫、哄騙、勸誘和懇求的情形。

儘管這些爭吵和緊繃的親子關係一直都存在，卻沒有人設法去解決這問題。

我對這現象也很有共鳴，因為我和我九歲的兒子馬修也面臨同樣問題：「要是我們能把刷牙這件事變得有趣，小孩就會想刷牙，就像摩登原始人維他命（Flinstones vitamins）的做法那樣誘使小孩吃維他命。要是你刷牙時，牙齒會變成亮紫色，或者擠牙膏管時，它會像聖誕樹一樣閃閃發亮，那會怎麼樣呢？」

那天晚上我回到家，跟馬修談起這個點子。我問他要怎麼樣才會喜歡刷牙。才幾分鐘時間，他就滔滔不絕講出一堆點子。包括我們可以學好傢伙玉米花（Cracker Jack）的包裝那樣把獎品放在牙膏管的最尾端；或者當你使用牙刷時，它會對你說：「做得好！」或者對你唱歌。又或者每根軟管都附贈食用染劑滴管，不管你想要什麼顏色，都可以自己調。

你應該想像得到我們對這點子很有興趣，認為它可以幫助父母改善親子關係，讓一家人的感情更緊密，進而真正提升全球消費者的生活品質，而不再只是靠我們平常提供的品牌承諾。

至於下一步，我們計畫把這題目放進在下一次的市場調查裡，以便確定有多少父母面臨這問題？通常是幾歲的孩子會抗拒刷牙？父母多半使用什麼方法叫孩子們去刷牙？哪種方法最有效？不過我和馬修的對話也讓我興起了想多加一場孩童市調的念頭，從而瞭解為什麼他們不喜歡刷牙？他們有什麼好點子可以讓刷牙變得更有趣？

一旦我收集到更多資訊，便會立刻通知你。不過目前看來，今年的妙點子研討會對佳傑士真的很有幫助。謝謝你鼓勵我們離開辦公桌，把時間花在更寶貴的要務上。

這個版本有什麼不一樣？第一，它沒有談到那天想到的一百多個點子，它只討論一個。從頭到尾只強調一個見解獨特和充滿情緒的有趣點子。第二，那個點子貫穿了整篇故事。事實上，是兩到三篇故事，當然，這看是你怎麼計算的。因為一開始的故事是在說做父母的為了叫小孩刷牙，經常爆發衝突；然後又談到我們的團隊是如何動腦想要解決這個從來沒人費心解決的問題；最後則是我回到家，和我兒子馬修談起，結果他給了一堆好點子。不管這算是一篇複雜的故事還是三篇簡單的故事，都不重要。真正的重要是，整篇備忘錄都是故事。

還好第二種版本比較近似我真正寄出的電郵。而且寄出之後不到兩小時就得到回覆。對方的信是這樣開頭的：「保羅，這件事很有啟發性！我很訝異妙點子研討會竟然能挖掘出這麼好的見解與點子，尤其它充滿了張力。你說得太對了，叫孩子刷牙是件很傷腦筋的事！」然後又建議我們如何繼續發落這點子，還說必要的話，他可以提供協助。最後結論是：「祝玩得愉快，隨時告訴我最新狀況！……馬克。」

一分鐘後，他把這封信轉寄給執行長，對我們的看法深表嘉許。結果晚上就寢前，我就收到執行長親自寫來的致謝函，信中對我們讚譽有加。

如果你寧願有人這樣回你的電子郵件或備忘錄，就別怕把故事放進去，不管是一則或兩則都行。

＊＊＊

讓我利用最後一個問題來結尾。這問題是我學生對說故事經常有的質疑：「我怎麼知道我說的故事對不對？」

想證明你說的故事確實有效，最直接的證據就是看到你想藉故事完成的目標正在完成當中。譬如合作的故事正在凝聚你的團隊，讓他們拿出更好的表現，這證明你是個很厲害的故事家。又或者你的團隊受到故事的啟發，學到了你想傳授的經驗教訓，這一樣也能證明你是個很棒的故事家。除此之外，還有其他的徵兆也能證明你已經是優秀的故事家。下面是其中一個有趣的例子。

二〇〇一年十一月，我離開寶僑公司的財會工作，進入消費研究部門任職。我離開認識和合作了八年之久的工作同仁，加入一群從未謀面過的工作團隊。經過大約三個月的洗禮之後，有一回我的老板在整個部門面前說明她最近聽到的一種全新事業模式。她說她不知道這是誰發想的，不過這故事的源頭來自於免洗尿布事業單位。顯然，有人發現了這四十年來營收和利潤之間的關係，於是帶著董事長和領導團隊做了一番回顧與探討。怪的是，這個人還請他們猜為什麼兩者之間的關係在一九八〇年代初期有了改變，最後才終於猜出來。

我慢慢才恍然大悟，她說的那個人就是我！而她說到的那則故事就是我不到一年前和免洗尿布事業單位分享的發現，也就是你在第五章聽到的故事。對我來說，這是一個既離奇又驕傲還加上尷尬的一刻。我像個自豪的父母一樣全程帶著微笑聽完這故事，和別人一樣在重點地方點頭附和。而且我發現到這故事在被第三者轉述時，添加了一點新東西，還做了一些更動。

精采故事會像病毒一樣被傳播開來。經過一再轉述後，無關緊要的細節消失了，譬如確切的日期或地點，甚至相關人士的姓名，留下的都是說這故事的歷任人士濃縮後的精華。在這種情況下，最後的故事一定和原始故事有點出入，就像我那則免洗尿片的例子一樣。它的內容可能比你當初說的更精煉一點。像這樣故事繞了一圈又以佚名方式進到你耳裡，這絕對是代表你的故事成功了。所以等別人說完你的故事，你只需要微笑道：「這故事說得真好。」

＊＊＊

要成為優秀的故事家，最重要的第一步當然是先當上故事家。所以剛開始一兩個故事說得結結巴巴是必然的，不可能一蹴可幾。要當個真正的故事家必須先懂得尊重自己想說的故事，而且對於怎麼說故事充滿熱情，所以新手可能需要花點時間磨練。作家兼詩人瑪亞・安吉羅

（Maya Angelou）曾說：「最苦悶的事莫過於心裡有故事卻說不出口。」所以你怎麼知道你即將成為一個真正的故事家？你心裡會隱約覺得苦悶，因為一則扣人心弦的故事震撼了你的心，但你沒辦法自得其樂後把它從記憶裡刪除，你會忍不住想找別人說。就在這時候你會明白，這一刻起，你很篤定你會靠故事來領導。

摘要和練習

障礙一：我不知道去哪裡找好故事。

● **從這本書裡：**這本書有一百多則不同情境的故事。當你遇到挑戰時，可以按章節參考。利用附錄裡的故事矩陣找到適合的故事。

● **你過去的故事：**回想你最輝煌和最挫敗的時刻，從中尋找精采的故事。請參考本章一開始為搜尋更多點子所提問的十一道問題。

● **你目睹到的故事：**如果有誰學到了意想不到的經驗教訓，或者是以意想不到的方式學到了經驗教訓，就表示精采的故事即將誕生。請快把它寫下來。（想想看第十七章「布達佩斯搭乘火車」的故事。）

● **別人告訴你的故事：**

——你巡視辦公室時，可以問大家：「有沒有什麼好故事？」

——舉辦比賽（想想看第八章「多元化影帶」故事所造就出的「彈性工時安排政策」）

——舉辦說故事研討會（收納產品連鎖店和環保局）。

——透過正式訪問尋訪故事。

●**來自陌生人的故事：**

——從網路上搜尋（譬如「大衛如何擊敗歌亞力」的故事）。

——利用報章雜誌、書籍和電影。

障礙二：每次我需要故事時，卻忘了有哪些故事

●**將你的故事存進資料庫裡：**把它們寫下來，儲存起來，編上索引，方便你日後按主題或人物進行搜尋。

●**寫成一本書，**裡頭全是你公司的故事，就像阿姆斯壯國際公司或寶僑公司，或者奇異電子或美敦公司。

●**製作故事矩陣，譬如本書附錄裡的矩陣。**

障礙三：我不確定該去哪裡說故事。

●**到會施展領導統御的地方說：**不管是什麼地方或什麼時間點，舉凡當你想告訴別人怎麼做，或者提供意見、傳授經驗教訓時，都可以搬出故事。

● **貴公司的故事都是在哪裡分享，就去那裡分享：**企業常會在培訓營、公司網站、時事通訊錄、布告欄、客戶會議、社交場合、年度報告和團隊會議裡分享故事。

● **自己創造一個說故事的場所：**可以成立說故事的社團和討論會；幫故事裱框，掛在牆上；或者塞進薪水袋裡。

障礙四：我不覺得正式的備忘錄或電子郵件適合放故事。

當然可以。請看例子馬克．皮里查「兩種電子郵件」的故事。

你怎麼知道自己說得對不對

● 在你開始說故事之後，你的領導統御能力進步了，你的團隊變得更能抓住你的願景，更有靈感，更願意同心協力，更有創意。

● 你會聽到你說的故事又傳回自己的耳裡，而說的人根本不知道那是你說的故事。

● 你心裡會莫名苦悶，有股衝動想分享故事。聽從你的心，把故事說出來吧。

邀請

你已經踏出成為故事家的第一步，但仍有探索的空間。如果你想學到更多，想發現更多故事，想與人分享自己的故事，想和日益茁壯的故事家組織交流，請上www.leadwithastory.com與我聯繫，繼續這場旅程。

附錄

故事架構模組

（CAR = STORY）		
	問題	你的故事提供的答案
說故事之前	●你想傳達什麼重要的想法？ ●你希望你的聽眾因這則故事而有什麼作為？	
背景（Context） 主體（Subject） 寶藏（Treasure） 阻礙（Obstacle）	●何時和何地？ ●誰是**主體**？ 主人翁是真的／虛構的／還是你？ 聽眾：「嘿，那主角可能是我！」 ●主角想要什麼？ 找出他或她的熱情或**寶藏**。 ●是誰或什麼東西擋了他／她的路？ 找出那個壞蛋或**阻礙**	
行動（Action）	●主角遇到了什麼事？有什麼衝突？過程中有什麼起伏？做過研究調查嗎？做出結論了嗎？	

成果（**R**esult） 正確教訓（**R**ight lesson） 原因（Wh**Y**）	●主角最後的遭遇？他／她輸了還是贏了？ ●**正確教訓**：指這則故事的寓意。 ●結論應該要能回頭連結你當初說這故事的**原因**（重要的想法），並促使聽眾照你想要的方式做。	

故事元素清單

	（MAKERS）	
	問題	你故事裡的點子
第二十四章 譬喻和類比 （**M**etaphors and Analogies）	**利用譬喻：** ●在你的故事裡使用譬喻（第五章黃色計程車）。 ●整篇故事就是譬喻（第十五章的開拓者和殖民者；第十六章的巨人；第二章的興建大教堂）。 ●用譬喻取代完整的故事（迪士尼的演出成員、消費者就是老板、FMOT，這些都在第二十四章）。 **製造精采的譬喻：** ●利用雜誌圖片來做拼貼畫。	

	●請教你的聽眾他們的點子可以用什麼動物／車子／書籍／電影來代表。	
第十八章 訴諸感性 （Appeal to Emotion）	●你在試圖影響一個純感性的決策嗎？答案若是肯定的，你需要一則高度感性的故事，而不是理性的故事（第十八章的特奧會）。 ●如果你的聽眾不在乎你的主題，那麼他們在乎的是什麼？請把你的點子和他們在乎的東西連結起來（第十八章別惹德州和「我從沒去過日本」）。 ●創造同理心：你的決策會影響到哪些人。請說出他們的故事。 ●從消費研究調查裡的原文呈現式回答和定性討論裡去尋找感性故事。	
第十三章 務實呈現 （Keep it Real）	●用一個具體的例子來說明你的抽象觀念（譬如第二章坦佩雷河的河岸、第四章《商業周刊》針對Bounty紙巾所做的報導、第十三章高潛力購物者麗莎和事業有成的媽媽茱莉・渥克）。 ●避免使用聽眾聽不懂的專業術語。 ●你的證據、數字或事件都要和聽眾切身相關……是他們可以在日常生活裡聯想到的事物（第十三章法庭裡的暴風雪）。	

●對於棘手問題要坦然以對、據實以告，不要像當今管理階層的典型做法那樣長篇大論或含糊其詞（第十三章的製作薪資帳冊）。

第十九章
驚訝元素
（The Element of Surprise）

利用起頭的驚訝點來抓住聽眾注意：

●你的故事有什麼不尋常之處或令人意外的地方？（例子包括第二十六章需要兼差、第十章取消你的顧問費、第十一章佃農的女兒。）

●有牽涉到具有新聞價值的事件嗎？（請參考第八章的埃及革命和第八章的日本大地震。）

以驚訝點結束故事，以利記憶封存：

●利用故事裡自然發生的驚訝點（第十九章第一天的歷史課；前言裡的陪審室桌子；第十六章巨人的腳步）。

●故事結尾如果沒有自然發生的驚訝點，那就自行創造吧。保留一個關鍵資訊，留到最後再揭曉（第十六章一輩子都在失敗；第二章坦佩雷河的河岸；第二十六章的詹姆斯和茶壺）。

恍然大悟的一刻：

●下一次當你瞪大眼睛、恍然大悟的時候，趕快把故事寫下來（第十九章墨西哥的早餐）。

第二十九章 把你的聽眾放進故事裡 （Recast Your Audience into the Story）	●安排一個場景或事件，讓聽眾可以參與（第二十九章的新升遷政策和清空桌面政策）。 ●請捫心自問：當這件事落幕後，你的聽眾會感激你給了他們寶貴的教訓嗎？如果不會： ●別讓焦慮時間過長——幾分鐘或幾小時就好，不要長達幾天（第十九章第一天的歷史課；第二十九章的清空桌面政策）。 ●請把戲劇震撼效果對準自己（第十九章第一天的歷史課）。 ●平等對待所有聽眾（第二十九章的清空桌面政策）。 ●安排一場聽眾可以參與的實驗或示範（第二十九章的自有品牌測驗）。 ●讓聽眾也進來**說**故事（第二十九章的星形貼紙）。	
第十四章 風格元素 （Stylistic Elements）	**開頭要精采，請利用以下（一或多種）方法來起頭：** ●驚訝因子（請參考第十九章） ●神祕感（第五章的發現之旅；第二章的興建大教堂；第二十章的三名市調研究員）。	

●挑戰：盡快介紹聽眾認同的主角出來面對艱困的挑戰（第一章提案時，不該對執行長做的事；第二十一章蓋兒開除自己的故事）。

寫作風格：以口語方式來寫作

●使用短句子（一句話只有十五到十八個字）。

●使用簡單的字。

●用主動語態。

●盡快出現動詞。

●省略不必要的贅字（第十四章新鮮的魚）。故事長度應該在兩百五十字到七百五十字之間，二到四分鐘就能說完。

經常使用的文學技巧：

●對話。

●放進人物的真實姓名。

●重覆（第二章的興建大教堂，第二十章的三名市調研究員）。

●不要在說故事前先宣布或致歉，直接說就行了。

故事矩陣

章節	故事名	頁碼	展望					環境					強化			教化				權力下放			
			設定願景	目標和承諾	領導變革	建議	顧客服務	文化	價值	合作	多元化	政策	啟發和激勵	鼓勵	對工作的熱情	傳授經驗教訓	指導與意見回饋	解決問題	瞭解顧客	授權和許可	創造力	推銷	贏得尊重
前言	陪審室桌子	11			●	●										●							
1. 為何要說故事	提案時，不該對執行長做的事。	20				●										●							
1. 為何要說故事	企業故事家	23				●		●	●	●		●	●			●							
2. 勾勒願景	興建大教堂	28	●							●			●				●						
2. 勾勒願景	人生中的一天	30	●		●	●							●										
2. 勾勒願景	根據《金融時報》	32	●			●							●										
2. 勾勒願景	坦佩雷河的岸邊	33	●			●							●		●	●							
3. 目標與承諾	「我今天贏了還是輸了」	38		●									●		●								
3. 目標與承諾	普拉奇的比賽	40		●						●			●		●								
3. 目標與承諾	「長官，沒有藉口！」	43		●				●		●							●			●			
3. 目標與承諾	SWOT 分析	46		●	●	●				●	●		●							●			●
4. 領導變革	傑克・威爾許的務實檢討	48	●	●	●			●								●	●						
4. 領導變革	巴士站的雙胞胎	51			●					●				●	●	●							
4. 領導變革	馬丁的印表機密碼	53			●			●				●											
4. 領導變革	《商業周刊》對 Bounty 紙巾的報導	56	●		●								●										

章節	故事名	頁碼	展望					環境					強化			教化				權力下放			
			設定願景	目標和承諾	領導變革	建議	顧客服務	文化	價值	合作	多元化	政策	啟發和激勵	鼓勵	對工作的熱情	傳授經驗教訓	指導與意見回饋	解決問題	瞭解顧客	授權和許可	創造力	推銷	贏得尊重
5. 建議	一九八三年發現之旅	60				●										●		●				●	
5. 建議	黃色計程車	63	●			●	●									●				●			
5. 建議	挑戰先入為主的觀念	66				●	●									●							
5. 建議	「我什麼時候可以拿回押金？」	70				●				●				●						●			
6. 顧客服務	肉丸三明治	73					●												●	●	●		
6. 顧客服務	過期的駕照	75					●		●										●	●	●		
6. 顧客服務	鑽進垃圾箱	78					●												●				
6. 顧客服務	進入下一關	80					●		●			●				●		●				●	
7. 故事的架構	「沒關係，那不是我的車。」	88							●								●						●
7. 故事的架構	高爾夫品牌Titleist推出NXT高爾夫球	95														●			●				
8. 文化	埃及革命	104						●	●	●	●	●		●	●					●			
8. 文化	湯姆・瓦特森與查爾斯・雷文森的對比	108						●		●	●	●					●						
8. 文化	摩根史坦利的外送早餐	109						●															
8. 文化	彈性工時安排	110						●			●	●	●	●	●								
8. 文化	日本大地震	112						●			●	●											●

章節	故事名	頁碼	展望					環境					強化			教化				權力下放			
			設定願景	目標和承諾	領導變革	建議	顧客服務	文化	價值	合作	多元化	政策	啟發和激勵	鼓勵	對工作的熱情	傳授經驗教訓	指導與意見回饋	解決問題	瞭解顧客	授權和許可	創造力	推銷	贏得尊重
9. 價值	被雨淋	115						●	●			●											
9. 價值	威斯康辛州的火車事故	118							●			●				●							
9. 價值	山姆・瓦爾頓的燙衣板罩子	119							●						●	●			●			●	
9. 價值	歌劇院的狗	122							●			●				●	●				●		
10. 合作	大城市來的新老板	126			●					●	●				●								●
10. 合作	傑米有深度！	127								●					●								●
10. 合作	取消你的顧問費	131								●	●							●		●	●		
10. 合作	坐了一夜的公司專用飛機	134						●		●					●								●
11. 多元化	佃農的女兒	138						●		●	●	●	●		●								●
11. 多元化	「你不知道我看見的是什麼。」	142						●		●	●						●						●
11. 多元化	「我討厭平等就業機會委員會。」	144							●		●	●											
11. 多元化	旅者	146						●		●	●		●		●								
12. 檯面下的政策	籠子裡的五隻猴子	150						●		●		●											
12. 檯面下的政策	被波克了	151						●				●				●							
12. 檯面下的政策	D&B的財報重申	154						●				●											

章節	故事名	頁碼	展望					環境					強化			教化				權力下放			
			設定願景	目標和承諾	領導變革	建議	顧客服務	文化	價值	合作	多元化	政策	啟發和激勵	鼓勵	對工作的熱情	傳授經驗教訓	指導與意見回饋	解決問題	瞭解顧客	授權和許可	創造力	推銷	贏得尊重
12. 檯面下的政策	意想不到的後果	157										●								●			
13. 務實呈現	高潛力購物者麗莎	161				●										●						●	
13. 務實呈現	事業有成的媽媽	163				●										●			●			●	
13. 務實呈現	審判室裡的暴風雪	167				●										●							
13. 務實呈現	製作薪資帳冊	169				●		●		●								●		●			●
14. 風格元素	新鮮的魚	183														●						●	
14. 風格元素	執行長只給十五分鐘	184				●																	
14. 風格元素	虛心受教的領導人	186															●						●
15. 啟發與激勵	跑完比賽	194		●									●	●	●		●						
15. 啟發與激勵	拓荒者和開拓者	198	●		●					●			●		●								
15. 啟發與激勵	凱爾杏仁公司對抗農業部	199											●	●									
15. 啟發與激勵	不見得都有下一次的機會	203		●									●			●							
16. 建立勇氣	在經歷了一輩子的失敗經驗之後	207											●	●									
16. 建立勇氣	品客洋芋片銷售量的好轉	209		●	●									●						●			
16. 建立勇氣	巨人的腳步	212												●		●	●						

章節	故事名	頁碼	展望					環境					強化			教化				權力下放			
			設定願景	目標和承諾	領導變革	建議	顧客服務	文化	價值	合作	多元化	政策	啟發和激勵	鼓勵	對工作的熱情	傳授經驗教訓	指導與意見回饋	解決問題	瞭解顧客	授權和許可	創造力	推銷	贏得尊重
16. 建立勇氣	你管別人想什麼？	216						●	●					●									
17. 對工作的熱情	布達佩斯搭火車	219											●		●				●				
17. 對工作的熱情	這是我的一元雜貨店	221		●			●								●				●				
17. 對工作的熱情	行政會議	223						●		●		●			●								
18. 訴諸感性	特奧會	227													●		●			●			
18. 訴諸感性	「我從沒去過日本。」	231												●	●							●	
18. 訴諸感性	不要惹德州	233				●													●				
18. 訴諸感性	忍者龜	235						●						●	●								
19. 驚訝元素	第一天的歷史課	244						●	●							●							
19. 驚訝元素	蓋瑞・考菲的語出驚人	247				●	●												●			●	
19. 驚訝元素	墨西哥的早餐	253		●		●										●			●				
20. 傳授經驗教訓	貝利的咖啡對比麥克的廚房	258						●		●	●	●				●	●						●
20. 傳授經驗教訓	奧斯特和亂轉的磁羅盤	263											●			●	●						
20. 傳授經驗教訓	三名市調研究員	265			●											●	●						
20. 傳授經驗教訓	我用百萬美元換來的教訓	269								●						●	●			●			●

章節	故事名	頁碼	展望					環境					強化			教化				權力下放			
			設定願景	目標和承諾	領導變革	建議	顧客服務	文化	價值	合作	多元化	政策	啟發和激勵	鼓勵	對工作的熱情	傳授經驗教訓	指導與意見回饋	解決問題	瞭解顧客	授權和許可	創造力	推銷	贏得尊重
21. 指導與反饋	成為“米奇經理”	273											●		●		●						
21. 指導與反饋	拿單和大衛王	278										●					●						
21. 指導與反饋	柯妮的重要會議	280				●				●							●						●
21. 指導與反饋	開除你自己	282												●			●						
22. 解決問題	「要是……會怎麼樣」	286								●			●					●			●		
22. 解決問題	有口述錄音機的醫生	289				●										●		●			●		
22. 解決問題	毛線球	292														●		●					
22. 解決問題	補償式行為	294																●	●				
23. 瞭解顧客	我不想我女兒跟我一樣	297																	●				
23. 瞭解顧客	起酥油和牛奶	300				●													●				
23. 瞭解顧客	「你答應要做冰淇淋聖代！」	301													●				●				
24. 譬喻與類比	「什麼是次中音號？」	305														●							
24. 譬喻與類比	迪士尼的演出成員	307					●	●				●											
24. 譬喻與類比	消費者就是老板	309				●	●	●								●			●	●			
24. 譬喻與類比	第一個關鍵時刻	310														●			●			●	

章節	故事名	頁碼	展望					環境					強化			教化				權力下放			
			設定願景	目標和承諾	領導變革	建議	顧客服務	文化	價值	合作	多元化	政策	啟發和激勵	鼓勵	對工作的熱情	傳授經驗教訓	指導與意見回饋	解決問題	瞭解顧客	授權和許可	創造力	推銷	贏得尊重
25. 授權	歐威爾・史威特和空的辦公室	316						●				●		●						●			
25. 授權	竹子年	319												●						●			
25. 授權	自我實現式預言	321										●								●		●	
25. 授權	奧利恩食用油替代品的製造	322								●										●			
26. 創造力	窗型冷氣機	325																●			●		
26. 創造力	詹姆斯和茶壺	326						●					●								●		
26. 創造力	需要兼差	328						●				●									●		
26. 創造力	裝了十三年的隔板	330																●			●		
27. 推銷	「如果你的業務推銷活頁本被丟進垃圾桶。」	333				●																●	
27. 推銷	「在這個行業裡預先付款，一定是騙人的。」	334				●																●	
27. 推銷	新的鋼材業務員	337														●			●			●	
27. 推銷	不受歡迎的名片	340								●							●					●	
28. 贏得尊重	芝加哥的酒保	344											●										●
28. 贏得尊重	在吉列公司的拉夫里	346											●										●
28. 贏得尊重	「我是個很實在的人。」	348											●										●

			展望					環境					強化			教化				權力下放			
			設定願景	目標和承諾	領導變革	建議	顧客服務	文化	價值	合作	多元化	政策	啟發和激勵	鼓勵	對工作的熱情	傳授經驗教訓	指導與意見回饋	解決問題	瞭解顧客	授權和許可	創造力	推銷	贏得尊重
章節	故事名	頁碼																					
28. 贏得尊重	「我會盡一切努力，直到得到最好的。」	349								●							●						●
29. 放進故事	新的升遷政策	352			●	●						●				●							
29. 放進故事	清空桌面政策	355										●				●							
29. 放進故事	自有品牌口味測試	357			●	●										●							
29. 放進故事	計算星形貼紙	359				●										●							
30. 就此開始	兩則電郵的故事	376				●									●				●		●		
30. 就此開始	「嘿，那是我的故事！」	382														●							

Source: *Lead with a Story : A Guide to Crafting Business Narratives That Captivate, Convince, and Inspire*, by Paul Smith (AMACOM Books, 2012) Paul@leadwithstory.com

謝辭

首先，我最要感謝的是那些以名字和故事豐富此書的人，他們或以崇高的行為鼓勵我寫出這本書，或慷慨地與我分享故事。不管哪一種，我都萬分感謝這一百多位好心人對此書的貢獻，謝謝你們。

你們的名字大多已在書中出現，所以這裡不再贅言。有些人並非以故事人物出現，卻對本書故事的貢獻不遺餘力，在你們面前，我看見了自己的渺小，謝謝 Shaun Adamec、Kelly Anchrum、Amy Anthony、John Burchnall、Ann Calcara、David Casterline、Steve Cooper、Mary Lynn Ferguson-McHugh、Kim Fullertoh、Tony Gardner、Kle Garner、Dan Geeding、Chuck Gentes、Tom Glenn、Anand Jayaraman、Greg Kurkjian、Tim McKenna、Surya Menon、Prabhath Nanisetty、Lenora Polonsky、Ed Rider、George Sine、Lisa Smith、Shawn Spradling、Jim Strengel、Mariela Vargas。

此外在我之前就以說故事為題寫作出書的眾多作者，也令我受益良多，最著名的包括 David M. Armstrong、Annette Simmons、Margaret Parkin、Evelyn Clark、Peg C. Neuhauser、Stephen Denning、Lori Silverman、Mary Wacker、Richard Maxwell、Robert Dickman、Craig Wortmann、Doug Stevenson、Doug Lipman、Jack Maguire、Ryan Mathews、Watts Wacker、T. Scott Gross、Michael B.

Druxman、Robert Shook、Tom Sant、Grady Jim Robinson、Peter Guber，除此之外，還有太多人我無法一一點名。是你們照亮了我的前路，你們對我的影響至深，希望我的貢獻有你們的千萬分之一。

特別感謝我的編輯 Christina Parisi 和 Erika Spelman，還有我的「祕密經紀人」Maryann Karinch，帶領我走上出版這條路。尤其感謝 Chip Heath、Dan Heath 一路上的支持與寶貴的意見。更謝謝 Steve Blair 在多次談話裡鼓勵我展開這場旅程。

最後我要謝謝寶僑公司那些才華洋溢、充滿創意的同仁們，過去十九年來，我何其有幸能與你們共事，謝謝你們在我認識和練習領導統御的這條路上多次容忍我的笨拙與跌跌撞撞，每次的跌跌撞撞都是一則故事。

說故事的領導——說出一個好故事，所有的人都會跟你走！

Lead with a Story: A Guide to Crafting Business Narratives That Captivate, Convince, and Inspire

作　　者——保羅・史密斯（Paul Smith）
譯　　者——高子梅
封面設計——張　巖
內文排版——林鳳鳳
執行編輯——劉文駿、劉鎰葳
行銷業務——王綬晨、邱紹溢
行銷企劃——曾志傑、劉文雅
副總編輯——張海靜
總 編 輯——王思迅
發 行 人——蘇拾平
出　　版——如果出版
發　　行——大雁出版基地
地　　址——台北市松山區復興北路 333 號 11 樓之 4
電　　話——（02）2718-2001
傳　　真——（02）2718-1258
讀者傳真服務—（02）2718-1258
讀者服務 E-mail— andbooks@andbooks.com.tw
劃撥帳號 19983379
戶　　名 大雁文化事業股份有限公司
出版日期 2023 年 6 月 三版
定　　價 520 元
ISBN 978-626-7334-01-0

國家圖書館出版品預行編目資料

說故事的領導：說出一個好故事，所有的人都會跟你走！／保羅・史密斯（Paul Smith）；高子梅譯．-- 三版．– 臺北市：如果出版，大雁出版基地發行，2023.06
面；公分
譯自：Lead with a Story: A Guide to Crafting Business Narratives That Captivate, Convince, and Inspire
ISBN: 978-626-7334-01-0（平裝）

1. 企業領導 2. 組織管理

494.2　　112006646

如果